页岩气赋存状态转化机理与定量评价

高之业　张维维　汪　洋　李天军　著

石油工业出版社

内容提要

本书以四川盆地威远、长宁区块海相页岩气藏为背景，主要从微—纳米孔隙结构、介质界面效应和分子动力学模拟等方面阐述了页岩气赋存状态转化的微观机理，提出了海相页岩有机孔隙和无机孔隙定量表征新方法，明确了页岩无机孔隙和有机孔隙的演化规律；利用成岩阶段形成的页岩裂缝脉体中的包裹体恢复龙马溪组页岩的古流体压力，在古今压力的约束下，模拟了页岩地层压力的动态演化过程；建立了基于页岩有机孔隙、温度和压力的甲烷吸附新模型，明确了不同地质条件下页岩气赋存状态转化特征，提出了缓慢晚抬型和快速早抬型埋藏史条件下页岩气赋存状态转化模式。

本书可供油气勘探工作者和技术人员参考，也可作为大专院校油气勘查专业及地质资源与地质工程专业师生的教学参考书。

图书在版编目（CIP）数据

页岩气赋存状态转化机理与定量评价 / 高之业等著 .
—北京：石油工业出版社，2021.8
ISBN 978-7-5183-4596-0

Ⅰ . ① 页… Ⅱ . ① 高… Ⅲ . ① 四川盆地 – 油页岩 – 储集层 – 研究 Ⅳ . ① P618.130.2

中国版本图书馆 CIP 数据核字（2021）第 058674 号

出版发行：石油工业出版社
（北京安定门外安华里 2 区 1 号　100011）
网　址：www.petropub.com
编辑部：（010）64251539　　图书营销中心：（010）64523633
经　　销：全国新华书店
印　　刷：北京中石油彩色印刷有限责任公司

2021 年 8 月第 1 版　2021 年 8 月第 1 次印刷
787 × 1092 毫米　开本：1/16　印张：9.5
字数：220 千字

定价：100.00 元
（如出现印装质量问题，我社图书营销中心负责调换）

前言 /PREFACE

页岩的有机质丰度、矿物组分和孔隙、裂缝等都对页岩气的赋存状态具有重要影响。微观尺度上，页岩气的赋存相态受控于其赋存的页岩基质组分，其内部微—纳米孔隙及介质界面效应对页岩气赋存相态的控制机制有待深入研究。宏观尺度上，页岩气的赋存相态受控于温度、压力、地层水等地质因素，不同地质历史时期、不同地质条件下页岩气的赋存状态转化机制和定量评价研究不深入。因此，亟待对页岩内部微—纳米孔隙及其介质界面效应对页岩气赋存状态的影响开展研究，明确页岩气赋存状态转化微观机理，揭示页岩气赋存状态的动态演化过程，明确不同地质条件下页岩游离气量和吸附气量。为此，“十三五”国家科技重大专项项目35“四川盆地及周缘页岩气形成富集条件、选区评价技术与应用”下设了课题“五峰—龙马溪组富有机质页岩储层精细描述与页岩气成藏机理”之下的任务“页岩气赋存状态转化机理及定量评价”。该任务的研究目标是，揭示页岩气赋存状态的微观控制机理，完成页岩气赋存状态的分子动力学模拟，明确页岩气赋存状态的动态演化规律，查明不同地质条件下页岩游离气量和吸附气量。经过近四年的研究工作，完成了预期目标，并在以下方面取得进展。

（1）对页岩微—纳米孔隙结构进行了精细表征，从微—纳米孔隙结构和介质界面效应两方面分析了页岩气赋存状态转化的微观机理。川南五峰组—龙马溪组海相页岩孔隙类型以有机孔和黏土矿物晶间孔为主；对于页岩孔隙，小于 2nm 和 20～80nm 的孔隙主要由有机质提供，2～20nm 的孔隙由有机质和黏土矿物共同提供；不同单矿物吸附能力表现为黏土矿物＞碳酸盐矿物＞硅质矿物；富有机质黏土质页岩具有最大的孔体积，页岩孔隙主要分布在 2～10nm 范围，以有机孔为主，并提供了主要的比表面积，含有机质页岩中的黏土矿物同样可以提供部分比表面积。页岩甲烷吸附能力主要受总有机碳（TOC）控制；页岩样品与水接触后，其亲水性增强，而页岩样品与油接触后，其亲水性减弱；页岩吸水量与页岩矿物成分及 TOC 含量有关，黏土矿物含量越高，样品吸水量越多，而 TOC 含量越高，吸水量越低；不同湿度的页岩，甲烷吸附能力随着相对湿度增加迅速降低。

（2）建立了五峰组—龙马溪组页岩气吸附的分子动力学（MD）模型，并利用模型对页岩气吸附过程进行模拟，通过宏观吸附实验与微观 MD 联动，验证了 MD 模型的有效性。通过模型的模拟发现，随着有机质演化程度升高，干酪根的吸附强度也随之增大，模型上表现为晚期干酪根的吸附强度大于早期干酪根的吸附强度，干酪根的吸附强度大于伊利石的吸附强度，干酪根—伊利石混合物的吸附强度小于纯干酪根的吸附强度；不同演化程度的干酪根对甲烷的吸附基本符合 Langmuir 吸附规律。

（3）创新了海相页岩无机孔隙和有机孔隙定量分析方法，明确了页岩无机孔隙和有机孔隙的演化规律。通过对页岩样品开展饱和水与饱和煤油核磁共振实验，分别获取饱和水与饱和煤油页岩样品的核磁共振 T_2 谱，定量分析页岩中亲水孔隙和亲油孔隙的比例。当页岩样品被不同润湿性流体饱和时，核磁共振 T_2 谱信号主要反映页岩中与注入流体润湿性相同的孔隙。核磁共振 T_2 谱信号强度能反映注入流体时对应的相同润湿性孔隙的含量，从而可以根据二者核磁共振 T_2 谱曲线特征确定不同孔径段亲油孔隙和亲水孔隙的比例。结合对氩离子抛光页岩样品的观察，有机孔隙主要为有机质块体中的微—纳米孔，无机孔隙主要为脆性矿物粒间孔与黏土矿物晶间孔。总体上，有机孔隙度随演化程度增加先升高后降低，在 R_o=2.6% 附近达到最大值，表明页岩有机孔隙与有机质演化程度关系密切；无机孔隙度与页岩最大埋深关系密切，随着埋深增加呈现快速降低的趋势，说明成岩压实作用是控制页岩无机孔隙的主要因素。在高—过成熟页岩中有机孔隙占比大，页岩中孔隙以有机孔隙为主，单位有机质提供的孔隙度由低成熟阶段（R_o=0.5%）的 1.2%～1.5% 增加到高—过成熟阶段（R_o=2.6%）的 1.5%～2.0%。

（4）明确了页岩裂缝充填物的性质和成因，其中成岩阶段形成的页岩裂缝脉体中的包裹体可以用于龙马溪组页岩古压力的恢复，在古今压力的约束下，模拟了研究区页岩地层压力的动态演化。研究区页岩层段中裂缝及其充填物发育，可识别出五种类型被充填的裂缝（Ⅰ型、$Ⅱ_1$型、$Ⅱ_2$型、Ⅲ和Ⅳ型）。通过裂缝脉体充填物岩心观察和岩相学分析，Ⅰ型裂缝和Ⅳ型裂缝脉体充填物主要为沉积成因的石英条带、方解石和黄铁矿；$Ⅱ_1$型裂缝脉体以纤维状方解石为主要特征，其中含有固体沥青质，碳氧同位素具有负异常，为页岩生排烃时期所形成的裂缝和充填物；$Ⅱ_2$型裂缝脉体以方解石为主，局部含有硅质脉体，可能为含硅热液的混入；Ⅲ型裂缝为低角度缝，充填物为方解石或者混合脉体，并且含有的方解石具有双晶特征，反映方解石形成后受到较大的构造应力和较高的温度作用。包裹体和激光拉曼成分分析发现，脉体包裹体主要有气液两相型（CH_4—NaCl—H_2O 体系）和纯气相型（纯 CH_4 体系和含 CO_2—CH_4

体系），气—液两相包裹体古盐度为5.2%～15.3%，总体为高盐度特征；Ⅱ$_1$型、Ⅱ$_2$型和Ⅲ型裂缝脉体包裹体均一温度分别为173.5～185.3℃、133.6～145.2℃、113.6～136.8℃；威远地区龙马溪组页岩地层温度为140℃，对应的古压力为62.2MPa，而长宁地区页岩地层温度分别为140℃和180℃，对应的古压力分别为74.3MPa和104.1MPa。在已知古压力和现今地层压力数据约束下进行地层压力模拟，结果显示不同地区页岩地层流体压力的演化特征有差异。

（5）建立了基于页岩有机孔隙、温度和压力的甲烷吸附新模型，明确了不同地质条件下页岩气赋存状态转化特征，提出了缓慢晚抬型和快速早抬型埋藏史条件下页岩气赋存状态转化模式。根据页岩气吸附实验结果，页岩中吸附气主要受有机质微—纳米孔隙控制，通过分析页岩吸附气量与有机孔隙之间的关系，建立了页岩吸附气计算模型。游离气的计算采用常规模型，结合地层温度—压力演化、有机孔隙演化、无机孔隙演化等参数，分别确定了页岩地层吸附气与游离气在地质历史时期的演化特征。页岩地层持续埋深过程中吸附气含量不断增加并在最大埋深之前达到最大值，随后吸附气量不断降低，在最大埋深时达到最低值，而当地层抬升时吸附气含量略微增加。游离气含量随着地层埋深不断增加而呈现增加的趋势，并在埋深最大时达到最大值，当地层抬升时游离气含量降低。长宁、威远地区构造埋藏史相似，具有缓慢晚抬型构造埋藏史特征，而对于彭水地区快速早抬型构造埋藏史特征，表现为生烃时窗短、地层卸压迅速、温度和压力快速下降特点。此种条件下，随着地层埋深增加，页岩地层中游离气和吸附气含量均增加并在最大埋深之前达到最大值，随后游离气含量降低，而吸附气含量增加。长宁、威远地区为缓慢晚抬型，彭水地区为快速早抬型，二者构造演化的差异导致龙马溪组页岩气赋存状态转化有很大差异。

本书研究成果得益于专题负责人黄志龙和刘洛夫教授的精心指导与研究，同时陈金龙、宋建阳、刘立春、李昕、范毓鹏、成雨、罗泽华、郑珊珊、王曦蒙、盛悦和王瑞等博士研究生和硕士研究生也参加了部分研究工作，课题负责人宋岩、姜振学给予了大力支持和帮助，在此一并表示感谢。

由于实际资料掌握有限，本书主要基于实验研究，实验研究成果与页岩气田地质资料的结合不够，再加上笔者水平有限，书中难免存在一些错误，敬请读者批评指正。

目录 /CONTENTS

第一章　地质背景与国内外研究现状

第一节　区域地质背景

四川盆地是扬子地区的一个负向构造单元，整体呈现为北东向菱形的叠合构造盆地，总面积达 18×10^4km²，页岩气资源丰富，是我国页岩气勘探开发取得实质性进展最快且最早实现页岩气商业开发的重要含油气盆地，先后建立了焦石坝、涪陵和长宁—威远等页岩气工业产区。

一、四川盆地构造单元划分

四川盆地四周被山脉环绕，北部由大巴山和米仓山环绕，东部由大娄山和齐岳山环绕，南部由大凉山和峨眉山环绕，西部由龙门山环绕（图 1–1）。盆地内部可以划分出 6 个

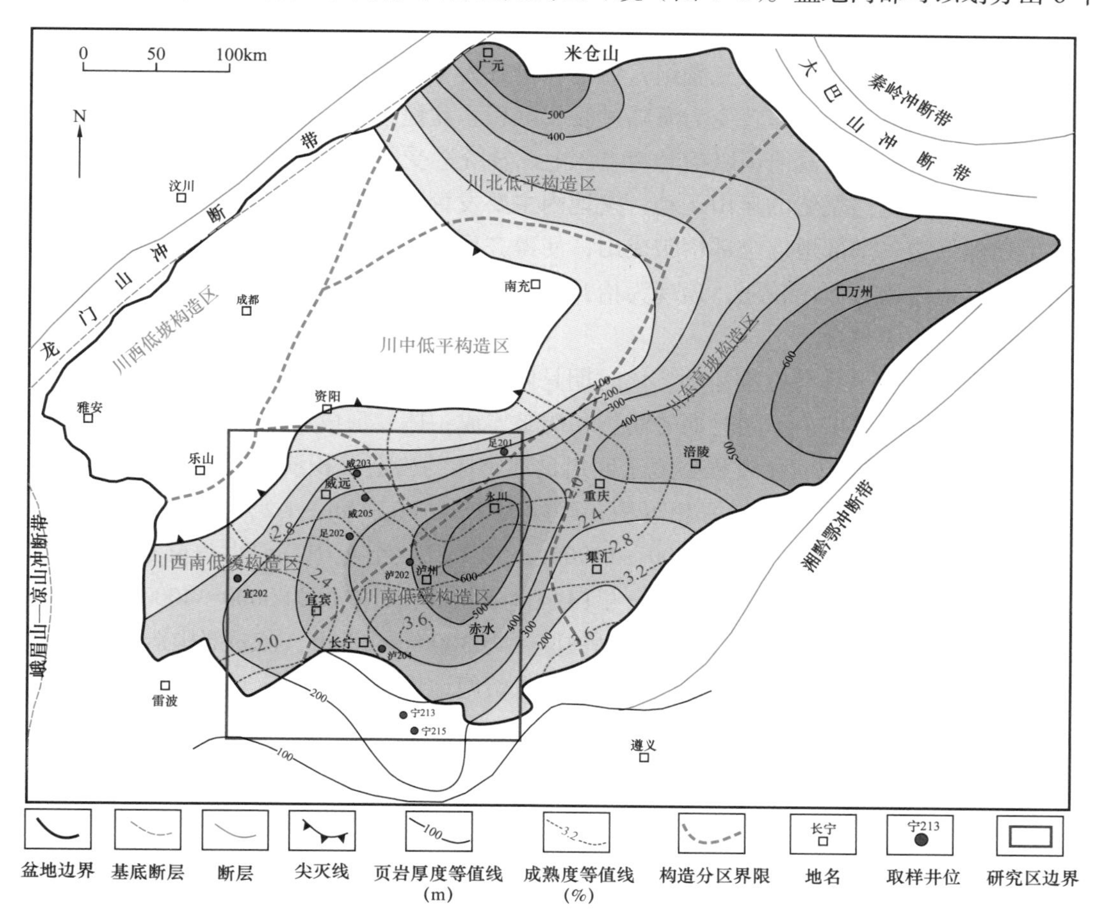

图 1–1　四川盆地构造单元划分及研究区位置（据戴金星，2014）

二级构造单元，包括川北低平构造区、川西低坡构造区、川中低平构造区、川东高坡构造区、川西南低缓构造区、川南低缓构造区（图 1–1）。四川盆地的基底是前震旦纪（太古宙和元古宙）形成的变质岩和岩浆岩，厚度 1000～10000m，基底之上发育了震旦纪至二叠纪的海相沉积、二叠纪至中三叠世的海陆过渡相沉积和晚三叠世至白垩纪的陆相沉积。

二、区域构造背景

四川盆地现今构造格局是多期构造运动叠加改造的结果，整体可以划分为 6 个构造旋回：扬子旋回、加里东旋回、海西旋回、印支旋回、燕山旋回和喜马拉雅旋回。

（1）晋宁运动发生于震旦纪之前，构造运动强烈，使前震旦纪沉积褶皱回返，地层发生变质作用，固结形成统一的盆地基底。

（2）加里东运动主要发生于震旦纪末期，盆地大幅度抬升，使得灯影组上部地层受到剥蚀，与寒武纪地层表现为假整合接触；晚加里东运动主要发生于志留纪末期，早古生代地层褶皱变形，断块活动逐渐增强，深断裂控制下形成了大隆大坳的构造格局。

（3）海西运动主要发生于泥盆纪末期至晚二叠世，盆地整体遭受持续抬升和强烈剥蚀，普遍缺失泥盆纪及石炭纪地层，东吴运动使盆地在二叠纪再次开始接受沉积，上二叠统与下二叠统之间形成区域性假整合。

（4）印支运动主要发生于三叠纪，盆地以抬升为主，大规模海侵结束，盆地内沉积以海退为主，地层由海相沉积转变为海陆过渡相沉积。盆地内出现以北东向为主的大隆大坳构造格局。晚印支活动盆地仍以抬升为主，上三叠统遭受剥蚀，断裂和褶皱活动强烈。

（5）侏罗纪至白垩纪的燕山运动，盆地内主要发育陆相地层。盆地再次抬升，盆地边缘发生强烈褶皱，东部地层全部褶皱成山，使得齐岳山成为盆地东南侧边界，湖盆面积明显缩小。盆地内褶皱作用较弱，表现为抬升过程，侏罗系上部地层遭受剥蚀，局部地区与白垩纪地层形成假整合。

（6）新生代发生喜马拉雅运动，该时期是四川盆地构造成型的重要时期。地层发生强烈褶皱变形，不同区域、不同时期的断裂和褶皱连成一体，形成了现今的构造面貌。

川南地区构造沉积演化过程类似于四川盆地整体的构造沉积演化过程，可以划分为 5 个主要的阶段：（1）早古生代海相沉积，厚度为 2500～3500m；（2）泥盆纪至石炭纪地层大幅度抬升剥蚀，剥蚀厚度为 500～1000m；（3）二叠纪至中三叠世海陆过渡相沉积，厚度为 2000～3000m；（4）晚三叠世—早白垩世陆相沉积，厚度为 3000～4000m；（5）晚白垩世至新生代构造大幅度抬升剥蚀，剥蚀厚度为 3000～6000m。在局部构造高部位，下古生界及上覆地层被剥蚀殆尽，出露寒武纪和志留纪地层。

三、区域沉积环境

受广西运动的影响，四川盆地及周缘在奥陶纪五峰组沉积时期形成了“三隆夹一坳”的古地理格局，五峰组沉积晚期，冰川的形成引起海平面下降，五峰组黑色富笔石页岩被观音桥段浅水相沉积代替；至志留纪龙马溪组沉积早期，冰川消融，使得全球海平面快速上升，发生大范围海侵，川南地区形成大面积缺氧的深水陆棚沉积环境，形成了龙马溪组下段黑色富有机质页岩沉积的大面积缺氧还原环境；至龙马溪组沉积中晚期，扬子板块与周边地块强烈碰撞拼合，盆地沉降中心迁移至川中和川北地区，而川南地区海平面大幅度下降，逐渐转向浅水陆棚沉积环境（马新华等，2018）。综合岩性组合、沉积构造、剖面地层和生物组合特征等分析，牟传龙等（2016）认为川南地区志留系龙马溪组下段的沉积相类型主要为潮坪相和浅海陆棚相。

整体上，川南地区上奥陶统五峰组—下志留统龙马溪组下部属于深水陆棚相沉积，是一套以黑色碳质页岩、硅质页岩为主的细粒沉积，发育水平层理，沉积水体还原性较强（图 1–2）。

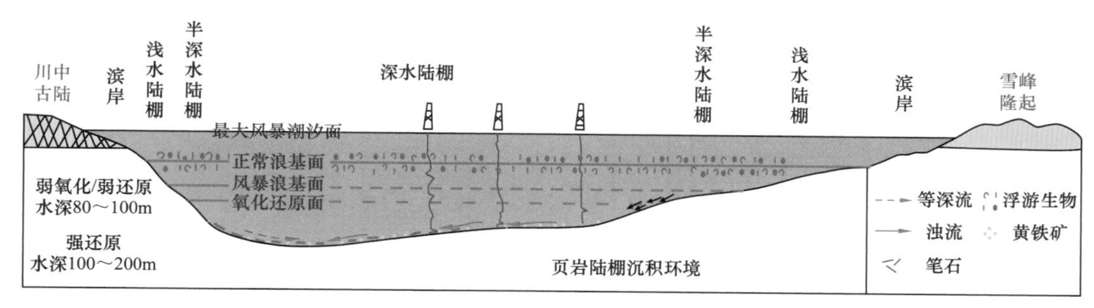

图 1–2　四川盆地南部龙马溪组页岩沉积模式图

四、区域地层发育特征

四川盆地地层发育较为完整，而泥盆纪至石炭纪地层缺失严重。二叠纪之前的地层以海相沉积为主，主要发育泥页岩、碳酸盐岩等，二叠纪至三叠纪以海陆过渡相沉积为主，晚三叠世之后以陆相沉积为主（图 1–3）。

1. 寒武系（ϵ）

寒武系主要包括下统牛蹄塘组（$\epsilon_1 n$）、明心寺组（$\epsilon_1 m$）、金顶山组（$\epsilon_1 j$）和清虚洞组（$\epsilon_1 q$），中统高台组（$\epsilon_2 g$），上统娄山关组（$\epsilon_3 ls$），各组厚度跨度较大，总厚度为1300～1520m，地层表现为由西北向东南逐渐增厚的特征。其中下寒武统牛蹄塘组发育一套灰黑色碳质页岩、粉砂质页岩和泥质页岩，厚度多大于200m。

2. 奥陶系（O）

奥陶系与下伏娄山关组呈整合接触，主要包括下统桐梓组（$O_1 t$）、红花园组（$O_1 h$）、湄潭组（$O_1 m$），中统牯牛潭组（$O_2 g$）、十字铺组（$O_2 s$）、宝塔组（$O_2 b$），上统涧草沟组（$O_3 j$）、五峰组（$O_3 w$）、观音桥段（$O_3 g$）。其中宝塔组为一套浅灰色含生物碎屑的瘤状灰岩、泥晶灰岩，厚度为20～60m；五峰组为一套黑色含碳质页岩，厚度较薄，多小于10m，夹多层斑脱岩，可见不同程度的滑脱层，有机碳含量高，笔石较发育，以直笔石为主；五峰组顶部观音桥段，以含介壳类生物化石为典型特征，厚度较小。

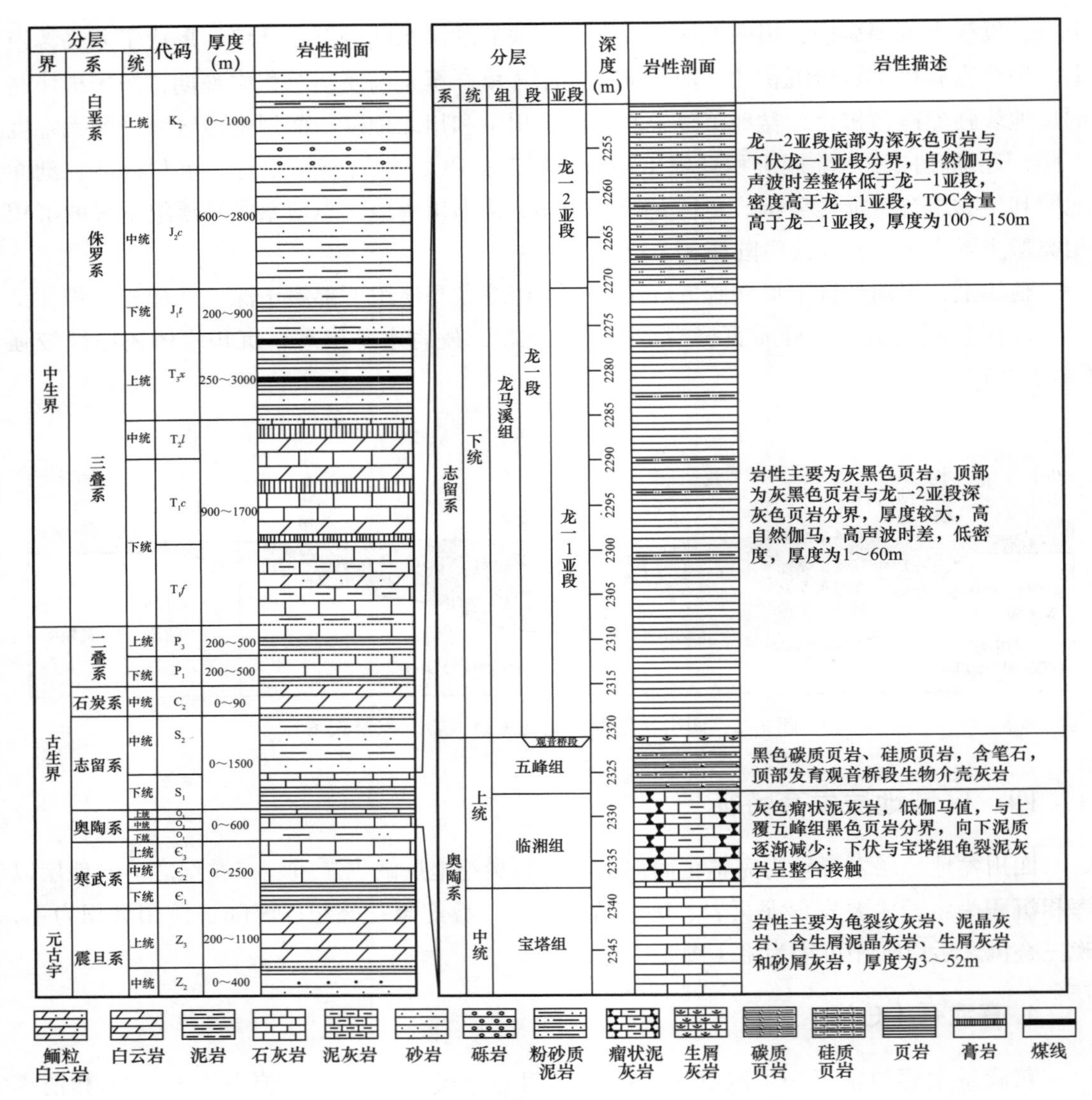

图 1-3　川南地区地层综合柱状图

3. 志留系（S）

志留系与下伏五峰组多为整合接触，主要包括下统龙马溪组（S_1l）、石牛栏组（S_1s）、韩家店组（S_1h），中统回兴哨组（S_2hx），缺乏中统上部以及上统，志留系顶部与上覆层系呈假整合接触。其中，龙马溪组以黑色、黑灰色笔石页岩、泥岩及粉砂质泥岩为主，笔石以直笔石、耙笔石、曲贝冠笔石为主，厚度为 100～400m，见水平层理，黄铁矿较为发育，多呈颗粒状、结核状、分散状等，夹少量泥质粉砂岩薄层或条带，向上粉砂质和钙质增加，见水平纹层及低角度交错层理，属于广海陆棚相沉积，是重要的烃源岩层系。

五、五峰组—龙马溪组海相页岩发育特征

上奥陶统五峰组和下志留统龙马溪组两套地层整合接触，均形成于浅水—深水陆

棚相沉积，岩性均以碳质页岩为主，含丰富的笔石化石。龙马溪组沉积时期（445.6—440.8Ma），四川盆地西北部、北部和南部发育三个深水陆架区。加里东造山运动时期，四川盆地西南部隆升，导致龙马溪组缺失。由于五峰组较薄，在区域上稳定分布，一般将二者作为一个整体进行研究。在川南和川东南地区，页岩的沉积存在若干个沉积厚度中心，最大厚度可达600m以上。长宁、威远气田位于盆地内的沉积中心，在沉积中心西部存在页岩剥蚀区，页岩厚度急剧减小；而在其南部或东部向盆地边缘地区，页岩地层厚度减小缓慢，大部分区域维持在200m左右（图1-4）。

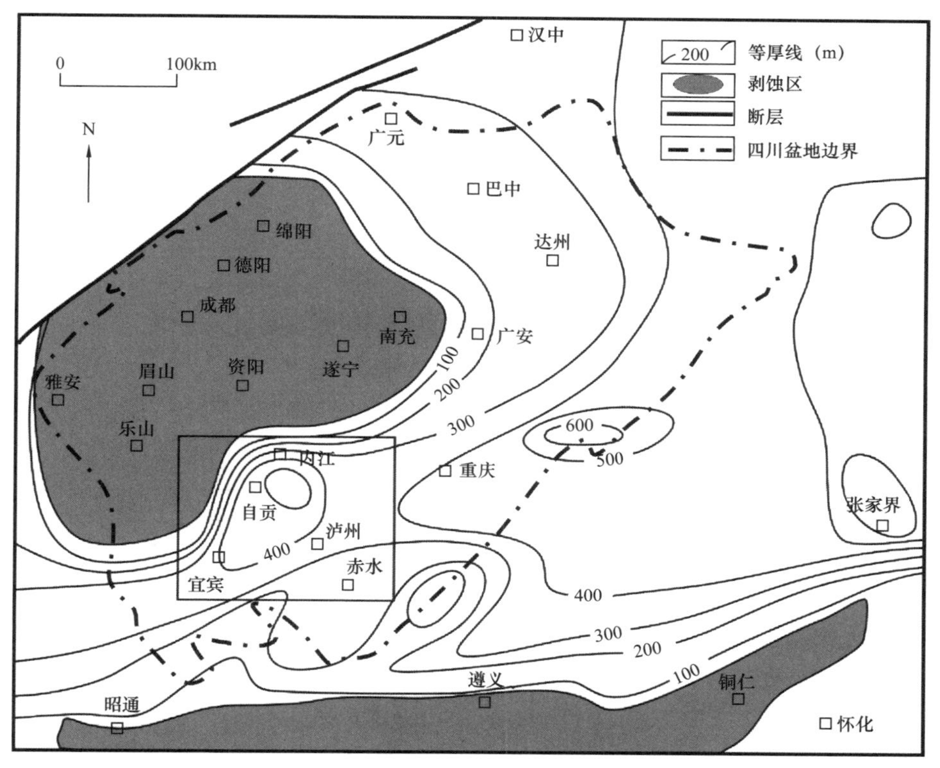

图1-4　四川盆地南部龙马溪组页岩厚度分布图（据刘树根等，2013）

1. 五峰组黑色页岩段

五峰组黑色页岩厚度一般小于10m，钙质和碳质含量较高（张金川等，2004），有机碳含量一般大于2%，发育丰富的笔石化石，以直笔石为主，发育多套薄层斑脱岩，厚度3mm至1cm不等。五峰组沉积期水动力条件较弱，水体平静，多发育平行层理，可见分散状和颗粒状黄铁矿分布。页岩内存在硅质海绵骨针和放射虫化石，浮游类笔石化石也较多，底栖生物化石不发育（黄志诚等，1991；陈旭等，2017），指示五峰组沉积环境以深水相沉积为主。

2. 五峰组观音桥段

观音桥段在研究区发育较好，岩性主要为黑色泥岩或生物灰岩。厚度较薄，一般小于

1m，有机碳含量一般小于2%。主要发育介壳类和腕足类生物化石，以浅水陆棚相沉积为主。

3. 龙马溪组下段黑色页岩段

龙马溪组下段岩性以黑色碳质页岩、泥质页岩为主，夹粉砂质纹层，厚度为20～70m，向西北和南部逐渐变薄，有机碳含量较高，均大于2%。笔石含量高，类型丰富，多见大量放射虫和硅质海绵骨针，可见直笔石、耙笔石、曲贝冠笔石等，可以作为生物地层划分对比的标志层。页岩发育平行层理及波状层理，可见颗粒状、分散状、结核状、层状的黄铁矿发育，表现为滞留还原的深水陆棚相沉积。

4. 龙马溪组上段深灰色页岩、灰绿色粉砂岩段

龙马溪组上段岩性以深灰色钙质页岩和灰绿色粉砂岩为主，发育粉砂质透镜体，相比龙马溪组下段，有机碳含量明显降低，多小于1%。钙质纹层及砂质纹层较发育，笔石含量较龙马溪组下段有所减少，但类型相似。

第二节　威远、长宁地区构造演化特征

本书以长宁、威远和渝东地区作为重点解剖区进行研究与分析，当前页岩气建产区块主要有盆内的威远区块、盆缘的长宁区块、盆外的昭通区块和渝东南区块（图1–5）。

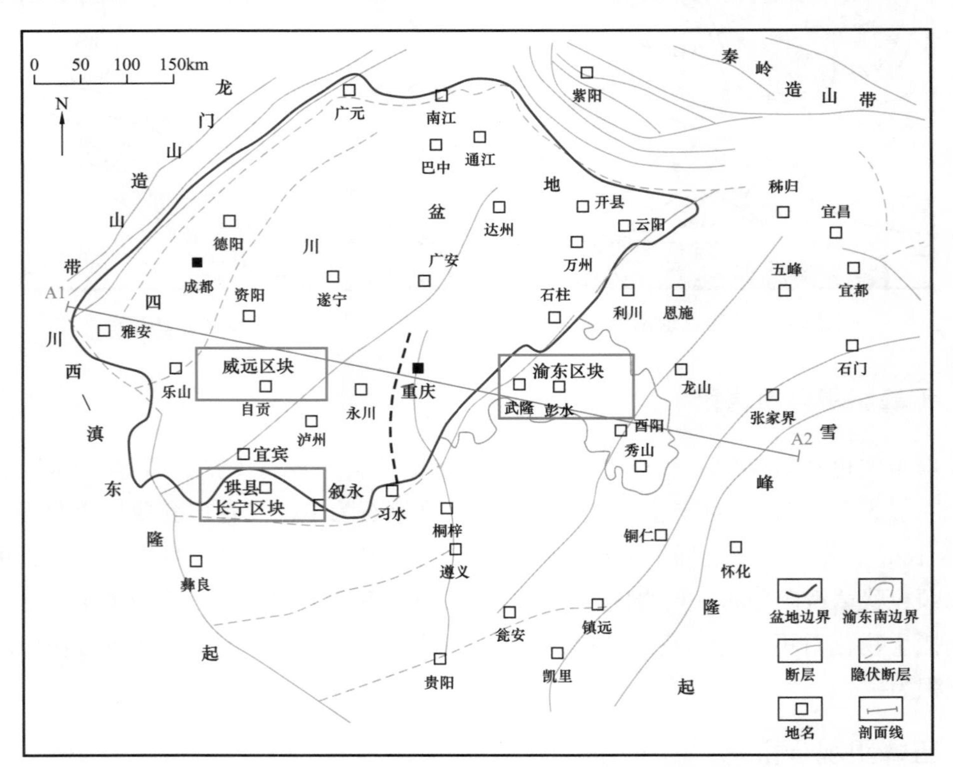

图1–5　四川盆地威远、长宁和渝东地区位置图

四川盆地构造演化复杂，随着川东南地区页岩气勘探不断深入，川东南地区构造研究也逐步深入，不同的学者划分了不同构造区。对川东—鄂西—雪峰山基底拆离带，按照褶皱带与断裂走向来划分构造单元，南段与北段构造在褶皱走向、断裂发育上存在差异。按照褶皱形态来划分为湘鄂西隔槽式褶皱带、鄂西—渝东槽挡过渡褶皱带、川东隔挡式褶皱带等；或按构造改造强度划分为盆内稳定区、盆内弱改造区、盆缘弱改造区、盆外强改造区等（图 1–6）。

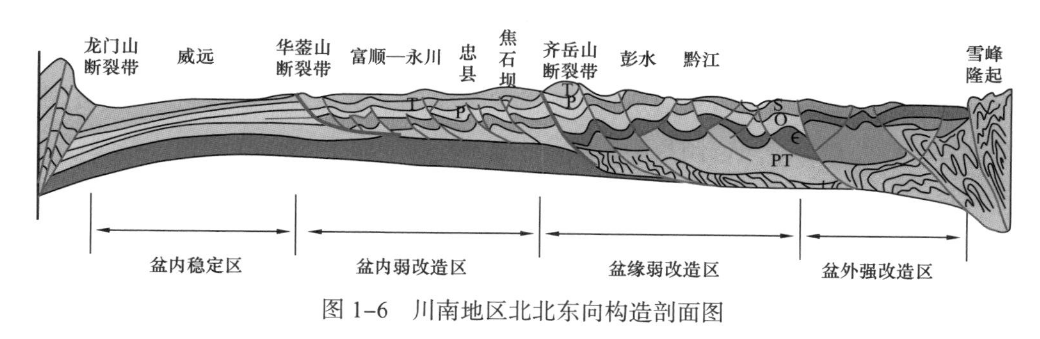

图 1–6　川南地区北北东向构造剖面图

一、威远地区构造特征

威远地区地处四川省威远县与荣县附近，构造上属于川西南低缓构造带。威远地区构造较为稳定，区内断裂和褶皱发育较少；但其周边地区构造较为强烈，其南部主要为负向构造，包括新店子向斜、自流井凹陷等（图 1–7）。自贡北部自流井构造区发育一系列北

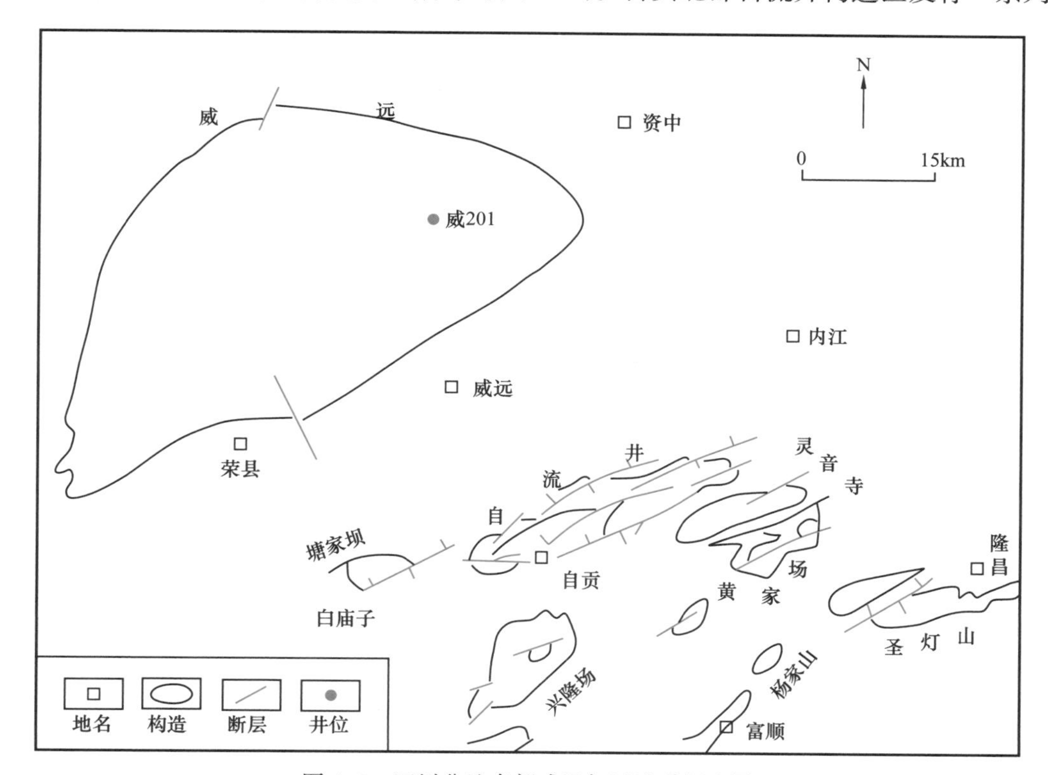

图 1–7　四川盆地南部威远气田地质概略图

东东走向并向南倾的断裂，其次周围还发育有安岳南江褶皱带、龙泉山构造带、金河向斜等构造，威远地区是周围复杂构造背景下的构造相对稳定区。威远地区现今为威远背斜较为平缓的一翼，向盆地边缘方向构造变得复杂，发育多种似箱状背斜构造。现今埋深一般处于2000～4000m之间，页岩地层中有机质成熟度（R_o）为2.12%～2.46%。

在威远地区，其总体构造活动较为稳定。在奥陶纪末至早志留世，威远地区处于低能、缺氧的沉积环境，发育一套黑色页岩。该区褶皱属于川西南古中斜坡低陡褶皱带，以古隆起为背景发育威远背斜构造（图1–8）。在威远地区，五峰组—龙马溪组底部地层为宝塔组瘤状灰岩，该套石灰岩地层顶界表现为区域上的大型宽缓单斜构造，局部有小型鼻状构造发育；整体较为平缓，倾角小，断裂不发育，局部倾角大；作为盆内稳定区，断裂总体不发育，但在威远地区周边构造上，小断裂、断裂发育，断距和延伸长度与断裂强度密切相关。威远地区现今钻遇五峰组—龙马溪组页岩地层的钻井大部分部署在威远背斜上，取得了较好的效果。该地区五峰组—龙马溪组埋深位于3000～4000m之间，由北西向南、东方向埋深逐渐增大。

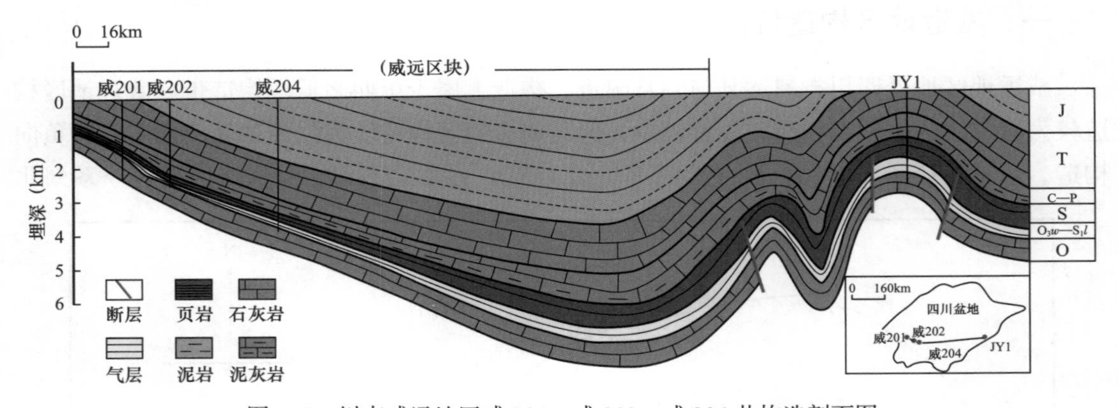

图1–8　川南威远地区威201—威202—威204井构造剖面图

威远地区整体位于乐山—龙女寺古隆起的东南翼，在明确威远背斜构造演化特征之前需要先弄清乐山—龙女寺古隆起的演化过程。不同时期的构造运动对乐山—龙女寺古隆起的构造与沉积产生不同影响。在加里东运动之前为盆地结晶基底形成和寒武系沉积阶段，在此之后川中地区发生基底隆起，乐山—龙女寺古隆起也随之形成。总体上呈鼻状隆起，向北北东向倾伏，二叠系至白垩系直接发育在志留系之上（图1–9）。

位于乐山—龙女寺古隆起南东斜坡上的威远构造现今呈现为一个大型穹隆构造，其演化和发展大致经历了如下过程：在乐山—龙女寺古隆起形成之后，海西运动对威远构造未造成明显影响，构造形态总体未发生明显变化；在喜马拉雅运动早期，构造运动影响范围有限，威远构造仍未被明显改造；到古近纪末，乐山—龙女寺古隆起受到南东方向和北西方向的挤压作用发生隆起，形成了老龙坝—威远背斜（图1–10）。

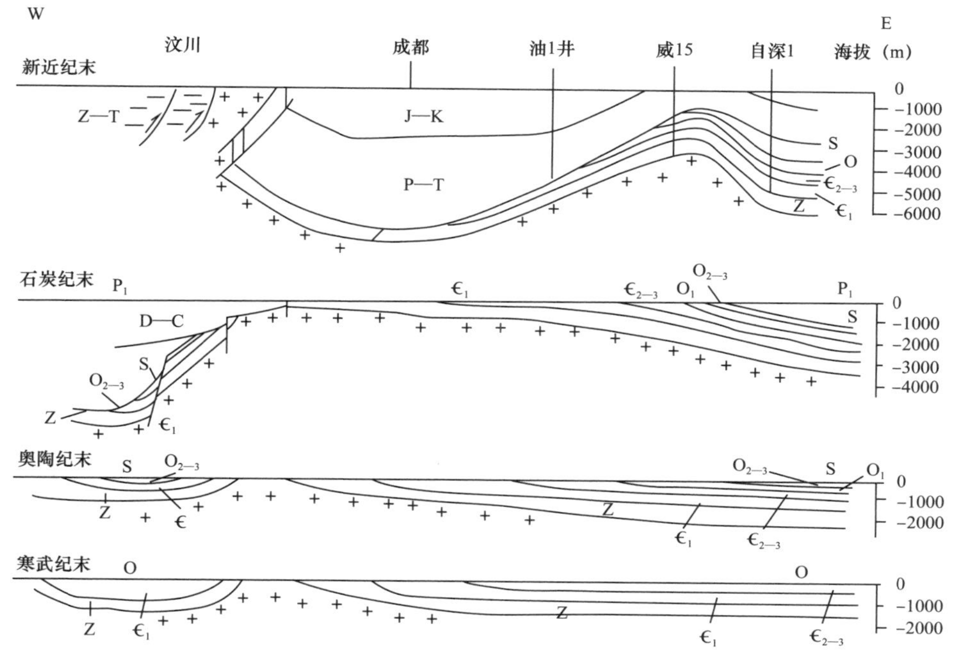

图 1-9　川中古隆起形成机制与演化特征（据宋文海，1987）

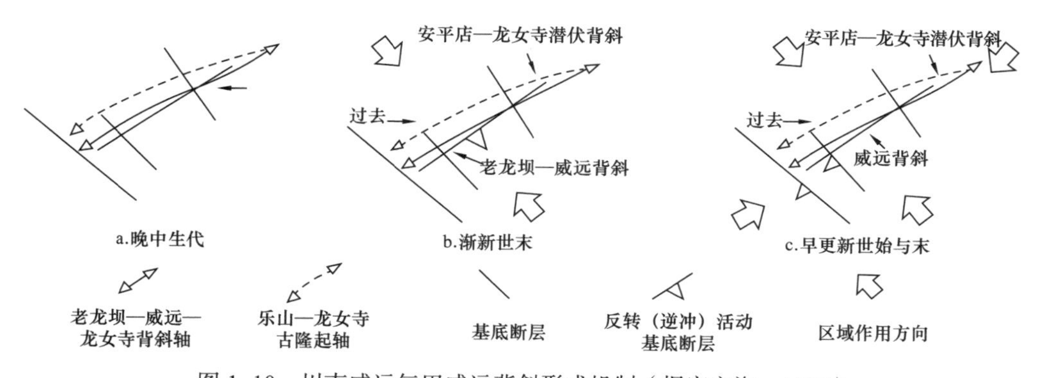

图 1-10　川南威远气田威远背斜形成机制（据宋文海，1987）

二、长宁地区构造特征

长宁区块位于四川省南部边缘，东西长约 90km，南北宽约 49km，处于宜宾市腹地（图 1-11）；构造位置上属于扬子板块西缘的川黔结合部，受到盆外西南侧娄山褶皱带和盆内川南低缓构造区构造演化的共同控制。长宁地区经历了多期次不同强度的构造运动，其中燕山期以来的造山运动使得该区发育一系列褶皱变形和断裂。长宁背斜是在复杂构造背景下形成的大规模褶皱变形构造，由于构造应力的差异性，背斜不同部位也表现出明显的差异性。背斜两翼呈现明显不对称特征，南西翼较平缓而北东翼较陡。在挤压应力作用下，长宁背斜发育一系列背斜相关断裂，以规模不大的逆断层为主。相比于盆内稳定区，该地区五峰组—龙马溪组埋深相对较浅，埋深为 2300～3000m，断裂和褶皱发育程度较高，构造活动背景下的局部有利构造发育部位是页岩气勘探的重点目标。

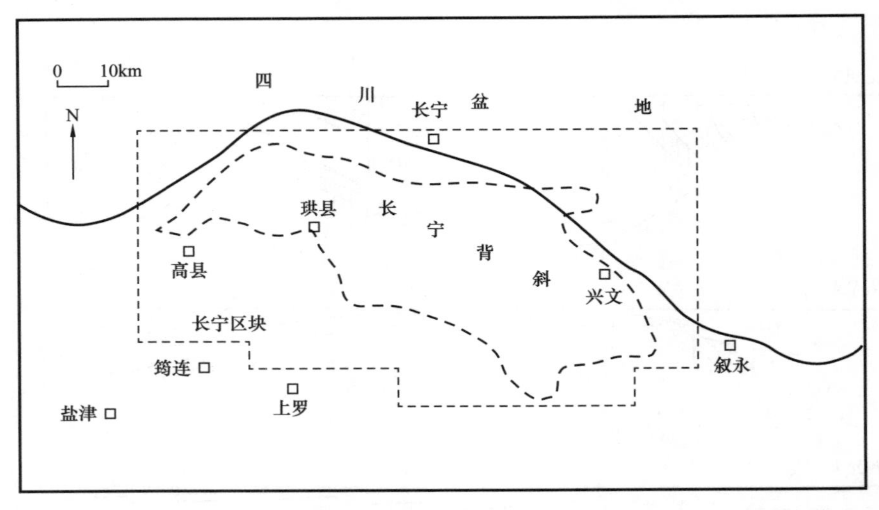

图 1-11　川南长宁地区构造位置图

第三节　国内外研究现状

一、页岩微观介质界面效应

页岩微观介质界面效应反映的是储层流体与微观孔隙之间的相互作用，其对页岩气赋存状态具有重要的控制作用。页岩储层富含有机质且非均质性强，微—纳米孔隙发育，既有亲油的有机质孔隙界面，又有亲水的无机矿物孔隙界面，导致其微观介质界面性质复杂，对页岩气赋存状态的控制机理仍然不清（Xu 和 Dehghanpour，2014；Gao 和 Hu，2016a；Yang 等，2018）。页岩储层润湿性是一种反映微观介质界面效应的重要储层性质。页岩储层兼具亲水和亲油双重孔隙网络已经被越来越多的研究所证实，其润湿性取决于具有亲水界面和亲油界面的孔隙发育及连通程度：如果页岩储层亲水孔隙更发育且连通性更好则表现为偏向亲水；如果亲油孔隙更发育且连通性更好则表现为偏向亲油；如果亲水孔隙和亲油孔隙发育及连通程度相当则表现为混合型润湿性（Lan 等，2015；Yassin 等，2016；Sun 等，2017）。

常规油气储层主要由一种或几种矿物组成，储层孔隙界面性质较为均一，接触角法、Amott/USBM（US Bureau of Mines）测试法、自发渗吸法等在常规油气储层润湿性表征方面均具有很好的应用效果（Anderson，1986）。页岩储层微—纳米级孔隙发育，毛细管力巨大，这使得 Amott/USBM 等基于离心驱替的润湿性表征方法无法适用于页岩样品（Sulucarnain 等，2012；Xu 和 Dehghanpour，2014）。目前，页岩储层润湿性表征还处于探索阶段，接触角法、核磁共振法和自发渗吸法已应用于页岩储层（Gao 和 Hu，2016b；Gao 和 Hu，2018；Peng 和 Xiao，2017；Odusina 等，2011；Sulucarnain 等，2012；Yassin 等，2017）。

二、页岩气赋存机理及其影响因素

页岩气多以吸附态和游离态赋存在页岩储层中。页岩吸附甲烷是由页岩有机质及无机矿物颗粒（主要为黏土矿物）表面分子与甲烷分子间的范德华力引起的物理吸附作用，分子之间同时存在引力和斥力，二者的合力即是范德华力（左罗等，2014）。通常认为游离态甲烷存在的临界孔隙直径为6～8nm。随着近年来计算机技术的迅猛发展，分子动力学模拟方法已逐渐成为研究微观吸附动力学的有效手段（熊健等，2016；张廷山等，2017；Mosher 等，2013）。

对于页岩游离气含量，多采用气体状态方程来描述，认为影响游离气含量的因素主要包括温度、压力、含气饱和度和孔隙度（Pan 等，2016）。对于页岩吸附气含量，目前常用实验室甲烷等温吸附实验来测定，利用不同过剩吸附模型（Langmuir 模型、BET 模型、SDR 模型等）外推获得接近实际地层条件下的气体吸附能力。在真实地质条件下，地层压力远远大于甲烷气体的临界压力，超临界吸附在低压力条件下，甲烷吸附量随压力增大呈现增加趋势，当达到一定压力（8～10MPa）后，出现“倒吸附”的现象（周尚文等，2016）。通过甲烷等温吸附实验所测得的对应压力下的吸附量是过剩吸附量，即吸附相中超过主体气相密度的那部分吸附量。通过过剩吸附量求取绝对吸附量的关键是确定吸附相甲烷的密度或体积。众多学者对页岩气体吸附能力的影响因素开展了研究，主要包括有机质类型、成熟度、丰度、页岩组成、温度和压力等（Ross 和 Bustin，2009；Gasparik 等，2012，2014）。影响吸附气含量的直接因素均间接地表现在页岩孔隙结构特征及演化过程对吸附气含量的影响。

为了得到地质条件下实际地层中吸附气的含量，国内学者已总结出多个页岩气含量及其相关参数的计算模型，主要包括以下两类：第一类，通过建立吸附气含量与地质参数双变量相关性，明确吸附气含量的主控因素，分析主控因素与 Langmuir 体积、Langmuir 压力之间的关系，代入 Langmuir 方程中，建立考虑主控因素、温度、压力等因素的扩展兰氏方程，进而计算储层条件下（不同温度、压力条件下）的页岩甲烷吸附能力（陈磊等，2014）；第二类，依据高压甲烷吸附的 SDR 模型计算给定基础条件下（温度梯度、压力梯度等）任意深度的吸附气含量。另外，依据吉布斯吸附理论，可以求取总含气量和游离气含量。

三、孔隙结构表征与影响因素

页岩储层孔隙类型按直径大小可划分为微孔（<2nm）、中孔（2～50nm）和宏孔（>50nm）；按孔隙形貌和产状可以划分为粒间孔隙、粒内孔隙、有机孔隙和裂缝（Loucks 等，2012）。对于孔隙的定性观察，常用的是高分辨率扫描电镜，可以直接观察孔隙形态、规模、类型等，利用聚焦离子束场发射扫描电镜（FIB–SEM）进行孔隙结构三维重建。定量表征方面，多采用高压压汞（MICP，表征宏孔）、低压 N_2/Ar 吸附（表征中孔）和 CO_2 吸附（表征微孔）联合表征的手段实现微—纳米孔隙全孔径表征。不同方法定量表征页岩孔隙理论模型的选取也尤为重要。页岩孔隙结构主要受页岩组成、生烃作用和成岩作用等影响。泥页岩埋藏初期初始孔隙度可达60%～80%，浅埋藏期压实作用会导致大量原始孔隙空间破坏。页岩干酪根具有大量层状结构，生烃过程中微孔隙发育，多认为孔隙结构与页岩有机碳含量存在正相关关系，且多表现为微孔体积与有机碳含量的正相关性，而中孔体积、宏孔体积与有机碳含量相关性不明显。不同学者选取不同的有机质演化区间，得到了不同的孔隙结构变化趋势。仲佳爱等（2015）以鄂尔多斯盆地延长组长7段页岩热模拟样品（R_o=0.53%～1.05%）为例，认为不同孔径孔隙演化趋势不同，孔隙度表现为先增加后减小的趋势；陈燕燕等（2015）针对美国New Albany页岩（R_o=0.35%～1.41%）分析认为微孔、中孔的演化过程类似，陈燕燕等（2015）与Topór等（2017）的结论类似。整体上，目前的研究多以未熟—成熟阶段为例，缺乏高—过成熟阶段孔隙演化过程的分析。

四、页岩成岩演化

储层成岩作用包含了一系列物理、化学和生物的沉积后作用。成岩作用对孔隙的影响主要体现在岩石物性、孔隙形貌、孔隙类型及发育特征、孔径分布等方面的变化。但由于页岩储层颗粒粒径以黏土级为主，微观成岩现象不易观察，不同成因类型孔隙定量表征较为困难。因此，目前针对页岩储层成岩作用与成岩演化方面的研究较少。

1. 成岩作用类型及阶段划分

与常规储层类似，页岩储层成岩作用类型主要包括压实作用、胶结作用、交代作用、溶蚀作用、黏土矿物转化作用及构造破裂作用。有机质热成熟作用是页岩储层特有的成岩作用类型，沥青占据微孔孔隙被认为是一种特殊的胶结作用。不同成岩阶段所发生的成岩作用类型不同，涉及的矿物转化过程也不同。页岩孔隙水中大部分成岩物质自产自销，使得各类成岩作用相互关联，各类成岩作用之间相互促进或抑制。无机矿物成岩作用控制了储层孔隙的保存、发展和演化，也影响储层岩石力学性质和储层的吸附能力，有机质热成熟作用是页岩成岩体系特有的成岩作用类型，是各类成岩作用发生的重要推动剂。

2. 孔隙演化过程

1）有机孔演化过程

随着有机质热演化程度的增加，富有机质页岩中广泛发育纳米孔隙，是页岩气的重要储集空间（Loucks等，2009）。页岩有机孔隙作为吸附气的重要赋存空间，其发育程度和分布具有明显的非均质性。关于有机孔的成因，第一种观点认为主要是由固体干酪根转化为烃类流体而在干酪根内部形成的孔隙（Jarvie等，2007；Bernard等，2012）；第二种观点认为有机孔主要发育在沥青及焦沥青（次生有机质）中（Curtis等，2012；Bernard等，2012）；第三种观点认为原始有机质内本身就存在有机孔，生油窗内被沥青充填，在高—过成熟阶段沥青释放而重新出现（Löhr等，2015）。关于有机孔的演化规律，认为有机孔随热演化程度的增加呈现先增加后减少的趋势，而关于“拐点”对应的镜质组反射率（R_o值），不同学者有不同的认识。

2）总孔隙演化过程

普遍认为页岩储层无机矿物的孔隙度随热演化程度的增加而逐渐降低。综合众多学者关于总孔隙的演化过程认为：（1）R_o<0.5%，页岩处于未熟—低成熟阶段，页岩孔隙受机械压实作用影响明显减少；（2）R_o 在 0.5%～1.2% 之间，有机质处于成熟阶段生油高峰期，孔隙演化整体表现为增加或者保持不变，一方面有机质热成熟作用形成有机孔，另一方面，有机质热解产物充填在新生成的有机孔内或原生孔隙中，并且压实作用持续进行，所以在该阶段既有新生成的孔隙空间，也有原生孔隙空间或新生成的孔隙空间被热解产物充填堵塞；（3）R_o 在 1.2%～2.0% 之间，有机质处于高成熟阶段热裂解生气期，有机质生气形成了大量的次生储集空间，孔隙空间中的液态烃也开始大量裂解成气，释放了一定量的孔隙空间，所以在该阶段孔隙整体表现为增加趋势；（4）R_o>2.0%，有机质处于过成熟生干气阶段，孔隙演化整体表现为减少或稳定不变。减少的原因在于过成熟阶段有机质发生炭化，芳构化加剧，造成部分孔隙堵塞，另外，由于后期有机质生烃作用结束，页岩受围压压实作用明显，强烈压实作用导致孔隙破坏、合并或坍塌。因此，关于未熟—低成熟阶段和高成熟阶段页岩孔隙演化过程的认识是相对统一的，而在成熟和过成熟阶段，页岩孔隙演化相对比较复杂，认识不统一。

3）成岩作用对孔隙影响的定量表征方法

区别于常规储层孔隙演化主要与成岩演化过程相关，页岩储层孔隙演化与有机质生烃过程、无机矿物成岩演化作用相伴生。关于页岩储层成岩作用对孔隙影响的定量表征方法欠缺，近年来，Milliken 等（2012）利用扫描电镜阴极发光（SEM-CL）及能谱（EDS）元素面扫图像（X-ray Elemental Mapping）有效识别微观矿物组成，对该内容做了一系列相关研究，而国内对于该问题的研究尚属空白。

3. 成岩演化模式

页岩储层成岩演化模式是在明确典型埋藏史、热史的基础上，综合有机质演化过程、矿物转化过程、成岩作用序列、孔隙演化过程等的相关影响，进而建立的综合表征页岩有机—无机演化过程。Pommer 等（2015）以 Eagle Ford 页岩为例，建立了综合考虑有机质演化过程、成岩作用类型、孔隙演化过程的概念模式图；赵迪斐等（2016）以渝东南地区龙马溪组页岩为例，建立了考虑成岩作用类型、孔隙演化、孔隙类型变化的成岩演化模式图，但其未对孔隙演化过程进行定量表征；栾国强（2016）以济阳坳陷沾化凹陷沙三段页岩热模拟序列样品为例，建立了主要考虑有机质、矿物转化过程的页岩成岩演化概念模式图，但其未考虑孔隙类型及孔隙演化过程。

五、温度和压力演化

在研究地层温度和压力演化过程中，古压力模拟法是最常用的方法，通常所用方法为盆地模拟法，采用不同的软件也就选择了不同的算法。盆地模拟法主要是通过输入地质参数以建立地质模型，然后在此框架下构建数学模型，其中在地质模型中考虑了沉积、烃类生成和运移等方面，最后通过模拟计算获得地层压力的演化。PetroMod 是在压力模拟中有单独的模块，可根据实际条件选择或更改模型，适合泥页岩地层压力模拟，所需资料分为单井资料、地球化学数据、古热流值等，实际模拟中可依据添加的实测数据对模型进行修正，进而能更加准确地反映盆地压力演化特征与演化过程。以上的压力模拟都需要用实测数据进行标定与校正，即获取地层古压力和古地温数据。古温度指标是地层中古地温的记录，如常用的古温度指标有镜质组反射率，在地层温度达到一定值时镜质组将发生不可逆的变化，因而能记录所能达到温度的最高值。此外还有磷灰石裂变径迹、矿物流体包裹体等，在不同地层中出现的古温度指标及其应用条件也有所差异，在选择古温度指标时也应考虑实际地层条件。在泥页岩地层中可以考虑黏土矿物、有机质镜质组反射率等古温度指标，而在砂岩地层中可选择磷灰石裂变径迹、矿物流体包裹体。在考虑古温度指标时应综合考虑地层条件和古温度指标应用条件。古压力求取方法主要有三种：（1）参数计算法；（2）激光拉曼法；（3）软件模拟法。以上方法均需要找到指定相态的包裹体，测定相关参数并采用参数计算以获得包裹体压力。在页岩地层中，压实作用导致页岩孔隙急剧减少甚至消失，页岩地层中较难形成流体活动进而难以产生古压力的记录。在前人的研究中，储层流体压力主要集中在常规储层中，原因是常规储层中容易找到流体压力的记录——包裹体，以便可以求取古压力并通过软件和相关参数进行压力演化模拟。

第二章　页岩微—纳米孔隙结构与微观介质界面效应

第一节　页岩微—纳米孔隙结构及其影响因素

页岩储层的孔隙以微—纳米级孔隙为主，页岩的孔隙结构特征对流体运移和存储能力有着决定性作用，与温度、压力等参数共同影响页岩气赋存状态及页岩储层含气性。对比页岩储层孔隙表征方法各自的适用范围和应用前景，页岩储层孔隙结构表征的方法主要包括定性和定量两类，综合利用多种手段研究不同尺度下页岩孔隙结构特征并分析其影响因素，是页岩气资源潜力评价和有利区优选的重要研究内容。

一、页岩储层孔隙类型划分

页岩储层发育的微—纳米级孔隙对页岩气的运移和储集具有重要的影响。页岩孔隙结构是指页岩孔隙的几何形状、大小、分布及其相互连通关系。孔隙结构表征是页岩气储层评价的核心内容，同样是开展页岩气资源调查与选区的基础性工作。富有机质页岩通常具有复杂的孔隙网络，不同学者依据孔隙的孔径大小、形态、发育位置等，对页岩储层孔隙类型进行了划分（IUPAC，1994；Slatt 和 O’Brien，2011；Loucks 等，2012；于炳松，2013；杨峰等，2013；高之业等，2020）。

IUPAC（1994）依据孔径大小将孔隙分为微孔（孔径＜2nm）、中孔（2nm＜孔径＜50nm）和宏孔（孔径＞50nm），对于定量描述和评价泥页岩的孔隙体积及其分布具有重要意义。Desbois 等（2009）依据孔隙形态将 Boom Clay 页岩中孔隙类型划分为细长孔、新月形孔和锯齿形孔。蒋裕强等（2010）将页岩储层的储渗空间分为基质孔隙和裂缝。Slatt 和 O’Brien（2011）在研究 Barnett 页岩和 Woodford 页岩时，将页岩储层孔隙类型划分为凝絮作用产生的粒间孔、有机孔、粪球粒、化石碎屑粒内孔、矿物颗粒内孔、微通道和微裂缝，并认为黏土沉积形成的凝絮物中存在大量开启的孔隙网络，可作为油气储集空间及运移通道。Loucks 等（2012）依据孔隙的赋存位置将页岩储层孔隙系统划分为页岩基质孔和裂缝孔隙，其中基质孔又进一步划分为粒间孔、粒内孔和有机孔，并指出随着埋深的增加和热演化的进行，压实作用导致粒内孔和粒间孔减少，而有机质生烃形成大量有机孔隙，且干酪根生烃过程中产生的酸性流体会导致溶蚀孔的形成，因此泥页岩具有多种孔隙网络。有机孔通常能够相互连通形成有效的孔隙网络（Loucks 等，2009；Curtis 等，2012）。粒间孔的连通性一般优于粒内孔，粒内孔主要依靠喉道连接孔隙网络，粒内孔容易被孤立从而无法形成有效的孔隙网络（McCreesh 等，1991）。

在吸收和借鉴国内外关于页岩孔隙结构研究的基础上，国内学者在泥页岩孔隙分类与表征方面也进行了大量研究。于炳松（2013）根据定性观察的孔隙产状与岩石颗粒是否相关，将页岩储层的孔隙类型划分为裂缝孔隙和岩石基质孔隙两个大类，岩石基质孔隙大类又进一步划分为粒间孔隙、粒内孔隙和有机孔隙；再结合定量测定的孔隙结构信息，将孔隙划分为微孔隙、中孔隙和宏孔隙（Wang 等，2020）。杨峰等（2013）将页岩储层中的孔隙划分为有机质纳米孔隙、黏土矿物粒间孔隙、岩石骨架矿物孔隙、古生物化石孔隙和微裂缝五种类型，并对每种孔隙的形态、尺寸和油气存储意义进行了描述。陈尚斌等（2013）根据储层吸附脱附曲线形状，将川南龙马溪组页岩储层孔隙划分为两端开口的圆筒孔及四边开放的平行板孔等开放性孔。王玉满等（2014）按孔隙成因将页岩储层基质孔隙分为残余原生孔隙、不稳定矿物溶蚀孔隙、黏土矿物层间孔隙和有机孔隙。这些孔隙类型主要是基于扫描电镜的观察而识别出来的，识别出这些孔隙类型对于深入分析泥页岩中显微孔隙的成因起到了重要的指导作用。

页岩储层表征的实验方法主要可以分为成像观测法、流体侵入法和射线分析法。成像观测法主要包括光学显微镜法、电子显微镜法、CT 扫描法，可以在不同尺度下观察页岩样品中的孔隙大小、形态、分布等特征（Loucks 等，2009，2012；Milliken 等，2013；杨峰等，2013）。流体侵入法主要包括气体吸附法（CO_2 和 N_2）、高压压汞法（HPMIP）及氦气孔隙度测试等（Bustin 等，2008；Clarkson 等，2013；Mastalerz 等，2013；姜振学等，2016；Zhang 等，2020a）。射线分析法主要包括核磁共振法（NMR）、小角度中子散射法等（Clarkson 等，2013；Sun 等，2017；焦堃等，2014；Zhang 等，2020b）。不同的方法测试原理不同，所能观测或测试的孔隙大小范围亦不同。

二、页岩储层孔隙形貌特征

五峰组—龙马溪组页岩储层发育丰富的微—纳米孔隙，以有机孔隙、无机孔隙和微裂缝为主，特别是有机孔隙十分发育，为页岩气的赋存提供了有效的储集空间。除了发育粒间孔、晶间孔和溶蚀孔三类无机孔隙，五峰组—龙马溪组页岩同样存在长度和宽度不等的微裂缝，表明页岩储层具有多种孔隙网络。

1. 有机孔隙

发育在有机质内部的有机孔是有机质生烃过程中形成的次生孔隙，其特点是发育广泛、连通性好。页岩内有机质包括干酪根、沥青、固体沥青、焦沥青。随着埋藏深度的增加，干酪根热演化程度逐渐增加并开始生成石油和沥青，进而转化为固体沥青和焦沥青，并随之伴生大量的天然气。因此可将页岩中的有机质划分为原地有机质（主要包括干酪根和干酪根内部的固体沥青和焦沥青），以及次生迁移有机质（生油阶段干酪根生成的油和沥青充填于周缘无机孔隙中，随着热演化形成的固体沥青和焦沥青）。不同类型的有机质孔隙形态及连通性特征不同，对油气运移及储集的作用不同。

1）原地有机质

原地有机质主要包括干酪根和干酪根内部未发生迁移的固体沥青和焦沥青。龙马溪组页岩中广泛发育该类有机质块体，直径几微米的有机质颗粒中可含有成百上千的有机孔隙，包括原始干酪根结构堆积形成的无定形态孔隙和干酪根内部气泡孔（图 2-1）。无定形态有机孔孔径通常大于 50nm，从而改善页岩本身连通性，增加油气渗流通道。干酪根内部发育圆形、椭圆形气泡状孔隙（图 2-1），主要是干酪根后期生气形成的小气泡孔，孔径通常小于 10nm，有利于气体的吸附。

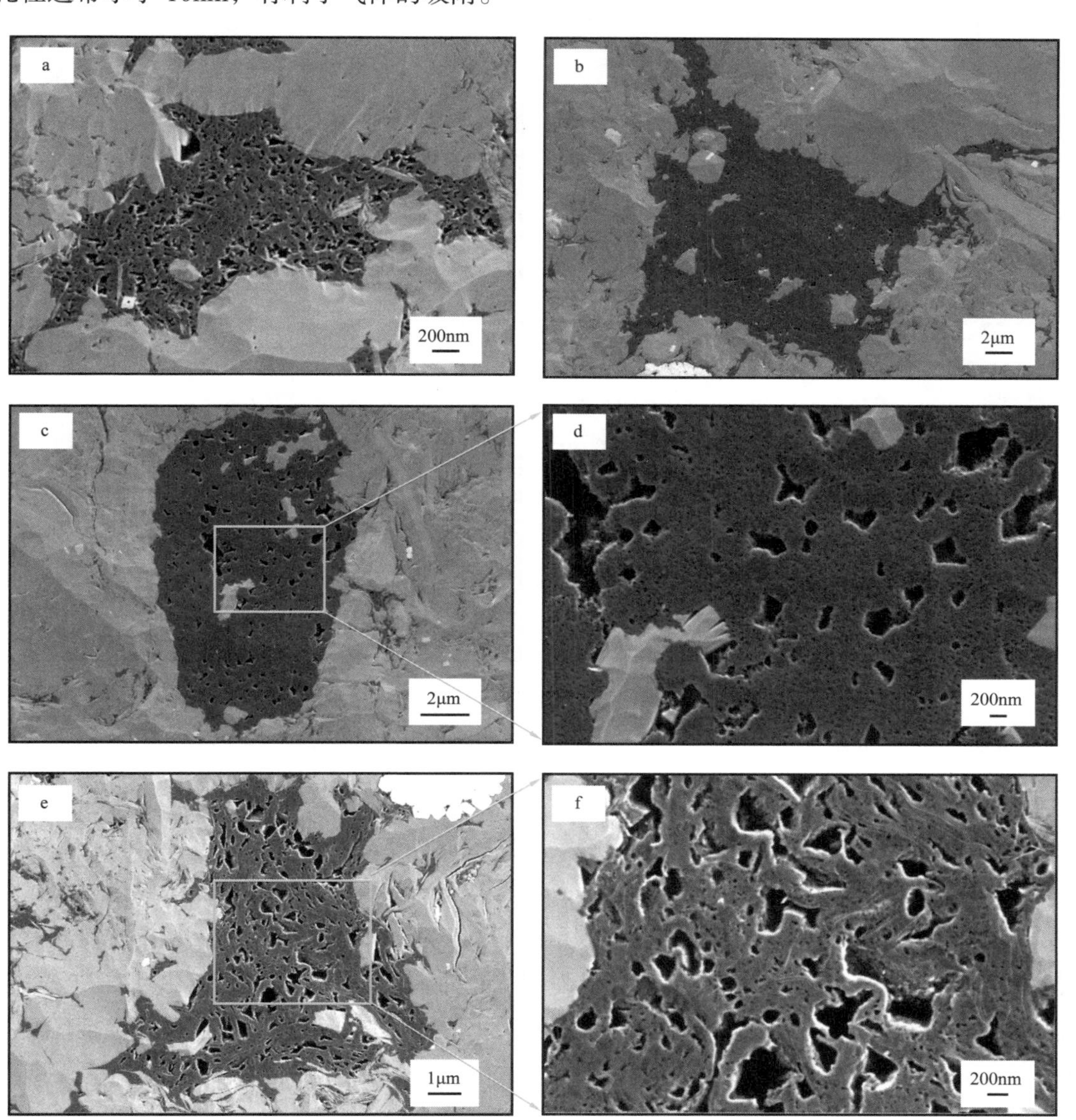

图 2-1　四川盆地龙马溪组页岩原地有机质及其孔隙发育特征

2）迁移有机质

迁移有机质是由页岩中液态烃在二次裂解生气前受生烃超压作用充注到无机矿物孔隙所形成，并随着热演化程度增高二次裂解生气从而形成相互连通的有机孔隙网络（Lewan，1987；Jarvie 等，2007；Loucks 等，2009；Curtis 等，2012）。迁移有机质通常形状和大小不定，颜色均匀且内部发育纳米级孔隙。有机孔形状多以椭圆状、近球形和片麻状为主，常呈蜂窝状或者孤立状分布，孔径多在3～200nm之间。部分有机质发育大气泡孔，直径可达几百纳米至微米级别，其长轴方向一般与有机质的延伸方向大致一致，具有很好的连通性（图2-2）。

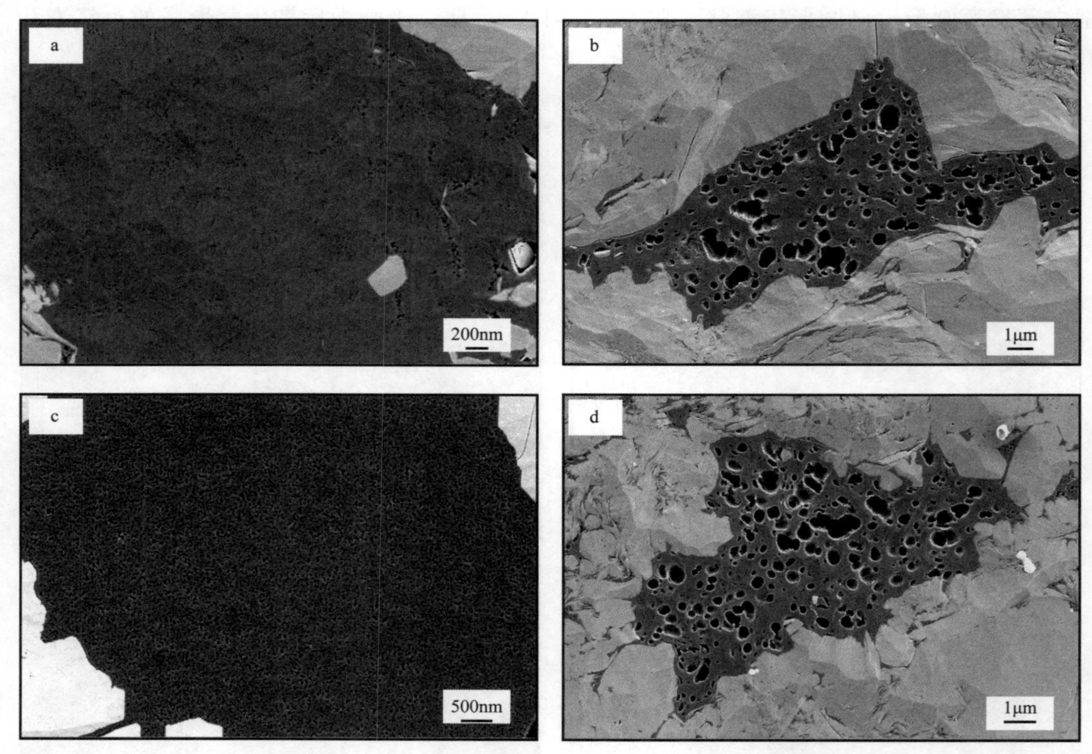

图2-2 四川盆地龙马溪组页岩迁移有机质及其孔隙发育特征

页岩中的有机质发育数量、形状、大小有很大的差别，有时并非孤立存在，通常与黏土矿物、黄铁矿等矿物同时出现，形成有机质—无机矿物复合体（图2-3）。五峰组—龙马溪组页岩中主要发育有机质—黏土矿物复合体，有机质充填于黏土矿物晶间结构内（图2-3a、e、f）或包裹黏土矿物（图2-3c、d）。沿黏土矿物层理面有机孔大量顺层发育，并伴生少量黄铁矿晶体（图2-3a、b、e、f），特别对充填于黏土矿物层间结构内的块状有机质，其内部孔隙尤为发育，相互连通形成海绵状孔隙，这是由于蒙皂石向伊利石转化过程中的中间产物过渡态伊/蒙混层矿物有很强的催化活性，从而促进了有机质生烃反应及有机孔的形成（Ransom等，1998；余和中等，2006）。

2. 无机孔隙

龙马溪组页岩无机孔隙主要包括粒间孔、晶间孔和溶蚀孔三种类型。粒间孔主要包括脆性矿物颗粒之间及脆性矿物颗粒与黏土矿物骨架间孔隙，是沉积作用和成岩作用改造后矿物颗粒间的剩余空间。龙马溪组页岩粒间孔形态复杂多样（图2-4a、b），受颗粒形态以及排列方式的影响，以三角形状和不规则线状孔隙居多，孔隙连通性一般。

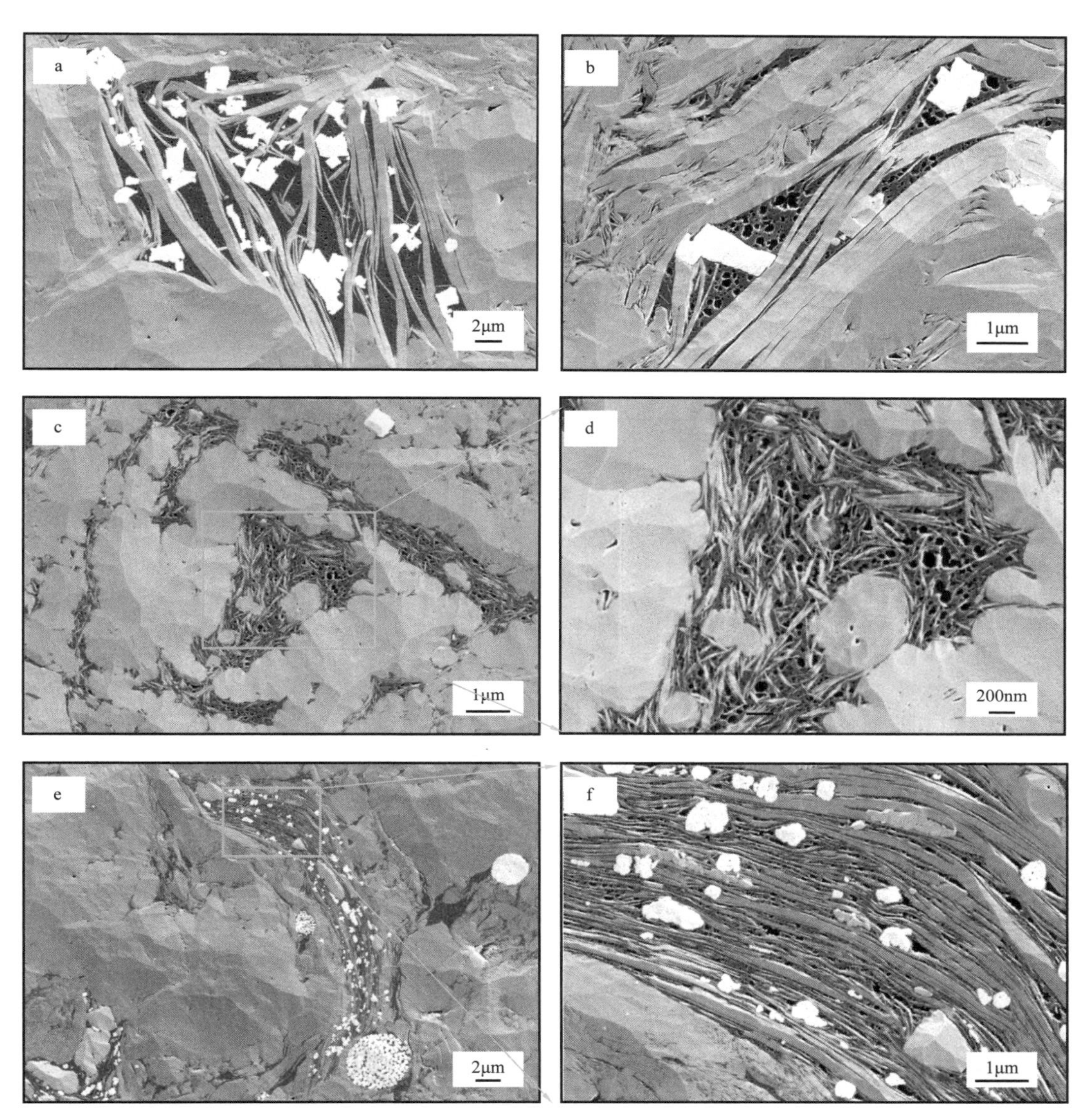

图 2-3　四川盆地龙马溪组页岩有机质—黏土矿物复合体及其孔隙发育特征

晶间孔是矿物集合体内部晶粒之间的孔隙，主要包括由黏土矿物的堆积或定向排列而形成的黏土矿物晶间孔（图 2-4c、d）和黄铁矿等矿物之间形成的孔隙（图 2-4e）。页岩中黏土矿物含量较高，从而发育大量的黏土矿物晶间孔，多呈现狭缝形或楔形且连通性较好。在压实过程中较大的石英等矿物颗粒抗压实能力较强，因此黏土矿物晶间孔多存在于这些硬质颗粒周缘。黄铁矿晶间孔的发育与黄铁矿的形态和组合方式相关（余和中等，2006），研究区页岩样品中黄铁矿普遍存在，且多以微球粒和草莓状晶簇出现，其中草莓状黄铁矿排列组合一致，晶间孔形状比较规则。有机质通常充填于草莓状黄铁矿晶间孔并发育大量的有机孔隙（图 2-4f），其内部具有一定的连通性，可以作为烃类运移的通道。

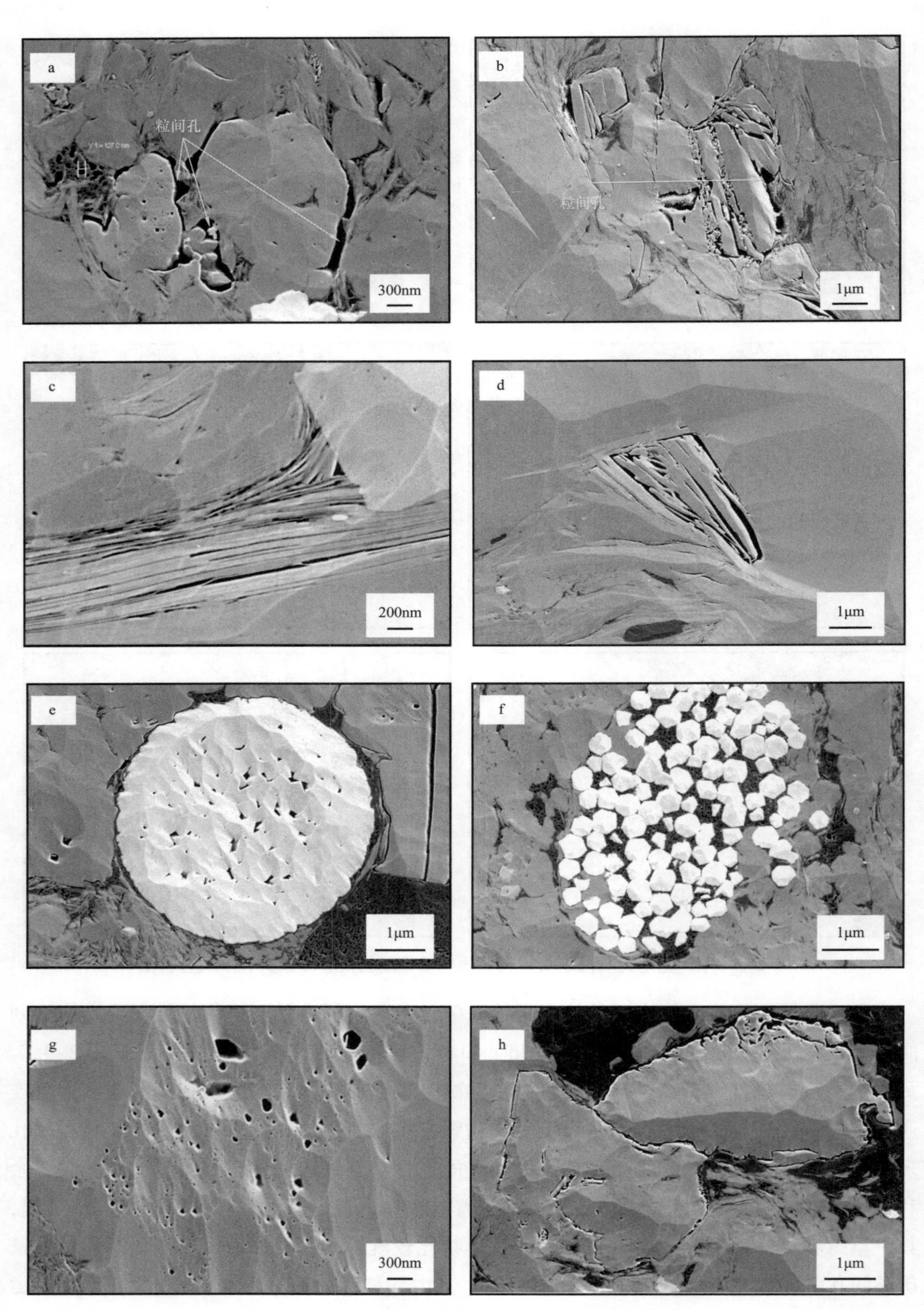

图 2-4　四川盆地龙马溪组页岩无机孔隙发育特征

溶蚀孔是脆性矿物等不稳定矿物在后期成岩作用过程中，受酸性流体的溶蚀而形成的孔隙，常见于碳酸盐矿物和长石矿物颗粒边缘与内部。研究区龙马溪组页岩处于高成熟阶段，经历了较大的埋深和生烃过程，故溶蚀孔隙较为发育（图 2–4g、h）。粒间孔隙发育有利于有机酸的流动及溶蚀物质的流出，从而促进溶蚀孔隙的发育（图 2–4g、h）。颗粒内部溶蚀孔属于相对孤立的孔隙，连通性通常较差，当溶蚀作用较强烈时，溶蚀孔会沟通粒内孔和有机孔成为页岩气渗流通道（图 2–4h）。

微裂缝在龙马溪组页岩中大量存在，主要包括黏土矿物失水和有机质生烃形成的收缩缝，在扫描电镜下观察微裂缝宽度多在 200nm 以下，长度为几微米到几十微米不等（图 2–5）。微裂缝可以与其他类型孔隙组成错综复杂的立体孔隙网络，不仅有利于游离气的富集，同时还是页岩气渗流运移的主要通道，对页岩气的开发起到重要的作用。

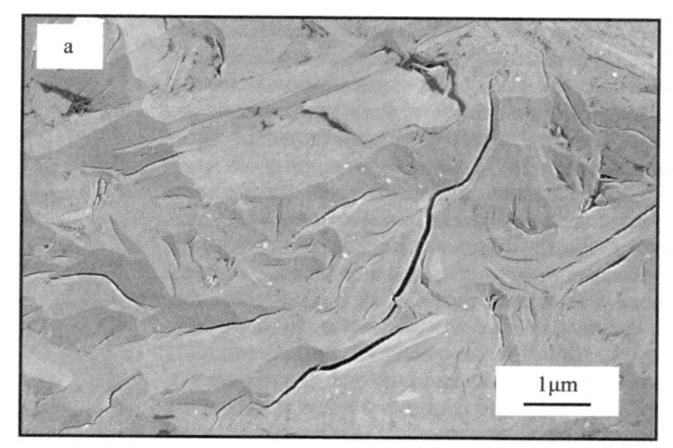

图 2–5　四川盆地龙马溪组页岩微裂缝发育特征

三、页岩储层孔隙结构定量表征

通过扫描电镜观察，可以发现龙马溪组页岩发育多种孔隙类型，以有机孔隙为主，同时发育黏土矿物晶间孔、粒间孔及溶蚀孔隙，从而组成复杂多样的孔隙网络。考虑到电镜观察范围的局限性，图像学定性研究已无法满足页岩气储层研究与勘探开发的需要。因此，利用氮气（N_2）吸附法和高压压汞法共同定量表征页岩微—纳米孔隙结构特征是较为实用的方法。同时，通过对二维图像孔隙的定量提取，同样可以定量表征每一个特定区域的孔隙结构信息，并引入形态学与统计学参数，定量表征孔隙结构特征，如孔隙直径、孔隙周长、孔隙面积、孔径分布与面孔率等信息。

1. 页岩储层矿物组成特征及岩相划分

通过 X 射线衍射实验对川南地区五峰组—龙马溪组页岩进行矿物组成分析，结果显示该地区页岩主要由石英、黏土矿物和碳酸盐矿物组成，并存在少量的长石和黄铁矿等碎屑矿物（图 2–6）。其中长宁—威远区块页岩脆性矿物含量较高，石英矿物含量为 12.6%～45.7%，平均值为 31.85%；黏土矿物含量为 17.5%～64.3%，平均值为 34.43%；碳酸盐矿物含量为 5.2%～63.4%，平均值为 29.89%。泸州区块页岩石英矿物发育，而黏土矿物含量最低。石英矿物含量为 23.3%～70.5%，平均值为 47.55%；黏土矿物含量为 16.6%～43.30%，平均值为 29.52%；碳酸盐矿物含量为 9.1%～24.8%，平均值为 16.52%。渝西区块页岩样品黏土矿物含量最高，黏土矿物含量为 16.1%～53.3%，平均值为 38.29%；石英矿物含量为 23.2%～71.3%，平均值为 37.88%；碳酸盐矿物含量为 7.6%～27.0%，平均值为 15.04%。研究区页岩样品中赤铁矿、硬石膏和普通辉石的含量较低，仅在部分样品中被检测出。长宁—威远区块在沉积早期主体位于含钙质半深水—深水陆棚相沉积环境，整体上长宁—威远区块页岩样品钙质含量高于泸州和渝西两个区块，而泸州和渝西区块在该沉积期为泥质半深水—深水陆棚相沉积环境（牟传龙等，2011；董大忠等，2014；王玉满等，2015），因此黏土矿物含量相对较高。在龙马溪组沉积晚期，陆源输入较多，研究区页岩样品整体黏土矿物含量较高。

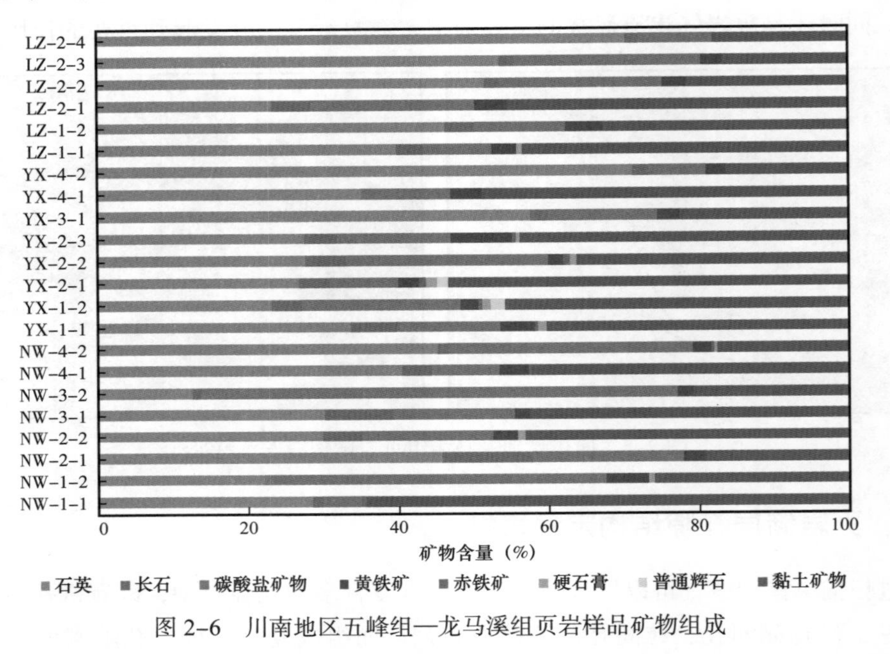

图 2-6　川南地区五峰组—龙马溪组页岩样品矿物组成

国内外学者对页岩岩相划分没有统一标准，本研究采用 Tang 等（2016）提出的根据页岩矿物组成和有机质含量划分岩相的方案（图 2-7），TOC≥2% 的页岩为富有机质页岩（ORS），1%≤TOC＜2% 的页岩为含有机质页岩（OFS），TOC＜1% 的页岩为贫有机质页岩（OPS）。其中，富有机质页岩包括：富有机质黏土质页岩（ORAS，黏土矿物≥40%）、富有机质硅质页岩（ORSS，黏土矿物＜40%，Ca/Si＜1/2）、富有机质混合质页岩（ORMS，黏土矿物＜40%，1/2≤Ca/Si＜2）和富有机质钙质页岩（ORCS，黏土矿物＜40%，Ca/Si≥2）。含有机质页岩包括：含有机质黏土质页岩（OFAS，黏土矿物≥40%）、含有机质硅质页岩（OFSS，黏土矿物＜40%，Ca/Si＜1/2）、含有机质混合质页岩（OFMS，黏土矿物＜40%，1/2≤Ca/Si＜2）和含有机质钙质页岩（OFCS，黏土矿物＜40%，Ca/Si≥2）。贫有机质页岩包括：贫有机质黏土质页岩（OPAS，黏土矿物≥40%）、贫有机质硅质页岩（OPSS，黏土矿物＜40%，Ca/Si＜1/2）、贫有机质混合质页岩（OPMS，黏土矿物＜40%，1/2≤Ca/Si＜2）、贫有机质钙质页岩（OPCS，黏土矿物＜40%，Ca/Si≥2）。

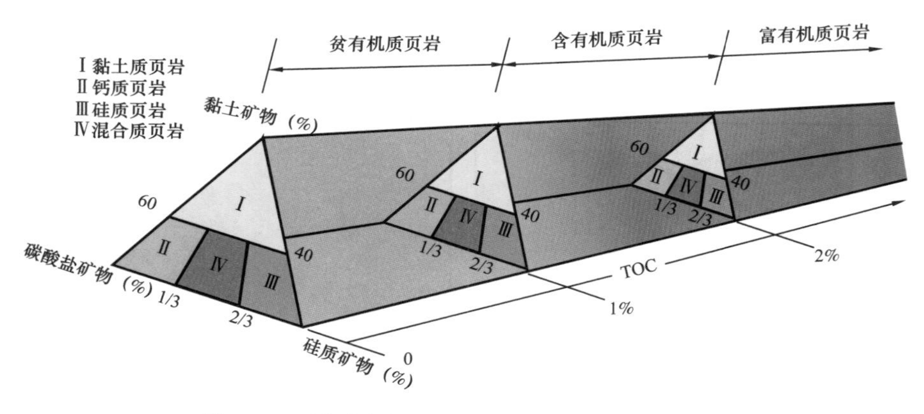

图 2–7　页岩岩相划分示意图（据 Tang 等，2016）

如图 2–8 所示，依据 TOC 含量和矿物组成对研究区 22 个页岩样品进行岩相划分。由图 2–6 可知硅质矿物和黏土矿物含量在页岩矿物组成中占据主导地位，而部分样品碳酸盐矿物含量较高，因此研究区页岩岩相主要包括含有机质黏土质页岩、富有机质黏土质页岩、富有机质硅质页岩和富有机质混合质页岩。其中含有机质页岩由于黏土矿物含量较高，以黏土质页岩为主（图 2–8），而富有机质页岩发育多种岩相类型，主要包括黏土质页岩、混合质页岩和硅质页岩。

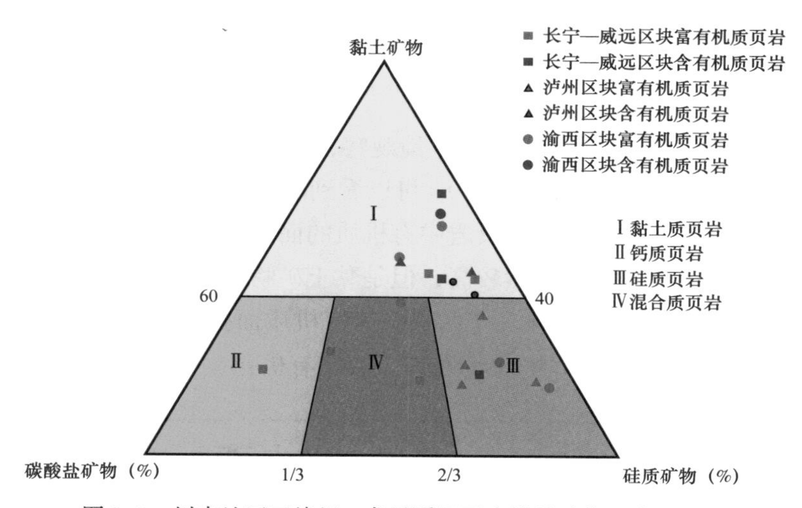

图 2–8　川南地区五峰组—龙马溪组页岩样品矿物组成三元图

2. 基于图像定量表征孔隙结构特征

通过扩展图像学研究定量表征页岩孔隙结构特征，从而将研究的方向由定性向定量方向发展是当前页岩储层研究的热点。利用相应的图像软件可以获取图像中特定区域的定量信息，主要包括页岩的孔隙直径、孔隙周长、孔隙面积、孔径分布与面孔率等信息。通过场发射扫描电子显微镜（FE–SEM）并结合氩离子抛光技术对页岩样品的孔隙结构进行成像观察，发现研究区页岩样品孔隙以微—纳米孔隙为主，由于五峰组—龙马溪组页岩样品均为海相沉积，且成熟度相近，各组分孔隙结构差别不大，但不同组分发育孔隙的形态、大小和连通性存在很大差异。其中有机孔以中孔为主，发育程度较高，而长石和碳酸盐矿物受溶蚀作用影响发育较多粒内孔，部分黄铁矿晶间孔较为发育（图 2–9）。

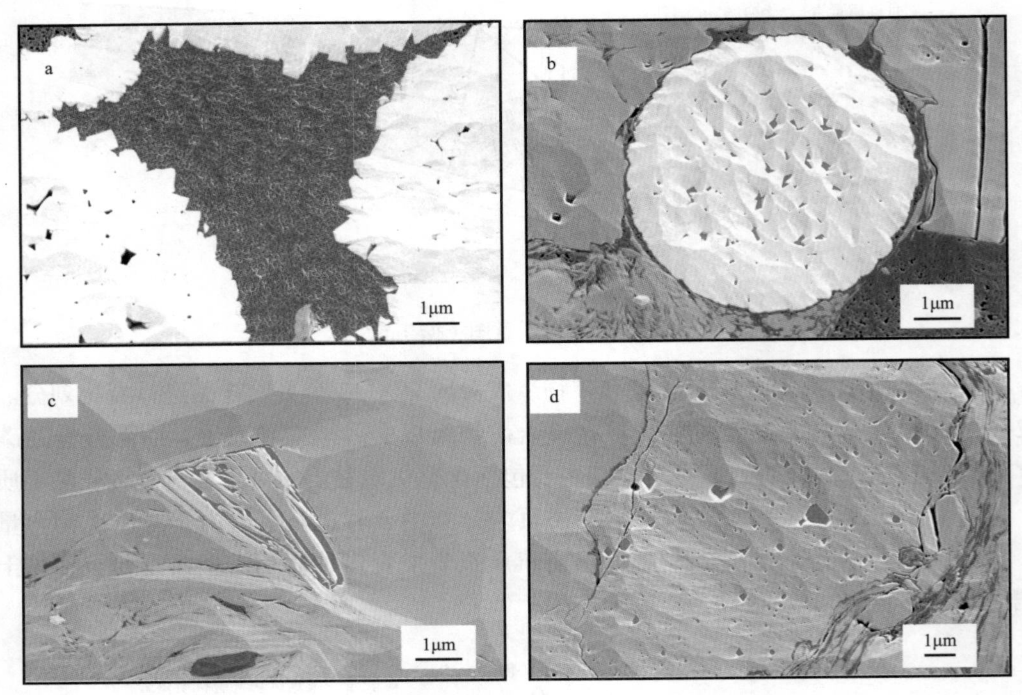

图 2–9　页岩中不同组分的孔隙提取结果示例

基于以上对 10 个页岩样品进行扫描电镜观察，通过软件可以计算出研究区三个区块页岩样品中不同组分的面孔率（图 2–10），可以看到渝西区块页岩有机质面孔率略低于长宁—威远区块和泸州区块，但整体上页岩中有机质的面孔率明显高于碳酸盐矿物和黄铁矿的面孔率。页岩中黏土矿物含量虽然较高，但是黏土矿物孔隙通常被有机质充填形成复合体，导致黏土矿物孔隙发育较少。三个区块页岩有机质面孔率均在 20% 左右，意味着页岩中 5% 的有机质可以提供 1% 的整体面孔率，表明有机孔是页岩中主要的孔隙类型。

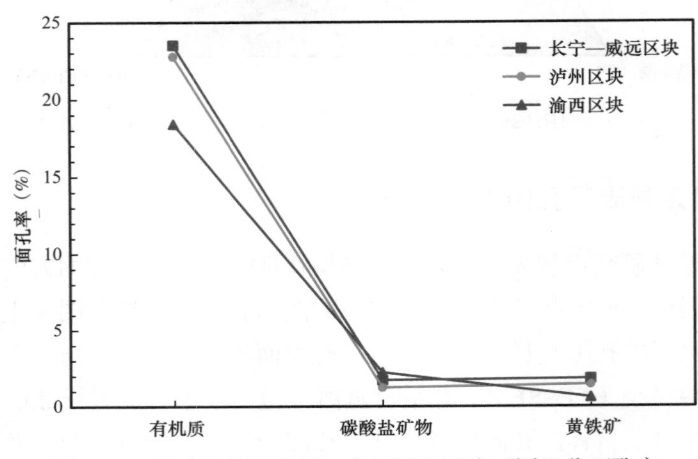

图 2–10　川南地区五峰组—龙马溪组页岩不同组分面孔率

3. N_2 吸附实验孔隙结构表征

页岩储层孔隙以微—纳米级孔隙为主，常规的实验手段无法准确表征页岩的孔隙结构特征（杨峰等，2013）。N_2 吸附实验可以有效表征页岩孔隙结构特征，被广泛应用于页岩储层研究中（Clarkson 等，2012；Gregg 等，1982；Mastalerz 等，2013；谢晓永等，2006）。N_2 吸附实验获得的孔径范围在 1.5～400nm 之间，从而可以获得页岩中部分微孔和中孔的孔隙结构参数，但实验过程中会受到页岩粉碎程度、页岩含水量和页岩非均质性等因素影响。

在 N_2 吸附实验中 N_2 分子在纳米孔隙中产生毛细管凝聚作用，从而导致吸附曲线与解吸曲线不重合形成滞后回线，根据吸附曲线和解吸曲线的类型可以判别样品的孔隙特点（陈尚斌等，2012）。国际纯粹与应用化学联合会（IUPAC）建议根据 De Boer 的分类将 N_2 吸附实验中的滞后回线划分为 4 种类型，并于 2015 年将其扩展为 6 种类型（Sing，1985；Thommes，2016）（图 2–11）。

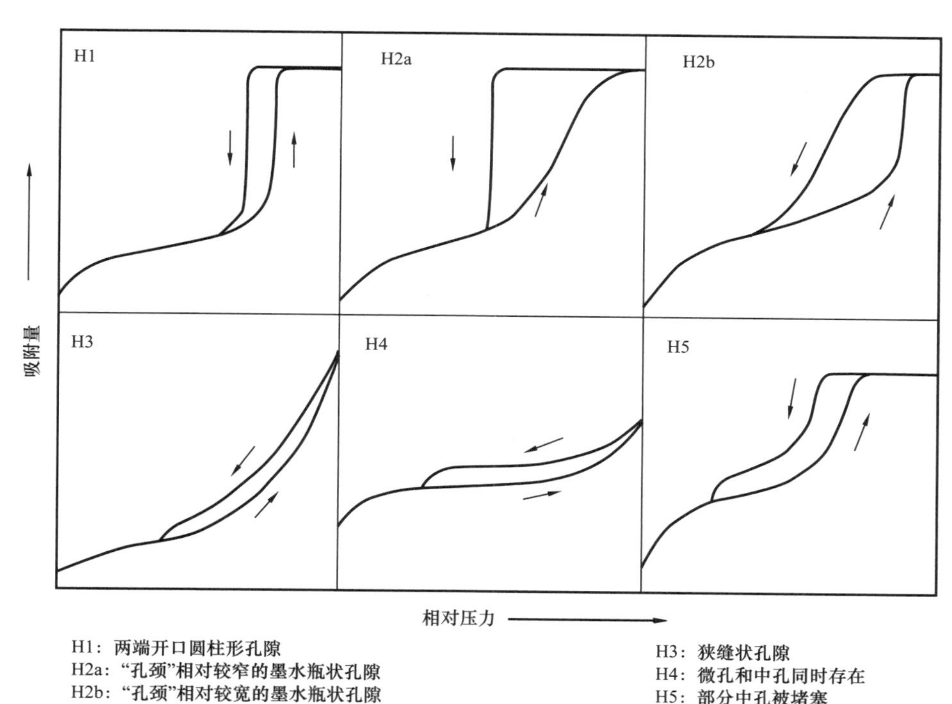

图 2–11　N_2 吸附实验滞后回线分类（据 Sing，1985；Thommes，2016）

研究区五峰组—龙马溪组页岩样品的吸附曲线具有反"S"特征（图 2–12）。随着相对压力的增加，吸附曲线迅速上升到一定值后呈线性变化缓慢上升，当相对压力升至 0.9 时，吸附量呈指数型增加，在相对压力接近 1.0 时仍然有增加的趋势，表明页岩中存在一定量的大孔隙。当相对压力大于 0.45 时，样品解吸曲线和吸附曲线分离形成滞后回线，并且解吸曲线在相对压力为 0.54 左右出现明显拐点，表明页岩样品中存在较多中孔并发生了毛细凝聚现象。根据 IUPAC 的分类方案（图 2–11），研究区富有机质页岩（ORS）滞后回线具有 H2 型同时兼有 H3 型特征，综合反映出样品孔隙形态以墨水瓶状和狭缝状为

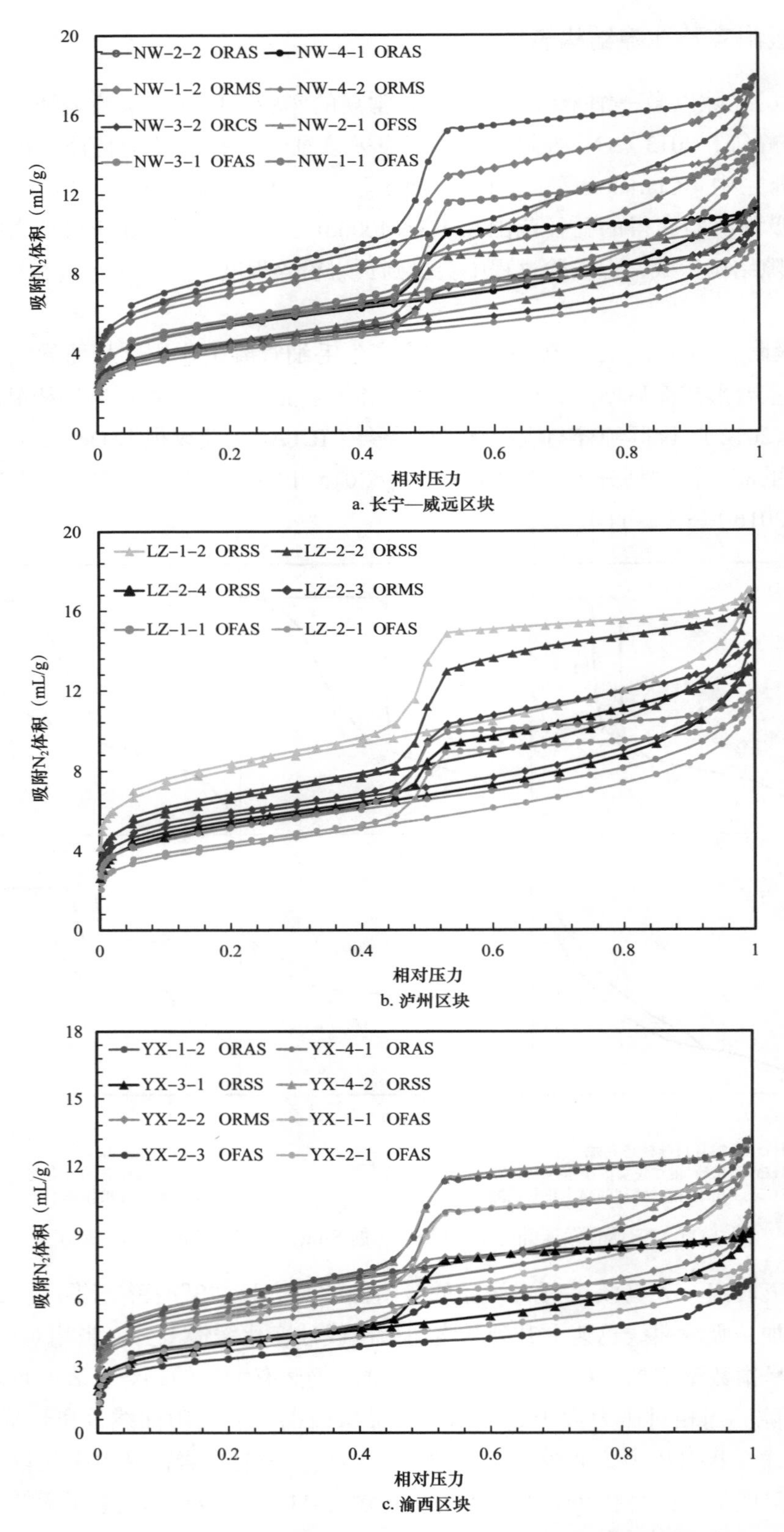

图 2-12　川南地区五峰组—龙马溪组页岩样品 N_2 吸附—脱附曲线

主，而含有机质页岩（OFS）兼具H3型和H4型滞后回线特征，表明随着TOC增加滞后回线的类型逐渐由H4型向H2型转换，可能与墨水瓶状有机孔大量发育相关。整体上，黏土质页岩、硅质页岩和混合质页岩吸附N_2体积更大，且长宁—威远区块和泸州区块页岩样品N_2吸附量明显高于渝西区块页岩样品N_2吸附量，表明渝西区块页岩样品孔隙空间最小。

由BET方程计算得到页岩比表面积为12.09～28.80m^2/g，平均值为18.9m^2/g。Gao等（2019b）统计的北部湾盆地低渗透砂岩比表面积为0.21～10.30m^2/g，相比之下研究区页岩比表面积明显高于低渗透砂岩，主要是因为页岩中细粒度的黏土矿物和有机质形成的纳米级孔隙使得页岩比表面积明显较大。

图2-13统计了研究区不同岩相微孔、中孔和宏孔范围孔隙比表面积对页岩总比表面积的贡献。其中，微孔比表面积占页岩比表面积的54.90%～61.30%，中孔比表面积占页岩比表面积的38.62%～44.81%，而宏孔仅贡献了0.08%～0.30%的比表面积，页岩中小于50nm的孔隙几乎提供了所有的比表面积，是吸附气赋存的重要场所。其中黏土质页岩（YX-2-1、YX-1-1）中微孔贡献了更多的比表面积，表明其微孔更加发育。

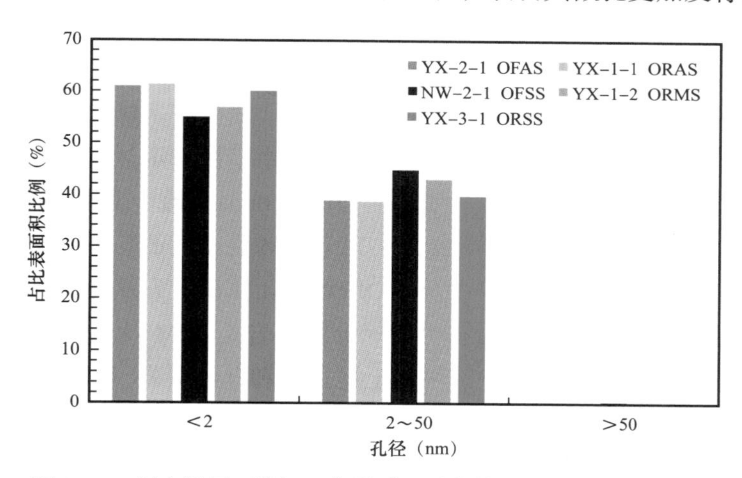

图2-13 川南地区五峰组—龙马溪组页岩样品比表面积贡献比例

4. 高压压汞实验孔隙结构表征

高压压汞实验原理与过程较为简单，且能获取样品的孔隙度、孔径分布、渗透率、气体扩散率等孔隙结构参数（Gao和Hu，2013；Gao等，2013），是表征页岩孔隙的常用方法之一。实验中进汞曲线和退汞曲线特征的不同反映了页岩孔隙结构特征的差异。进汞曲线反映了不同压力条件对应的进汞量，样品进汞的体积随着所施加压力的增加而逐渐变多。本研究使用Micromeritics AutoPore IV 9500压汞仪对干燥后的1cm^3立方体页岩样品进行实验，进汞实验中所施加压力最高可达到413MPa，此时样品中进汞量达到峰值。退汞曲线反映页岩孔隙中的汞随着压力降低而逐渐排出的过程，实验中退汞时会出现滞留现象，导致进汞与退汞曲线不重合，这可能与页岩中墨水瓶状孔的广泛存在，以及进汞和退汞过程中汞的接触角发生变化有关（Wang等，2014）。

研究区页岩样品启动压力较高，样品的启动压力为6.55～30.50MPa，平均值为20.97MPa。长宁—威远区块、渝西区块和泸州区块页岩样品进汞—退汞曲线如图2–14所示，在低压范围内页岩样品累计进汞体积缓慢增加，当施加的压力大于24MPa（对应孔径为50nm）后，进汞的体积随着压力的增加而快速持续增长，表明页岩样品中存在较多的中孔。研究区页岩样品退汞效率整体较低，表明样品中墨水瓶状孔隙大量发育，孔隙喉道较窄，从而导致孔隙连通性较差。进汞曲线和退汞曲线反映出页岩样品孔隙空间更适于页岩气的存储，而不利于页岩气的渗流。

对比三个区块页岩样品汞体积随压力变化曲线，可以看出长宁—威远区块和泸州区块页岩样品曲线特征整体较为相似。在低压范围内，长宁—威远区块和泸州区块页岩样品进汞体积随压力主要呈线性变化，而渝西区块部分样品在大于1μm部分进汞量呈指数型快速增加，明显高于长宁—威远区块和泸州区块页岩样品进汞量，表明样品中发育较多的微裂缝。三个区块页岩样品中黏土质页岩具有最大的进汞体积，与N_2吸附实验中吸附N_2的量相对应，意味着黏土质页岩孔隙空间更为发育。

5. 页岩孔径分布特征

联合N_2吸附实验和高压压汞实验，对页岩中孔和宏孔孔隙结构特征进行表征。由图2–15可以看出页岩中孔体积明显大于宏孔体积，且孔隙具有多峰分布特征，峰值主要集中在中孔范围，表明研究区页岩中孔隙以中孔为主并存在一定数量的宏孔。在2～10nm孔径范围内d*V*/dlg*D*峰值达到最大，表明页岩中2～10nm孔隙十分发育，在大于10nm后d*V*/dlg*D*值逐渐降低，孔隙数量逐渐减少，与FE–SEM观察到的孔隙分布比例相吻合。

长宁—威远区块富有机质黏土质页岩（ORAS）孔体积最为发育（图2–15a），孔隙主要分布集中在2～6nm孔径范围；富有机质混合质页岩（ORMS）孔体积同样发育，并且在10～50nm孔径范围孔隙数量明显多于黏土质页岩和硅质页岩。混合质页岩中含有较多的碳酸盐矿物和硅质矿物，在生产开发过程中具有良好的可压裂性，易压裂形成良好的渗流通道。含有机质黏土质页岩（OFAS）有机质含量较少导致其孔体积最小。

泸州区块页岩样品孔径分布曲线特征基本相似（图2–15b），d*V*/dlg*D*曲线在4nm、5nm、7nm左右存在3个峰值。页岩孔体积随着有机碳含量的增加而逐渐增大，表明该区块页岩孔隙以有机孔为主。即使LZ–1–1和LZ–2–1样品有机碳含量较低，其孔体积同样发育，且孔隙多分布在5nm左右。当孔径大于50nm时，含有机质页岩样品d*V*/dlg*D*值通常大于富有机质页岩，表明含有机质页岩存在更多的宏孔。

渝西区块页岩样品孔体积随孔径变化率曲线形态较为复杂，其中硅质页岩d*V*/dlg*D*峰值分布在10nm左右，与长宁—威远区块富有机质混合质岩相d*V*/dlg*D*曲线特征相似（图2–15c）。该区块富有机质黏土质页岩孔体积最为发育，而富有机质硅质页岩（YX–3–1）和富有机质混合质页岩（YX–2–2）即使有机碳含量较高但孔体积仍较小。该区块黏土质页岩样品宏孔体积明显大于其他页岩样品，一方面该区块页岩黏土矿物含量较高，黏土矿物可以提供部分孔体积；另一方面样品中存在较多微米级裂缝，可以提供部分孔体积。

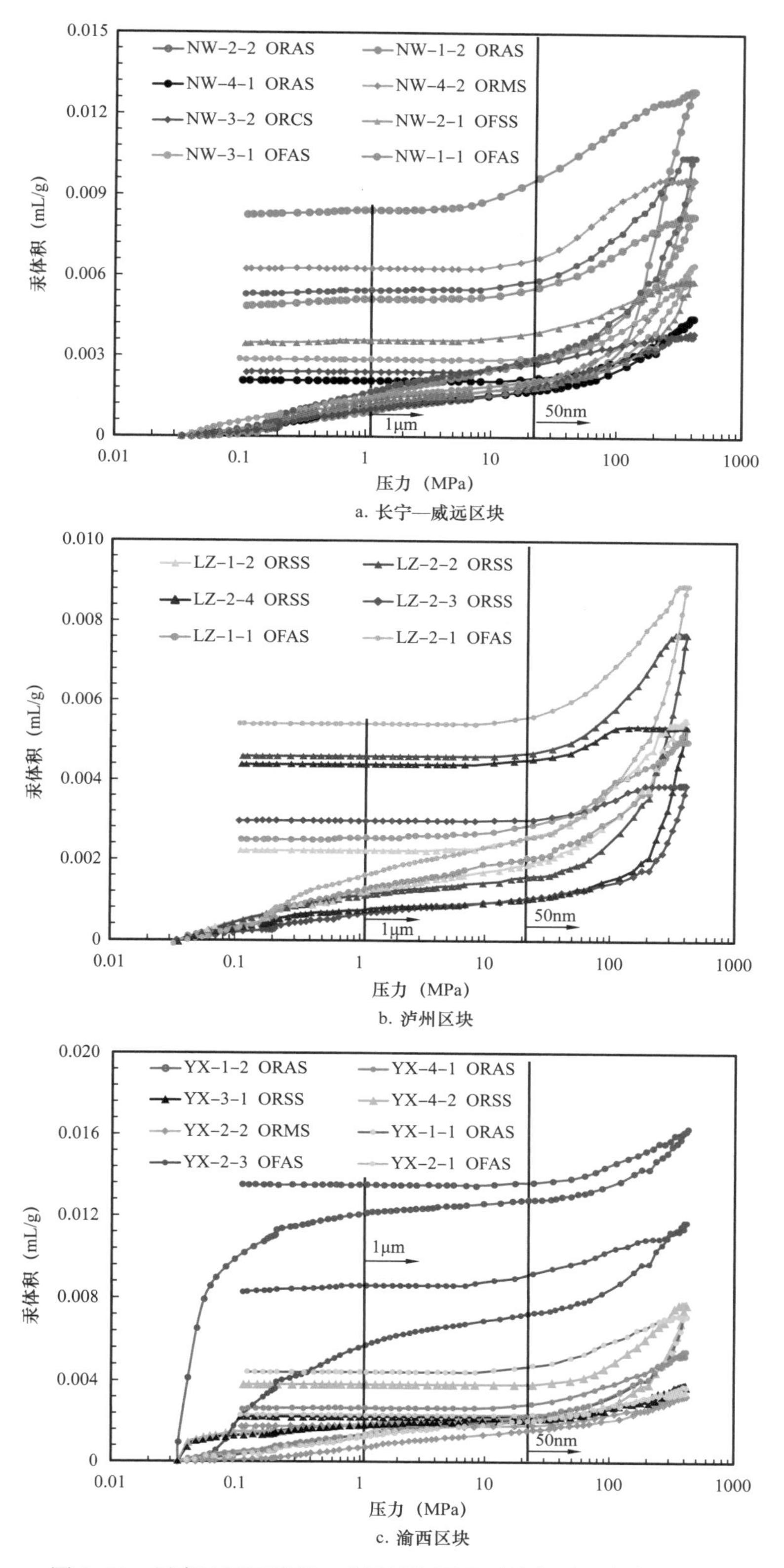

a. 长宁—威远区块

b. 泸州区块

c. 渝西区块

图 2-14　川南地区五峰组—龙马溪组页岩汞体积随压力变化曲线

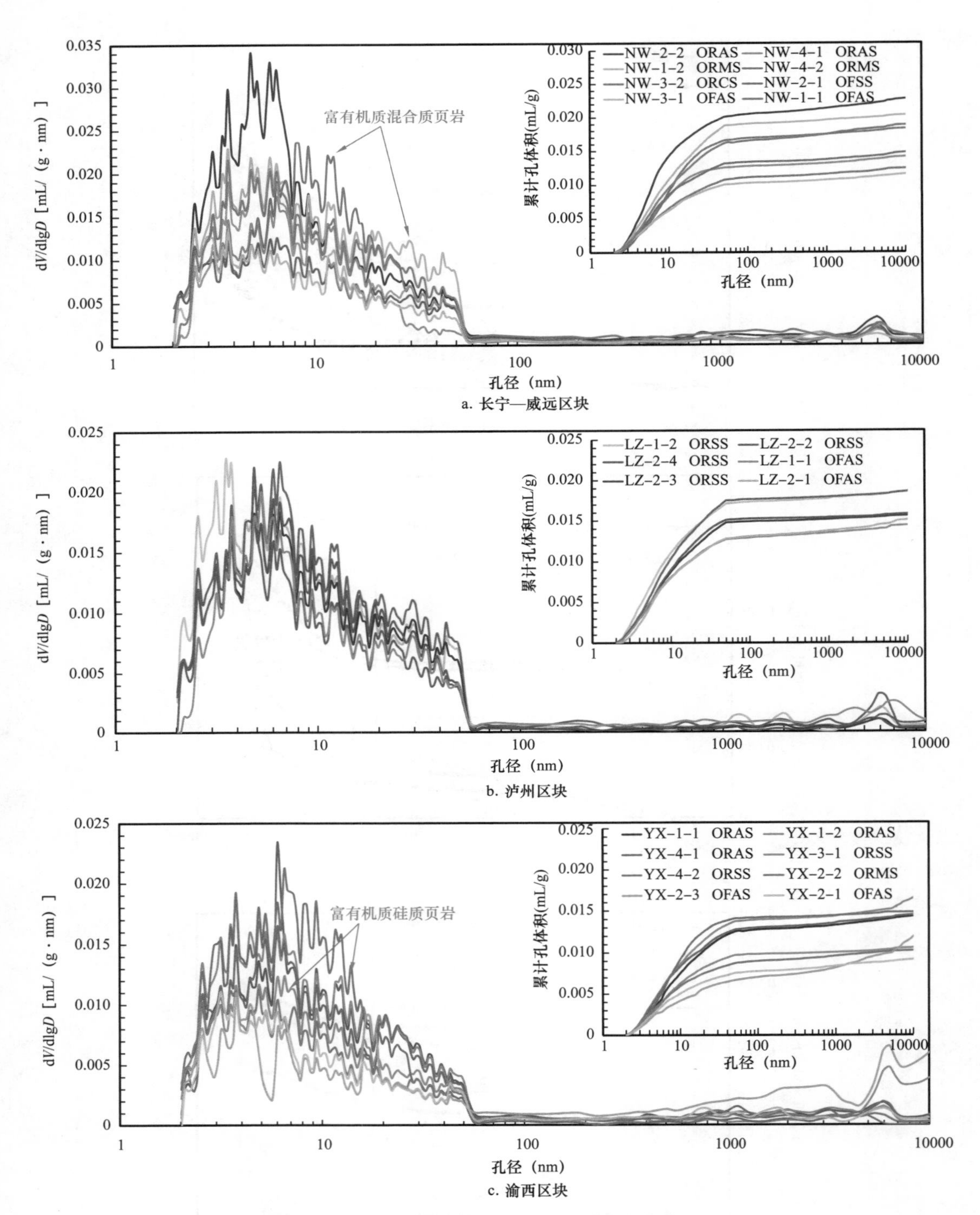

a. 长宁—威远区块

b. 泸州区块

c. 渝西区块

图 2–15　不同区块页岩样品孔径分布曲线

6. 页岩孔体积特征

通过以上对页岩样品孔径分布特征的分析，可以看到不同岩相由于有机碳含量和矿物组成差异导致其孔隙差异化发育。即使相同岩相的页岩样品孔隙结构由于所处区块不同同样存在差异。研究区页岩岩相主要为黏土质和硅质岩相，主要结合 N_2 吸附实验和高压压汞实验对比了硅质页岩和黏土质页岩的孔体积分布特征。

图 2–16a 表明硅质页岩孔体积主要由小于 10nm 的孔隙提供，而宏孔仅提供了部分的孔隙体积。其中泸州区块和渝西区块富有机质页岩以硅质页岩为主，且页岩样品有机碳含量相近，但泸州区块在小于 1000nm 孔径范围内各孔径段所提供的孔体积明显高于渝西区块。长宁—威远区块硅质页岩较少，即使有机碳含量较低的页岩样品的中孔体积同样较为发育（NW–2–1），在 3～5nm、20～1000nm 孔径范围内孔体积大于渝西区块富有机质页岩。在大于 1000nm 孔径范围内，渝西区块页岩样品孔体积最为发育，而泸州区块页岩样品孔体积最小。

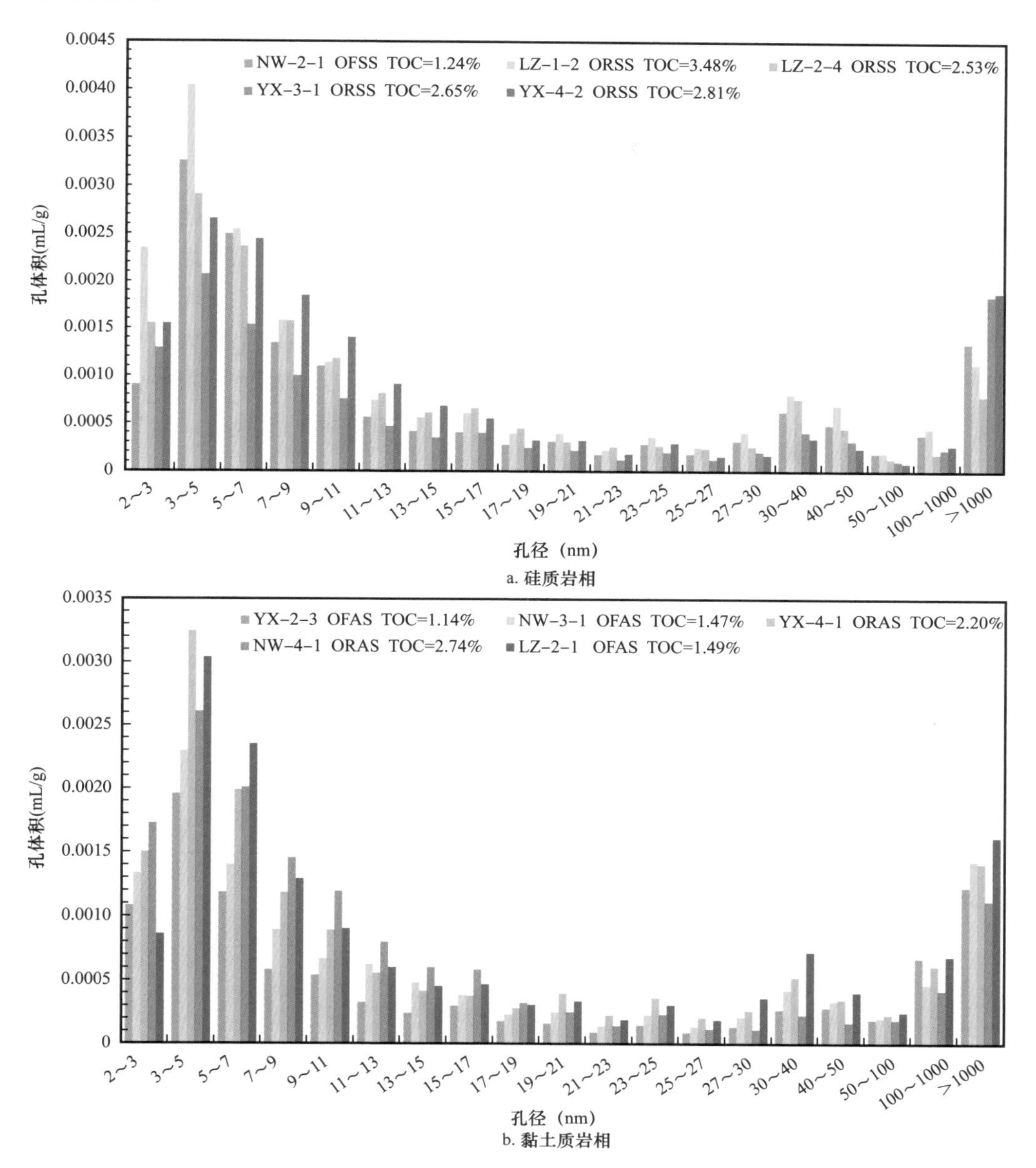

图 2–16 硅质页岩和黏土质页岩孔体积分布

黏土质页岩与硅质页岩孔体积分布特征相似（图 2–16b），小于 10nm 的孔隙提供了主要的孔体积。在小于 5nm 孔径范围内，渝西区块黏土质页岩孔体积较大，而在 5～20nm 孔径范围内，渝西区块页岩样品孔体积则明显低于其他区块页岩样品。特别对于含有机质黏土质页岩样品，渝西区块页岩样品孔隙发育最差（YX–2–3），而长宁—威远区块（NW–3–1）和泸州区块页岩样品（LZ–2–1）虽然 TOC 较低，但中孔体积仍较为发育。

通过 N_2 吸附实验和高压压汞实验数据可以计算得到页岩样品 N_2 吸附—高压压汞联测孔隙度，其计算方法如式（2–1）所示：

$$\phi=\left(\frac{V}{V_{\mathrm{HPMIP}}}\right)\cdot\phi_{\mathrm{HPMIP}} \tag{2–1}$$

式中，ϕ 为利用数据计算所得的样品孔隙度，%；V 为通过高压压汞实验和 N_2 吸附实验测得的样品总孔体积，cm^3/g；V_{HPMIP} 为高压压汞实验测得的样品总孔体积，cm^3/g；ϕ_{HPMIP} 为高压压汞实验测得的样品孔隙度，%。

通过式（2–1）计算得到各区块不同岩相孔隙度分布范围（图 2–17）。由计算结果可知，长宁—威远区块页岩样品孔隙度整体较高，平均值为 4.66%；泸州区块页岩样品孔隙度略低于长宁—威远区块，平均值为 4.25%；渝西区块页岩样品孔隙度最低，平均值为 3.79%。其中渝西区块富有机质黏土质页岩孔隙度最大，略高于长宁—威远区块黏土质页岩和混合质页岩孔隙度。泸州区块富有机质硅质页岩和含有机质黏土质页岩孔隙度分别大于渝西区块的富有机质硅质页岩和含有机质黏土质页岩，长宁—威远区块混合质页岩样品孔隙度高于渝西区块混合质页岩，表明渝西区块页岩样品储集空间最差。

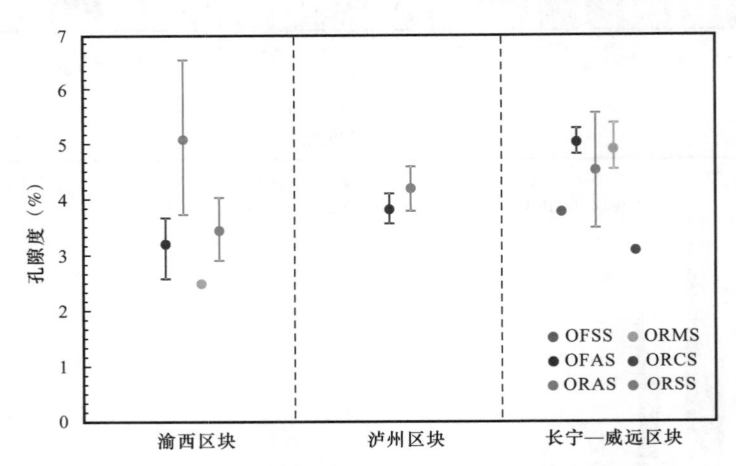

图 2–17 不同岩相页岩样品孔隙度对比

7. 页岩孔隙分形特征

分形维数的定量评估利用分型维数 D 来描述，通过之前的实验无法直接获得页岩孔隙结构的非均质性，因此通过分形理论定量研究页岩孔隙的不规则性和非均质性（Wang 等，2014；Tang 等，2015）。前人从分形的角度研究了煤与活性炭的性质，发现煤的分形维数与有机碳含量、灰分含量和煤化程度有关（Cai 等，2013；Yao 等，2008；Mahamud

和 Novo，2008）。

通过 N_2 吸附数据和高压压汞数据计算得到的分形维数 D 是表征页岩孔隙结构非均质性的常用参数。分形维数值在 2～3 之间，分形维数为 2 代表一个完全光滑且规则的表面，而分形维数为 3 时，则表明孔隙表面非常粗糙，从而更有利于气体的吸附和存储（Mandelbrot 等，1984；Yang 等，2014；Liang 等，2015）。基于 N_2 吸附数据的 FHH（Frenkele-Halseye-Hill）方程是目前应用广泛的分形计算模型，计算公式如式（2-2）所示（Qi 等，2002）：

$$\ln\left(\frac{V}{V_0}\right)=\left(D_1-3\right)\ln\left[\ln\left(\frac{p_0}{p}\right)\right]+C \tag{2-2}$$

式中，V 为相应平衡压力 p 下气体吸附体积（cm^3/g）；V_0 为单层吸附体积（cm^3/g）；p_0 为气体吸附饱和蒸汽压力（MPa）；p 为气体吸附平衡压力（MPa）；C 为常数；D_1 为页岩中孔的分形维数。

根据实验测得的 N_2 吸附数据，在 2～50nm 范围内以 $\ln V$ 对 $\ln[\ln(p_0/p)]$ 作图（图 2-18），由斜率可求得页岩中孔的分形维数 D_1。如表 2-2 所示，页岩样品中孔数据拟合

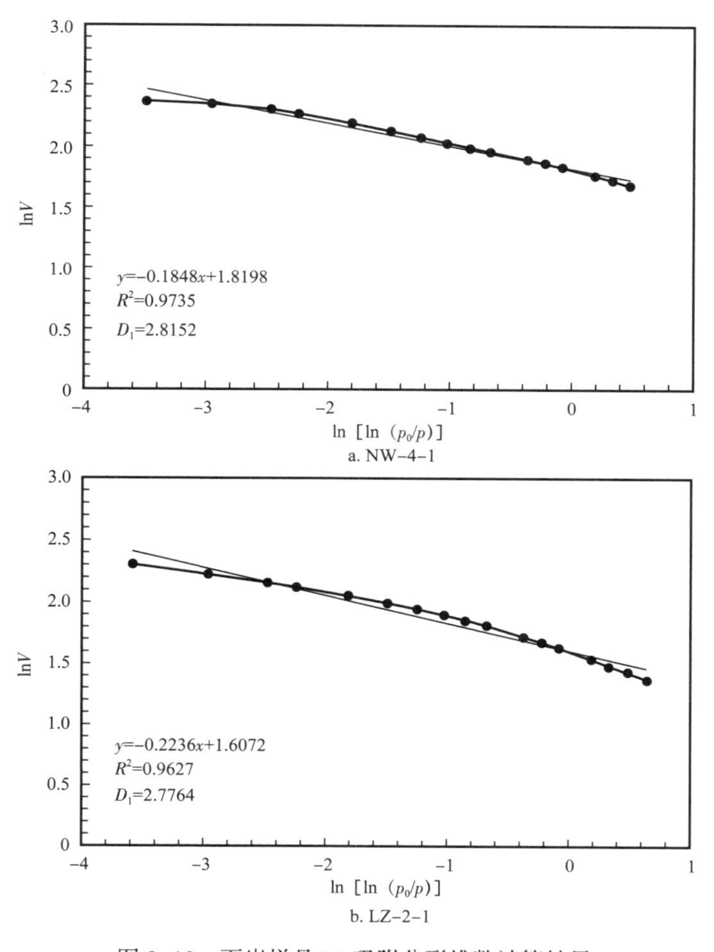

图 2-18　页岩样品 N_2 吸附分形维数计算结果

直线的相关性系数均大于 0.94，说明研究区页岩样品中孔具有自相似性，分形维数 D_1 值为 2.7626～2.8607，平均值为 2.8128，表明页岩中孔非均质性较强。

表 2-1　五峰组—龙马溪组页岩孔隙分形维数数据表

样品编号	拟合方程	R^2	D_1	拟合方程	R^2	D_2
NW-1-1	y=−0.2154x+1.858	0.98	2.7846	y=−0.0795x−0.0789	0.99	2.9205
NW-1-2	y=−0.1974x+2.084	0.99	2.8026	y=−0.0235x−0.0323	0.99	2.9765
NW-2-1	y=−0.2165x+1.664	0.96	2.7835	y=−0.0651x−0.0992	0.96	2.9349
NW-2-2	y=−0.1934x+2.202	0.94	2.8066	y=−0.0531x−0.0731	0.99	2.9469
NW-3-1	y=−0.1801x+1.557	0.98	2.8199	y=−0.0517x−0.1045	0.99	2.9483
NW-3-2	y=−0.1808x+1.622	0.99	2.8192	y=−0.1030x−0.1270	0.99	2.8970
NW-4-1	y=−0.1848x+1.820	0.97	2.8152	y=−0.0793x−0.1132	0.98	2.9207
NW-4-2	y=−0.2374x+1.827	0.99	2.7626	y=−0.0380x−0.0512	0.99	2.9620
YX-1-1	y=−0.1886x+1.781	0.98	2.8114	y=−0.0618x−0.0859	0.99	2.9372
YX-1-2	y=−0.1737x+1.931	0.98	2.8263	y=−0.0832x−0.5723	0.93	2.9168
YX-2-1	y=−0.1526x+1.446	0.97	2.8474	y=−0.1374x−0.1727	0.99	2.8626
YX-2-2	y=−0.1393x+1.705	0.97	2.8607	y=−0.1209x−0.1037	0.99	2.8791
YX-2-3	y=−0.1515x+1.331	0.98	2.8485	y=−0.1382x−0.2652	0.96	2.8618
YX-3-1	y=−0.1838x+1.522	0.98	2.8162	y=−0.0691x−0.2792	0.97	2.9308
YX-4-1	y=−0.1735x+1.848	0.97	2.8265	y=−0.0808x−0.1256	0.99	2.9192
YX-4-2	y=−0.1927x+1.929	0.98	2.8073	y=−0.0258x−0.1179	0.97	2.9742
LZ-1-1	y=−0.1815x+1.790	0.97	2.8185	y=−0.0719x−0.1133	0.99	2.9281
LZ-1-2	y=−0.1586x+2.219	0.98	2.8414	y=−0.0628x−0.1015	0.99	2.9372
LZ-2-1	y=−0.2236x+1.607	0.96	2.7764	y=−0.0501x−0.0824	0.99	2.9499
LZ-2-2	y=−0.1984x+2.029	0.98	2.8016	y=−0.0318x−0.0667	0.96	2.9682
LZ-2-3	y=−0.1927x+1.887	0.99	2.8073	y=−0.0490x−0.0744	0.99	2.9510
LZ-2-4	y=−0.2103x+1.823	0.99	2.7897	y=−0.0217x−0.0645	0.97	2.9783

根据高压压汞实验中测得的样品进汞饱和度和相应毛细管压力数据同样可以计算出三维孔隙空间的分形维数（Friesen 和 Mikula，1987），页岩储层毛细管压力的分形模型如式（2-3）所示：

$$\lg(1-S_{Hg})=(3-D_2)\lg p_{min}+(D_2-3)\lg p \quad (2\text{-}3)$$

式中，D_2 为页岩宏孔的分形维数；p 为进汞实验中毛细管压力（MPa）；S 为毛细管压力 p 时页岩储层中汞饱和度（%）；p_{min} 为页岩储层中最大孔径对应的毛细管压力（MPa）。

通过选取0～28MPa范围内高压压汞实验数据，利用式（2-3）进行曲线拟合可以计算得到页岩宏孔的分形维数（图2-19）。如表2-1所示，分形维数 D_2 值为2.8618～2.9783，平均值为2.9319，线性拟合的相关系数在0.93以上，表明拟合结果较好。对比分形维数 D_1，可见宏孔分形维数 D_2 明显高于中孔分形维数 D_1 值，表明宏孔部分孔隙非均质性更强，其中硅质页岩分形维数 D_2 值最高，平均值为2.9535，表明硅质页岩宏孔更加复杂。

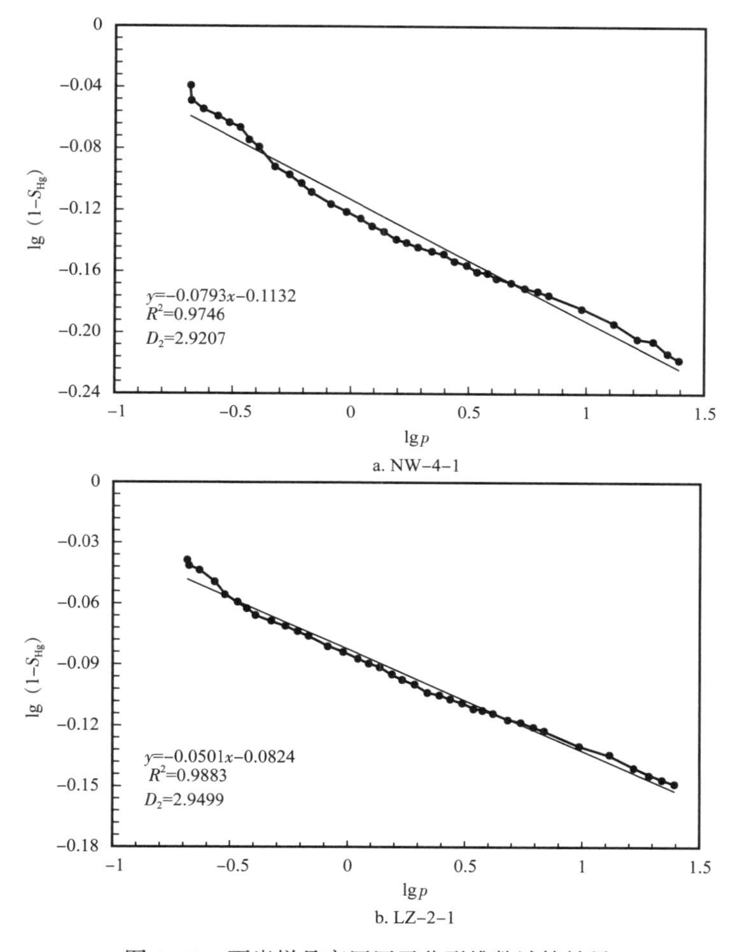

图2-19　页岩样品高压压汞分形维数计算结果

对五峰组—龙马溪组页岩分形维数 D_1、D_2 与TOC含量、中孔体积和石英含量进行相关性分析，分形维数 D_1 与TOC呈负相关关系（图2-20），意味着中孔孔隙结构的非均质性随着有机孔的增加而逐渐降低。从逻辑上讲，孔体积和比表面积越大的页岩通常具有更多数量的孔隙，导致页岩孔隙结构更加复杂，而研究区页岩中孔以有机孔为主，中孔的孔体积越高，表明样品中存在更多的有机孔，使得孔隙分布更加均匀，这将不可避免地导致页岩孔隙结构的非均质性降低（图2-21）。但分形维数 D_2 与TOC呈正相关关系（图2-20），有机质的增加导致大于50nm的有机质孔数量逐渐增加，有机孔与无机矿物孔隙和微裂缝存在很大差异，从而增加了宏孔孔隙结构的非均质性（Curtis，2002）。石英抗压实能力较强从而降低了压实作用中孔隙的破坏程度，对有机孔的保护使得页岩中孔孔隙结构的非均质性降低，因此分形维数 D_1 随着石英含量的增加而降低（图 2–22）。相应的，石英对宏孔的保护作用使得该孔径范围孔隙的非均质性增加（图 2–22）。

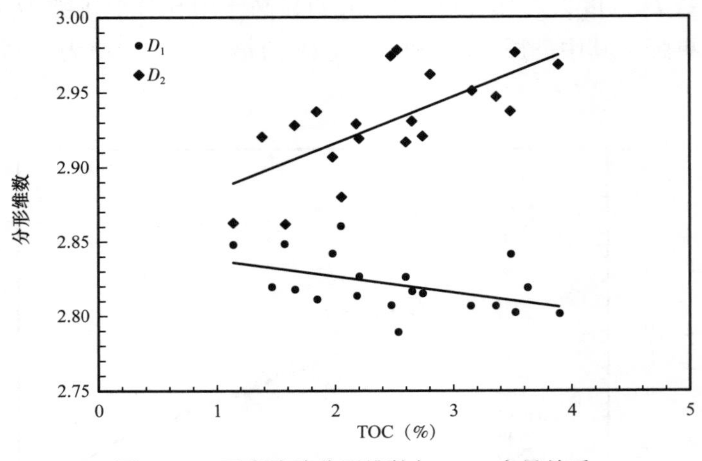

图 2–20　页岩孔隙分形维数与 TOC 含量关系

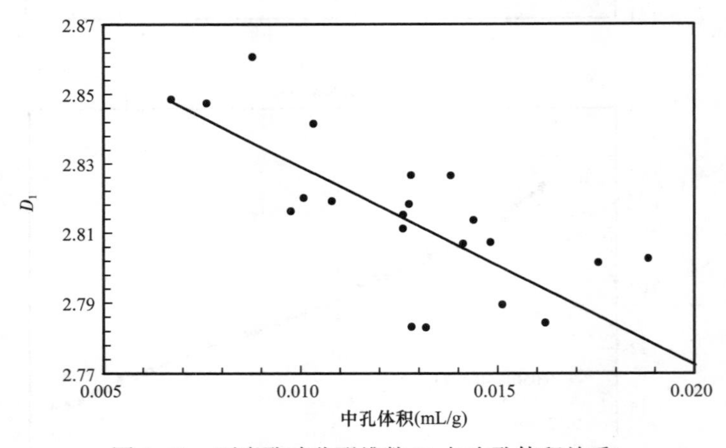

图 2–21　页岩孔隙分形维数 D_1 与中孔体积关系

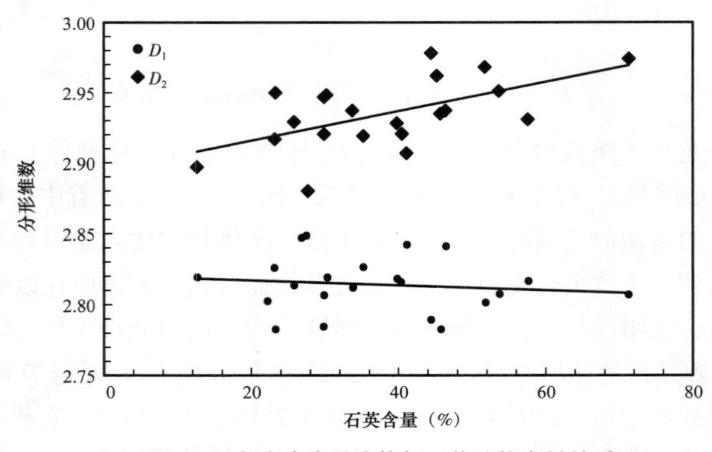

图 2–22　页岩孔隙分形维数与石英矿物含量关系

四、孔隙结构控制因素

1. 有机质丰度

页岩中 TOC 含量高低对吸附甲烷的能力具有重要影响。页岩中 TOC 含量越高，页岩生烃潜力越大，同时有机质在生排烃过程中生成丰富的亲油孔隙，从而提供大量的比表面积，可以吸附更多的甲烷分子。如图 2-23 和图 2-24 所示，通过对研究区五峰组—龙马溪组页岩 TOC 含量与 BET 比表面积、中孔体积进行相关性分析，结果表明五峰组—龙马溪组页岩有机质含量对页岩的比表面积和中孔体积有着重要的影响，即页岩中有机孔隙提供了大量的孔隙体积和比表面积，从而可以吸附更多的页岩气，这与扫描电镜观察到有机质发育大量中孔的现象相吻合。

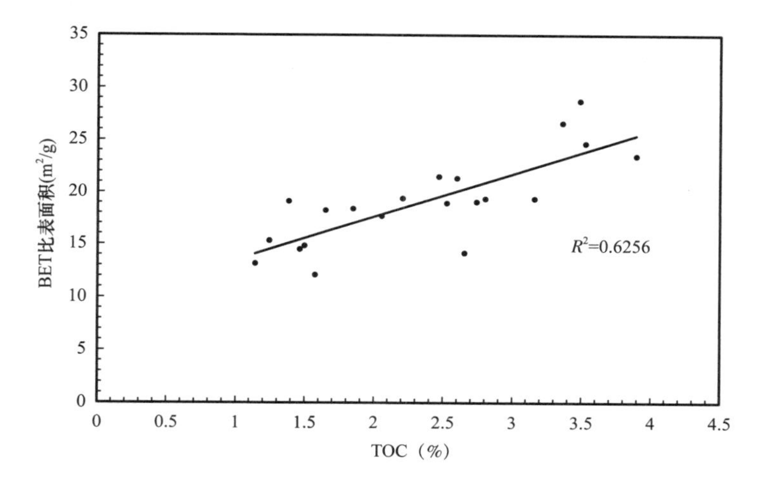

图 2-23　五峰组—龙马溪组页岩比表面积与 TOC 含量的关系

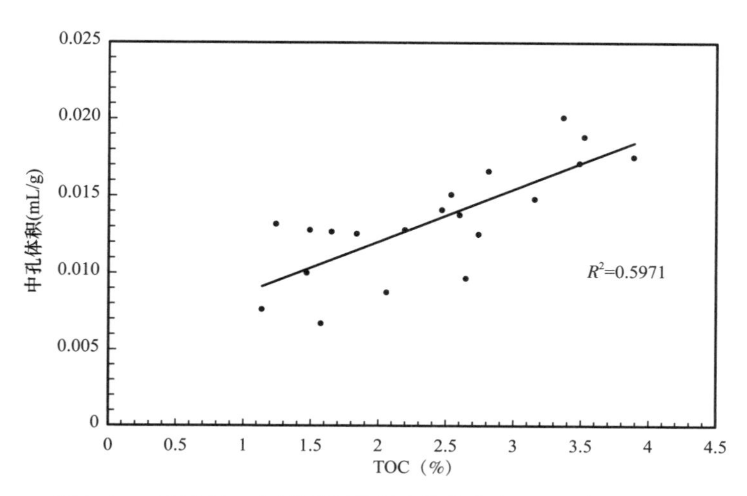

图 2-24　五峰组—龙马溪组页岩中孔体积与 TOC 含量的关系

2. 有机质类型

研究区页岩干酪根类型主要为Ⅰ型和II_1型干酪根，但在FE-SEM下观察到不同岩相页岩有机孔的形状、大小和数量等存在很大的差异性（郑珊珊等，2019）。通过图像处理软件对镜下页岩有机质及孔隙进行定量化分析，提取有机孔的孔径大小、数量及有机质面孔率等参数。页岩中有机质主要包括原地有机质和迁移有机质两种类型，经过对大量有机质图像进行统计分析，根据有机孔的发育形态和数量可以将有机质细分为5种类型：生物孔原地有机质，有机质包括原始藻类堆积（图2–25a）或结构型干酪根（图2–25b），有机孔包括原始堆积的无定形态孔隙（＞50nm）和后期裂解生气形成的小气泡孔（5～10nm）；

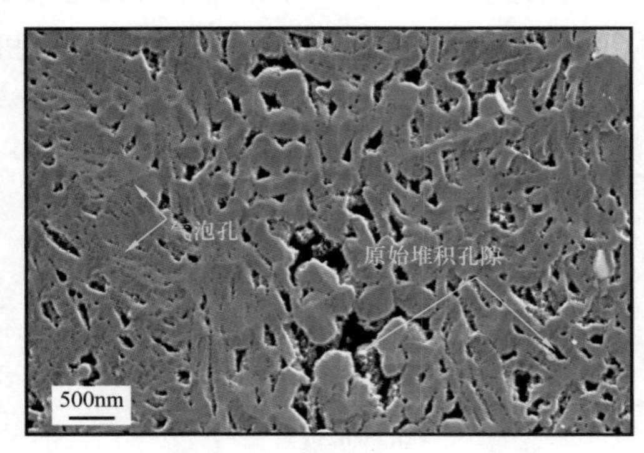

a. 生物孔原地有机质，面孔率=19.76%

b. 生物孔原地有机质，面孔率=35.49%

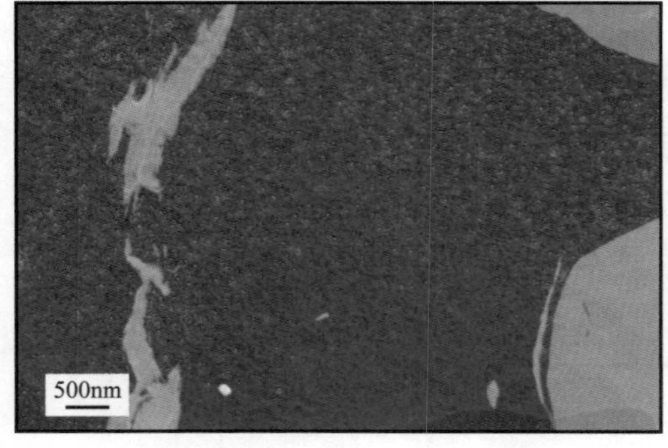

c. 针状孔迁移有机质，面孔率=15.59%

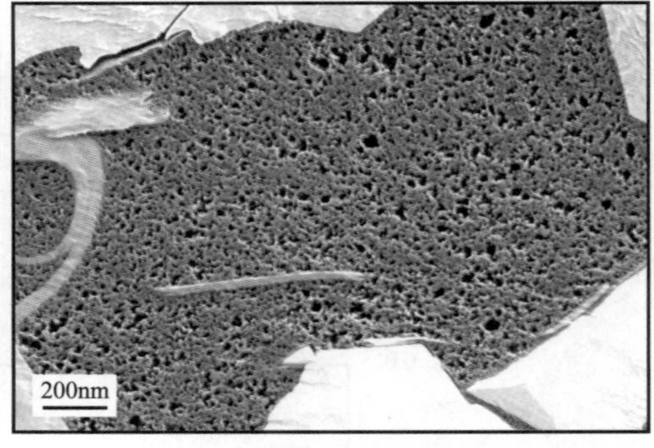

d. 小气泡孔迁移有机质，面孔率=34.58%

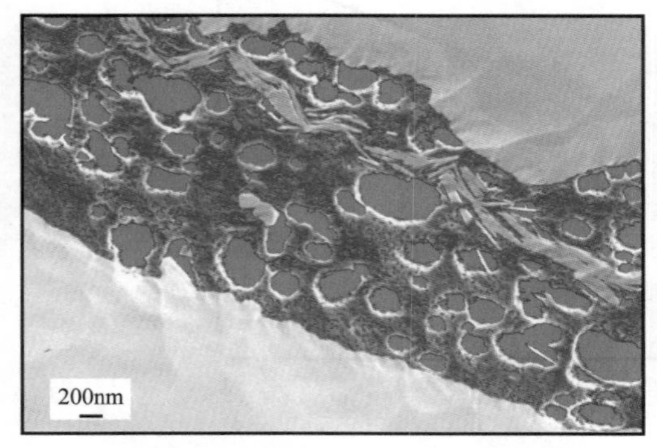

e. 大气泡孔迁移有机质，面孔率=38.79%

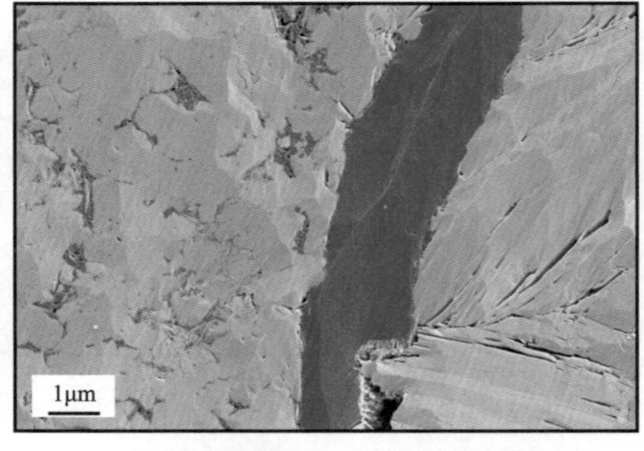

f. 生物碎屑有机质，发育较少有机孔

图2–25　川南地区五峰组—龙马溪组页岩不同类型有机质孔隙结构特征

针状孔迁移有机质（图 1–25c），有机孔的形状似针状，孔隙数量较少，以中孔为主，有机质面孔率通常小于 20%；气泡孔迁移有机质主要包括小气泡孔迁移有机质和大气泡孔迁移有机质，其中小气泡孔迁移有机质发育大量圆形气泡孔（图 2–25d），面孔率和平均孔径较大；大气泡孔迁移有机质（图 1–25e），在小气泡孔有机质和针状孔有机质的基础上，发育部分孔径达几百纳米甚至微米级别的大气泡孔，面孔率通常大于 20%，局部连通性较好；生物碎屑有机质（图 2–25f），存在较少有机孔。

通过统计生物孔原地有机质、针状孔迁移有机质和小气泡孔迁移有机质三种类型有机质不同孔径的有机孔百分比（图 2–26），可以看到小气泡孔迁移有机质 20～100nm 的有机孔百分比高于生物孔原地有机质和针状孔迁移有机质，因此小气泡孔迁移有机质面孔率通常大于生物孔原地有机质和针状孔迁移有机质面孔率，孔隙连通性更好。针状孔迁移有机质的孔隙主要分布在小于 10nm 孔径范围内，因此该类有机质的孔隙平均孔径较小，面孔率较低。

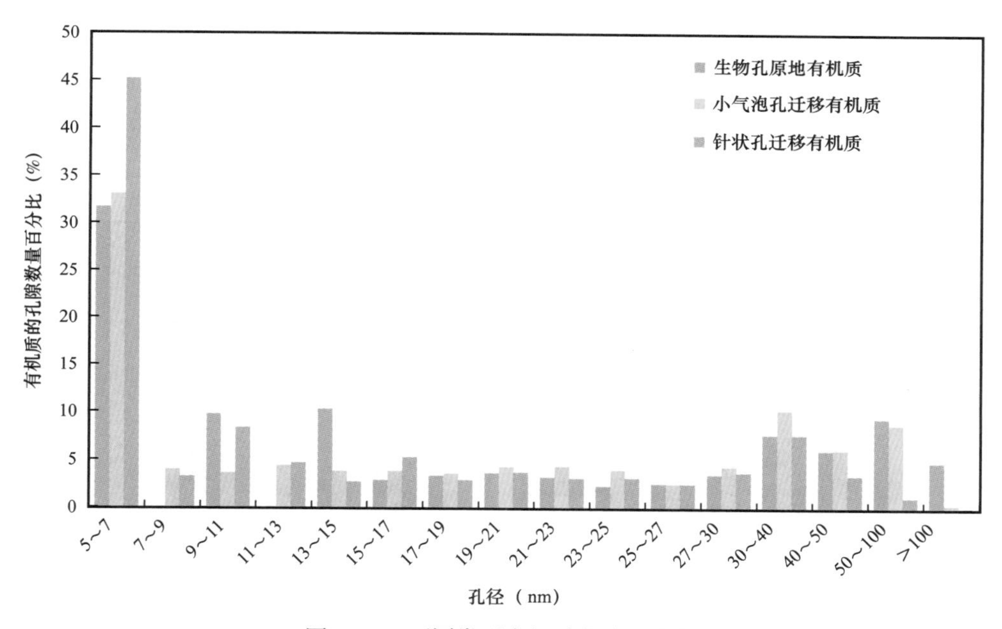

图 2–26　不同类型有机质的孔径分布

长宁—威远、泸州和渝西区块五峰组—龙马溪组页岩样品有机质及其孔隙发育特征如图 2–27 所示。长宁—威远区块页岩样品中有机质以针状孔迁移有机质和气泡孔迁移有机质为主，原地有机质数量较少，12 块有机质的面孔率均大于 10%，平均值为 23.1%；泸州区块页岩样品有机质以生物孔原地有机质和气泡孔迁移有机质为主，同时存在较少的针状孔迁移有机质和生物碎屑有机质，统计 13 块有机质面孔率平均值为 22.5%；渝西区块页岩样品主要发育针状孔迁移有机质和小气泡孔迁移有机质，原地有机质仅在部分样品中可见，19 块有机质面孔率平均值为 18.0%。整体上长宁—威远区块有机质面孔率最高，表明有机孔最发育，泸州区块有机质面孔率略低于长宁—威远区块有机质面孔率，渝西区块有机质面孔率最低。

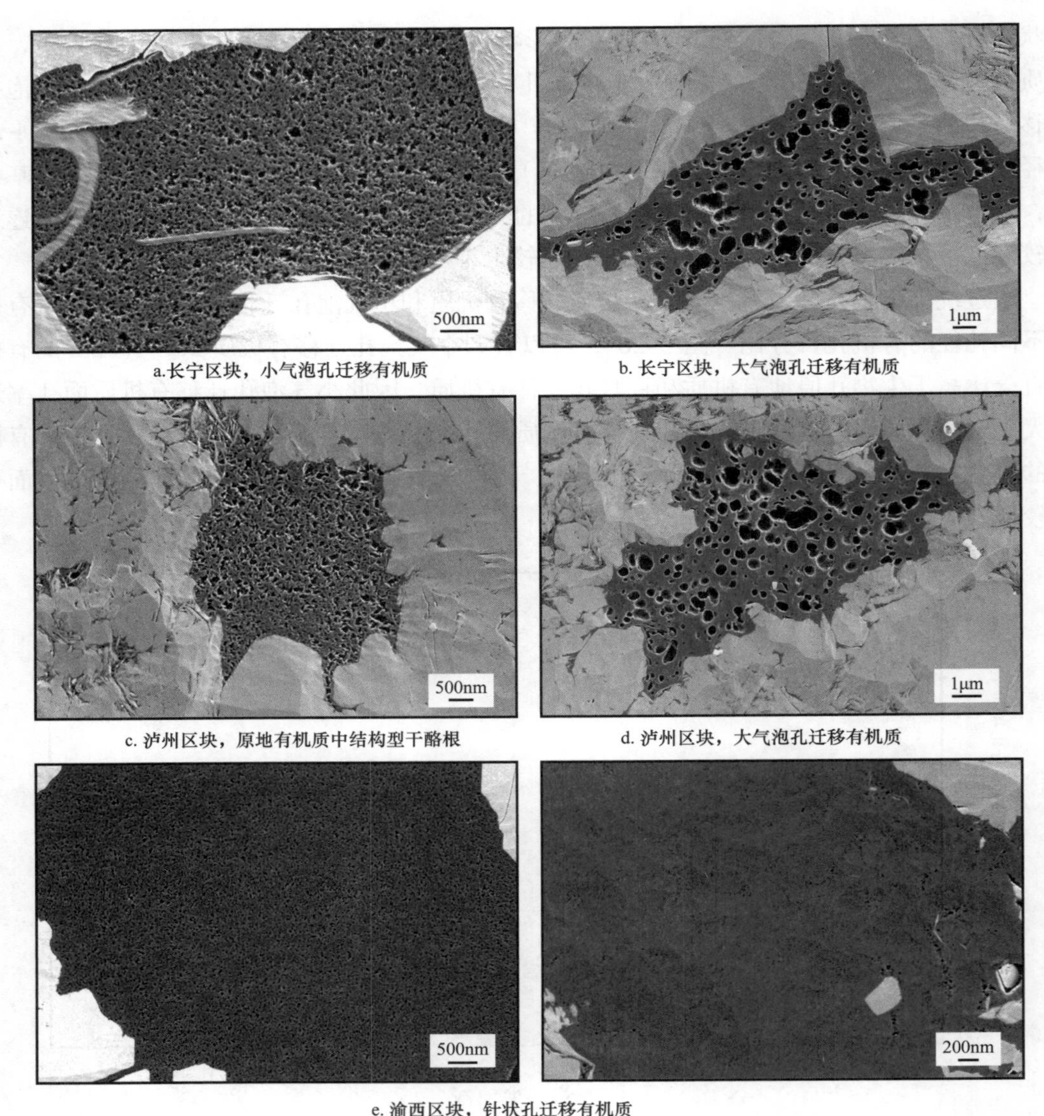

a.长宁区块，小气泡孔迁移有机质　　b. 长宁区块，大气泡孔迁移有机质

c. 泸州区块，原地有机质中结构型干酪根　　d. 泸州区块，大气泡孔迁移有机质

e. 渝西区块，针状孔迁移有机质

图 2–27　长宁—威远、泸州和渝西区块页岩样品不同类型有机质发育特征

图 2–28 对比了三个区块页岩样品不同类型有机质的孔径分布特征。由图 2–27 可知长宁—威远区块和泸州区块页岩有机质存在更多的气泡孔，因此大于 50nm 的有机孔百分比明显高于渝西区块，而 5～7nm 的有机孔占比低于渝西区块。对比不同区块有机孔大小、数量可知，长宁—威远区块和泸州区块有机质气泡孔发育，连通性较好，而渝西区块页岩有机质针状孔发育，孔隙发育程度较差。因此长宁—威远区块的混合质页岩储集空间优于渝西区块的混合质页岩，泸州区块的硅质页岩储集空间优于渝西区块的硅质页岩。渝西区块页岩有机质存在较多的针状孔迁移有机质是导致其孔隙度较低的重要原因。这些差异表明页岩有机质的孔隙结构发育程度不仅受控于页岩样品有机质含量，同时还与有机孔的发育类型及程度有关。

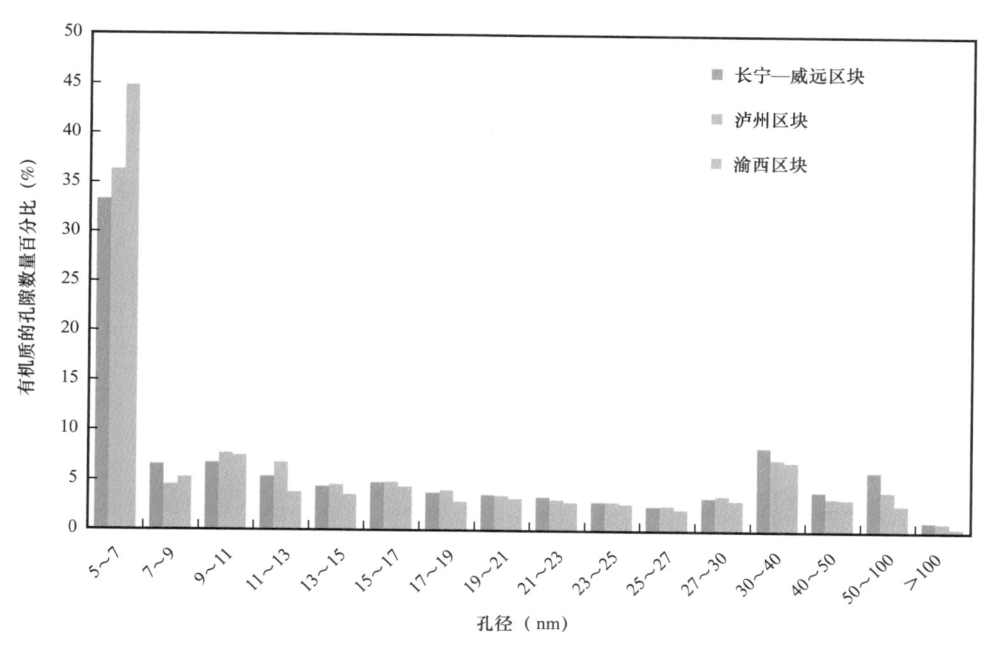

图 2-28　长宁—威远、泸州和渝西区块页岩样品有机质的孔径分布

3. 矿物组成

黏土矿物和硅质矿物是五峰组—龙马溪组页岩中重要的组成矿物，同样也影响着页岩储层的储集能力。根据 XRD（X 射线衍射）全岩黏土矿物分析结果，页岩样品中主要存在 6 种矿物：石英、长石、方解石、伊利石、绿泥石和伊 / 蒙混层。通过对这些单矿物晶体进行 N_2 吸附实验从而获得其孔隙结构特征。实验测得不同矿物的比表面积和孔体积如表 2-2 所示。不同矿物由于类型和晶体结构不同（吉利明等，2012），比表面积和孔体积也具有较大的差别。整体而言，黏土矿物对 N_2 的吸附量明显高于其他矿物。

表 2-2　不同矿物比表面积和孔体积

矿物名称	BET 比表面积（m^2/g）	孔体积（cm^3/g）
石英	0.1491	0.000314
长石	0.2607	0.000800
方解石	1.0390	0.004350
伊利石	0.5797	0.005010
绿泥石	5.8950	0.009590
蒙皂石	45.560	0.101000

黏土矿物的层状结构使得自身具有丰富的比表面积，因此页岩孔隙结构与黏土矿物含量具有密切的关系。由图 2-23 可知 TOC 含量是页岩比表面积的主控因素，为了避免有机

质的影响，对页岩样品的BET比表面积进行了TOC归一化处理，并分析其与黏土矿物含量之间的关系（图2-29），可以看到TOC归一化处理后的比表面积与黏土矿物存在较为明显的正相关性，表明黏土矿物同样可以提供一定的比表面积，为页岩气的吸附提供一定的吸附位。

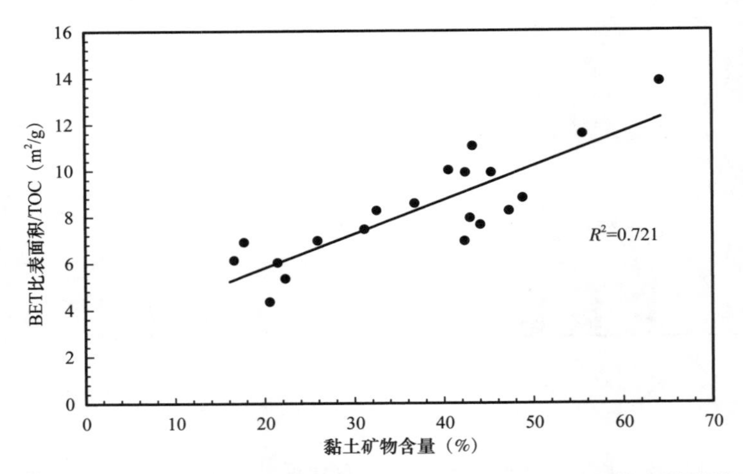

图2-29 川南地区五峰组—龙马溪组页岩比表面积与黏土矿物含量的关系

由图2-30可以看出，TOC与黏土矿物含量存在负相关性，而与中孔体积存在正相关性（图2-24），与宏孔体积存在负相关性，而黏土矿物含量与中孔体积存在负相关性，与宏孔体积存在正相关性。对TOC进行归一化处理，可以看到黏土矿物同样可以提供一定中孔和宏孔体积（图2-31），由表2-2可知黏土矿物自身孔隙结构可以提供一部分的孔体积，而黏土矿物在成岩过程中转化、脱水形成的孔隙和微裂缝是其宏孔发育的原因，这两点在扫描电镜下同样可以得到证明。

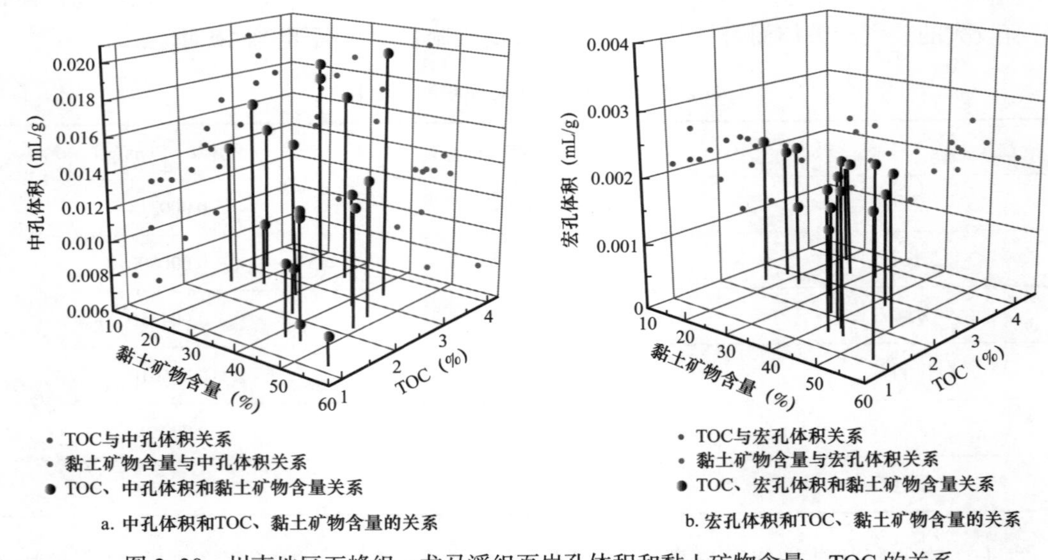

图2-30 川南地区五峰组—龙马溪组页岩孔体积和黏土矿物含量、TOC的关系

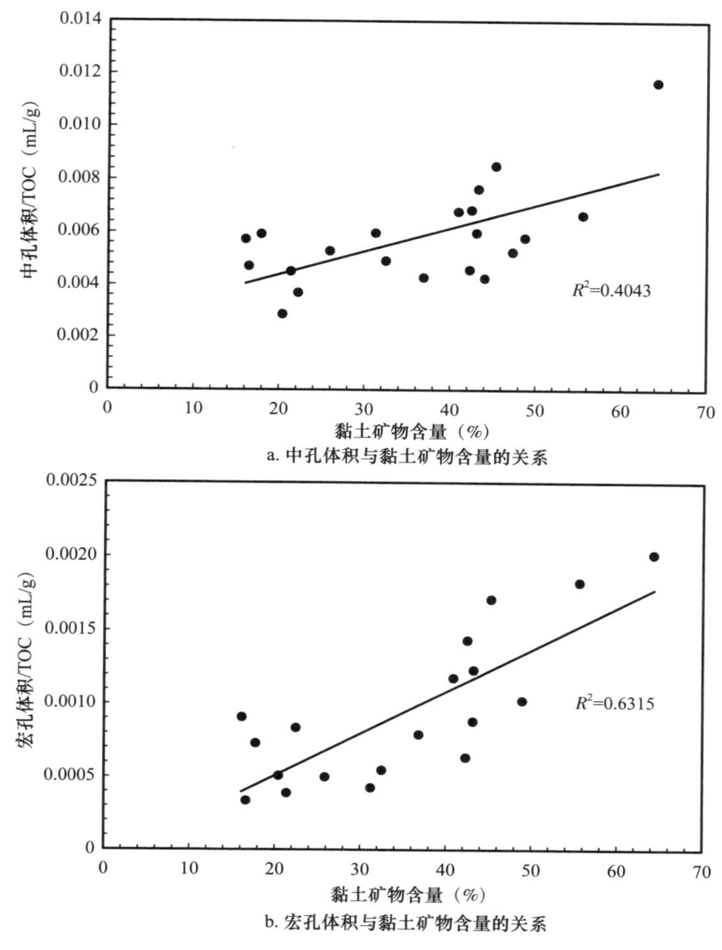

图 2–31　川南地区五峰组—龙马溪组页岩孔体积和黏土矿物含量的关系

石英等脆性矿物抗压实能力强，有利于原生孔隙在压实过程中的保存，而由图 2–32 可以看出研究区页岩样品孔体积和石英含量之间关系不明显，一方面是随着 TOC 含量的增加，有机孔的数量和石英的含量都随之增加，在 TOC 含量较高的样品中石英虽然可以使得部分孔隙保存下来，但不可避免地会有更多的孔隙被压实，因此硅质页岩宏孔分形维数 D_2 值高于黏土质页岩和混合质页岩 D_2 值，表明硅质页岩宏孔部分孔隙非均质性更强；另一方面是石英矿物受溶蚀作用所形成的孔隙数量较少，在成岩过程中胶结作用会重新充填已形成的孔隙，从而导致石英矿物含量对页岩孔隙体积没有明显的影响（图 2–32）。

研究区页岩样品热演化程度均处在过成熟阶段，因此 R_o 对有机质的孔隙结构影响有限。综合而言，影响页岩有机孔隙的因素包括外因和内因两方面。有机质组分的差异是影响有机孔发育的内部因素，其中生物孔原地有机质以原始干酪根和原始藻类堆积为主，主要包括有机质堆积形成的孔隙和后期生油气形成的小气泡孔；而迁移有机质是生烃过程生成的液态烃经过二次裂解而形成，孔隙较为发育；生物碎屑有机质炭化程度较高，几乎不发育有机孔。页岩的矿物组成和地层异常压力的差异是影响有机孔发育的外因，硅质矿物和钙质矿物抗压实能力强，在压实过程中可以减轻有机孔的破坏程度，同时黏土矿物在生

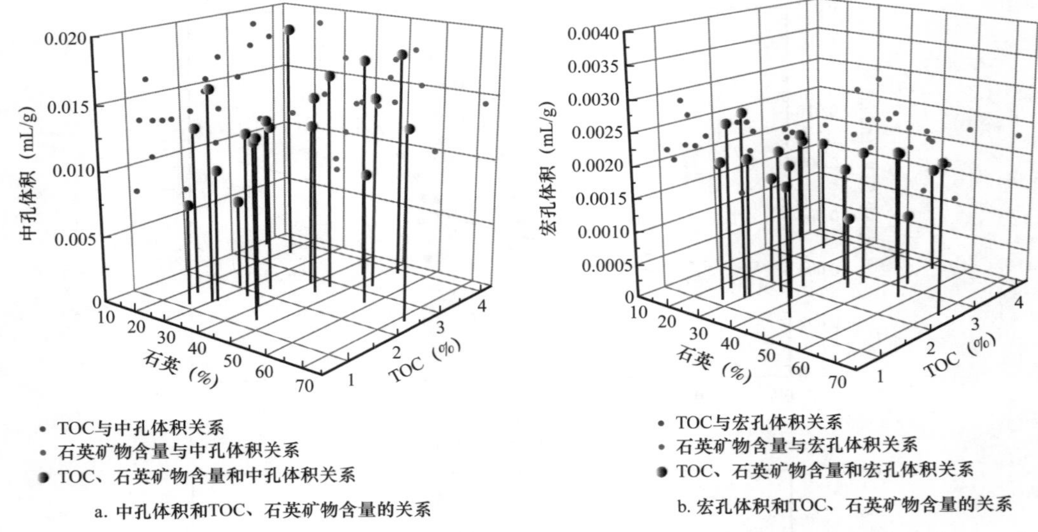

a. 中孔体积和TOC、石英矿物含量的关系

b. 宏孔体积和TOC、石英矿物含量的关系

图 2–32　川南地区五峰组—龙马溪组页岩孔体积与 TOC、石英矿物含量的关系

烃过程中具有催化作用从而促进了有机孔的生成（Huizinga 等，1987）。地层超压可以弱化上覆地层在压实过程中对有机孔的破坏，同时可以促进有机孔的形成（韩京等，2017）。渝西区块地层压力系数平均值在 1.7 左右，从北向南逐渐增加，而长宁—威远区块与泸州区块地层压力系数平均值在 2.0 左右（管全中等，2015；王玉满等，2016；邹才能等，2016），因此长宁—威远区块和泸州区块较高的地层压力和高含量刚性矿物对孔隙的保护作用，使得页岩有机孔发育程度优于渝西区块。

第二节　页岩微观介质界面效应及其影响因素

页岩微观介质界面效应反映的是页岩微—纳米孔隙表面与孔隙流体的相互作用，而润湿性是其最重要的表现形式之一。页岩储层具有特低孔特低渗、微—纳米孔隙发育、非均质性强等特点，其渗透率可低至纳达西（$10^{-21}m^2$），毛细管压力很高，利用传统的依赖于毛细管压力和微观驱替效率的 Amott 法和 USBM 法很难表征页岩储层的润湿性，因此，准确表征页岩储层润湿性是一项非常具有挑战性的任务。同时，页岩储层与常规油气藏不同，有机孔隙表现为亲油性（范青云，2016），页岩中黏土矿物可以吸附大量的水，使得页岩表现为混合的润湿性特征，因此有机质和黏土矿物的存在使得页岩润湿性更加复杂（Hu 等，2012）。

目前，对于页岩储层润湿性的表征方法有接触角测量法、自发渗吸法、核磁共振法等（Gao 等，2020）。接触角测量简单易行、快捷，但影响因素较多，误差较大，测量结果局限于岩石局部表面等，使得其结果准确性较低；自发渗吸的方法不仅能检测出页岩样品的润湿性，还能通过吸油、吸水自吸斜率研究样品亲油、亲水孔隙连通性，具有更大的意义；另外，根据核磁共振原理，其可用于定量评价页岩孔隙流体与孔隙表面之间的相互作用，对于表征页岩润湿性有重要的意义。

一、页岩储层润湿性特征

页岩储层与常规油气藏不同，其润湿性表征更加复杂，页岩中黏土矿物可以吸附大量的水，有机孔隙表现为亲油性，因此有机质的存在使得页岩表现为混合的润湿性特征（Gao 等，2019a）。

1. 接触角法

对川南地区海相页岩储层进行接触角分析测试，先测量样品中存在的主要 6 种矿物——石英、长石、方解石、伊利石、绿泥石和蒙皂石的接触角，再对页岩干样、饱和水样、饱和油样进行接触角实验，对测量结果进行综合分析。

1）*单矿物接触角*

根据 XRD 全岩黏土矿物分析结果，样品中主要存在 6 种矿物：石英、长石、方解石、伊利石、绿泥石、蒙皂石，实验测得所有单矿物水接触角均小于 90°，表现为亲水性；由于正癸烷界面张力过小，油接触角在测试过程中均表现为瞬间铺展状态。其中石英亲水性最差，水接触角为 80.4°（图 2-33）。不同矿物由于晶体结构不同具有不同的表面性质，其对页岩润湿性的影响也要区别对待。

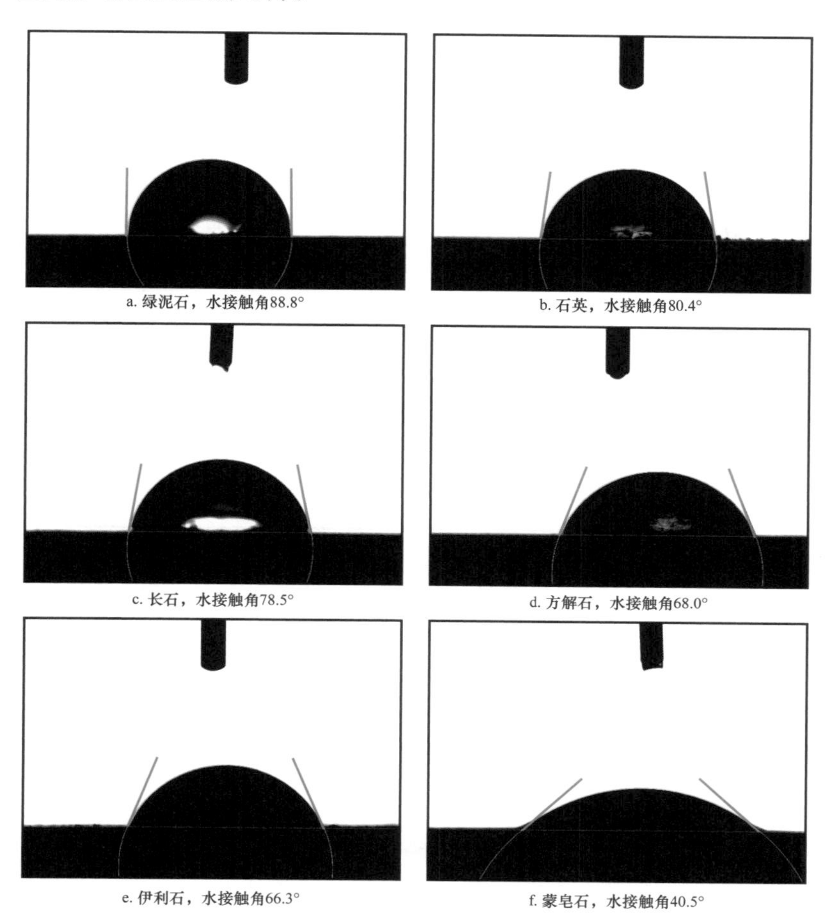

a. 绿泥石，水接触角88.8°　b. 石英，水接触角80.4°

c. 长石，水接触角78.5°　d. 方解石，水接触角68.0°

e. 伊利石，水接触角66.3°　f. 蒙皂石，水接触角40.5°

图 2-33　单矿物水接触角滴定测试结果

单矿物接触角随时间先减小后趋于稳定（图 2–34），因此接触角测定结果也需要考虑时间因素。

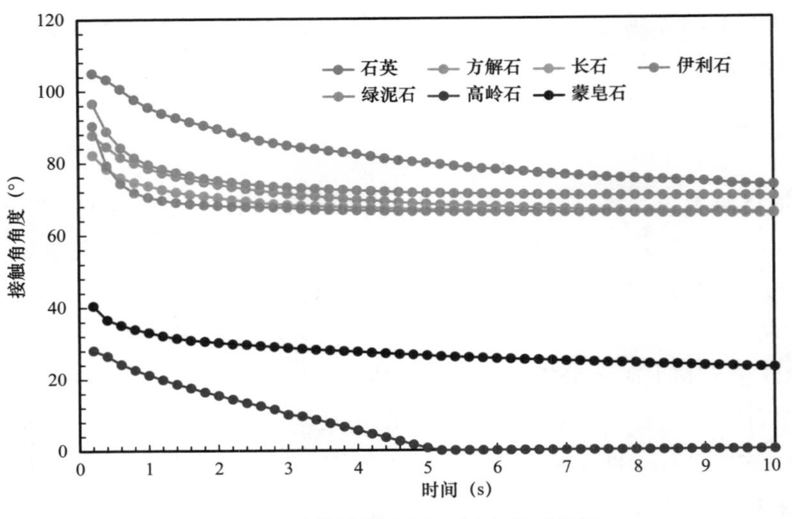

图 2–34　矿物接触角随时间变化对比图

2）页岩储层接触角

针对四川盆地南部龙马溪组页岩共选取 A–1、B–1、B–2、B–3、C–1 这 5 个样品进行实验，其基本信息如表 2–3 所示。

表 2–3　四川盆地龙马溪组页岩信息表

样品编号	深度（m）	TOC（%）	主要矿物含量（%）				
			石英	长石	碳酸盐	其他矿物	黏土矿物
A–1	4366.1	2.60	23.2	4.0	21.2	5.9	45.7
B–1	3866.9	1.14	26.8	4.2	9.1	6.6	53.3
B–2	3877.6	2.05	27.7	5.4	27.0	3.7	36.2
B–3	3887.5	1.58	27.5	4.4	15.2	9.2	43.7
C–1	3494.8	2.74	40.5	4.0	9.0	4.3	42.2

从表 2–3 中可得出，页岩样品主要由黏土矿物和石英组成，此外含有少量长石、碳酸盐等矿物。其中，长石以斜长石为主，包含少量钾长石；碳酸盐以方解石和白云石为主；其他矿物包括菱铁矿、黄铁矿、硬石膏等矿物；而黏土矿物含量较高，最主要的成分为伊利石，伊 / 蒙混层次之，其余为绿泥石。研究区龙马溪组页岩有机质成熟度较高，等效镜质组反射率大于 2.0%，属于高—过成熟阶段，蒙皂石已经向伊 / 蒙混层以及伊利石转化，高岭石则已转化为绿泥石。

页岩不同饱和状态下的顺层与穿层接触角测量结果如表 2–4 所示，测量图片由图 2–35 所示。由表 2–4 接触角测定结果可以看出，常温下页岩干样的水接触角和油接触角都小于 90°，油接触角明显小于水接触角，反映页岩样品具有较强的亲油性。

表 2-4　四川盆地龙马溪组页岩样品表面接触角测试结果

实验条件	样品	层理方向	水接触角（°）	油接触角（°）
干样	A-1	T	73.2	铺展
		P	64.3	铺展
	B-1	T	70.8	15.7
		P	55.8	10.5
	B-2	T	53.3	13.5
		P	70.7	铺展
	B-3	T	78.0	12.1
		P	84.7	11.7
	C-1	T	48.1	铺展
		P	47.3	铺展
饱和水	A-1	T	43.5	18.3
		P	23.2	铺展
	B-1	T	47.2	铺展
		P	37.5	铺展
	B-2	T	58.6	铺展
		P	62.8	铺展
	B-3	T	64.0	铺展
		P	63.6	15.5
	C-1	T	47.6	17.8
		P	38.9	18.0
饱和煤油	A-1	T	63.0	铺展
		P	80.3	铺展
	B-1	T	93.6	铺展
		P	73.9	铺展
	B-2	T	76.8	铺展
		P	62.8	铺展
	B-3	T	93.9	铺展
		P	72.4	铺展
	C-1	T	69.7	铺展
		P	71.8	铺展

注：P 代表顺层层理方向；T 代表穿层层理方向。

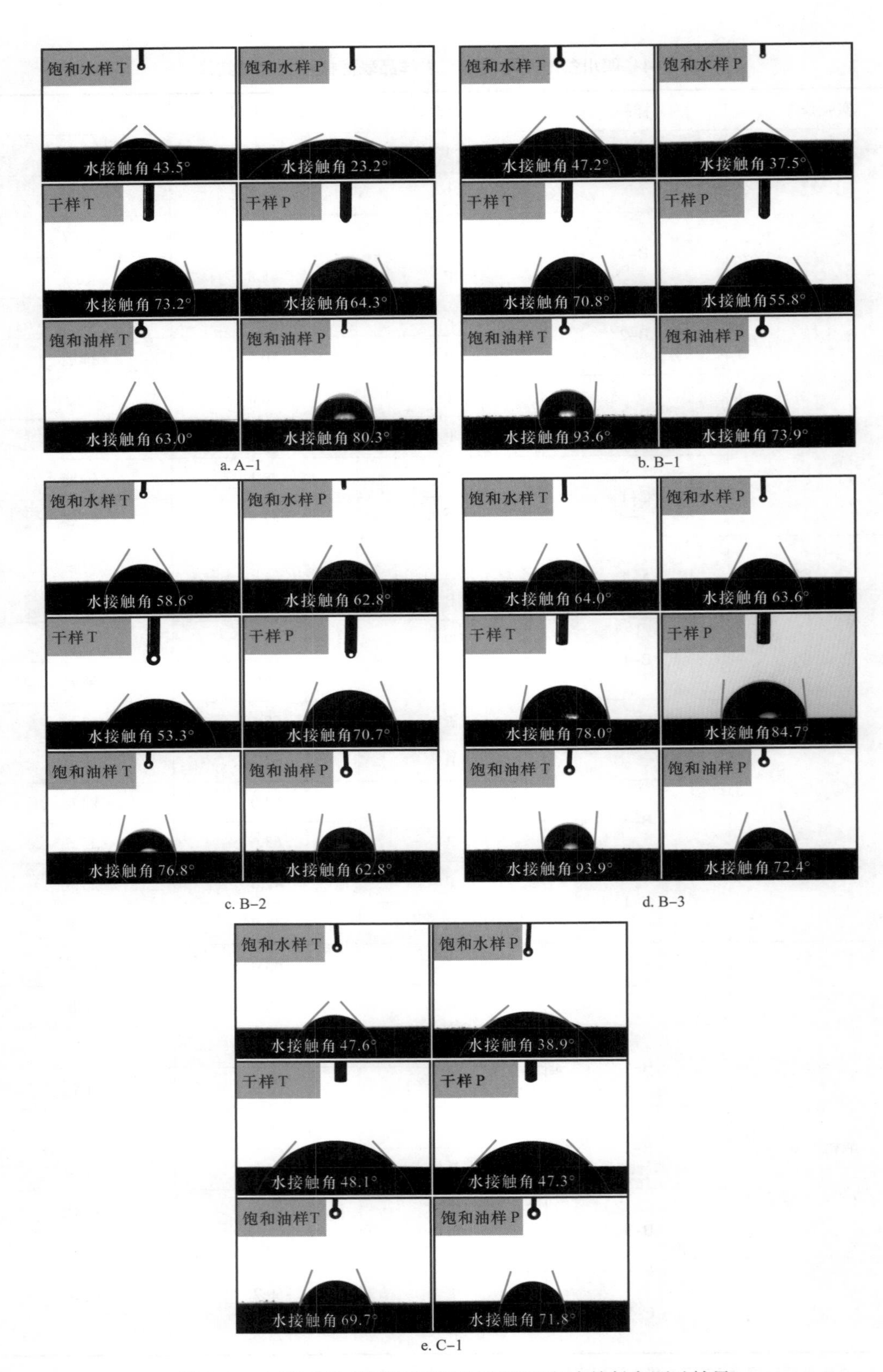

图 2–35　四川盆地龙马溪组页岩不同饱和相水接触角测试结果

3）页岩组构对接触角的影响

由于页岩储层表面润湿性会受到页岩孔隙系统中饱和流体的影响，因此主要利用页岩干样的水接触角分析页岩储层表面润湿性及其影响因素。页岩主要矿物组分有石英、长石、方解石、白云石、伊利石及伊/蒙混层等，有机质具有亲油性，当页岩中含有有机质时，有机孔隙表面润湿性为亲油，岩石表面润湿性向偏油湿方向转变。因此，不同页岩样品表面润湿性的差异可能与其表面矿物组成和有机质含量及分布密切相关。

（1）页岩矿物组成对干样样品接触角的影响。

通过对比分析样品穿层方向的水接触角与石英含量的相关性（图2-36），可以看出水接触角与石英含量呈现出负相关关系。因此，在样品穿层方向上，石英含量越高，样品表面更偏向亲水性。

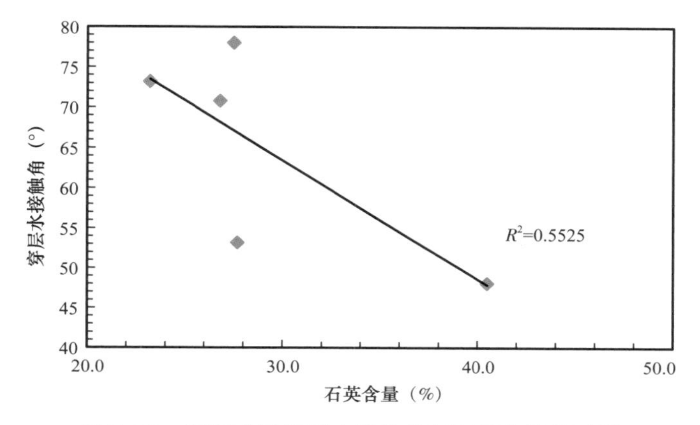

图2-36　页岩干样穿层水接触角与石英含量关系图

（2）页岩矿物组成对不同孔隙流体页岩水接触角变化的影响。

通过对同一样品干样与饱和水样水接触角大小变化（干样水接触角减去饱和水样水接触角）与页岩黏土矿物含量相关性进行分析（图2-37），发现样品黏土矿物含量越高，样品相同层理方向干样水接触角与饱和水样水接触角之差越大，说明黏土矿物含量越高，样品稳定性越差，页岩储层亲水性更容易因含水饱和度的上升而增强。

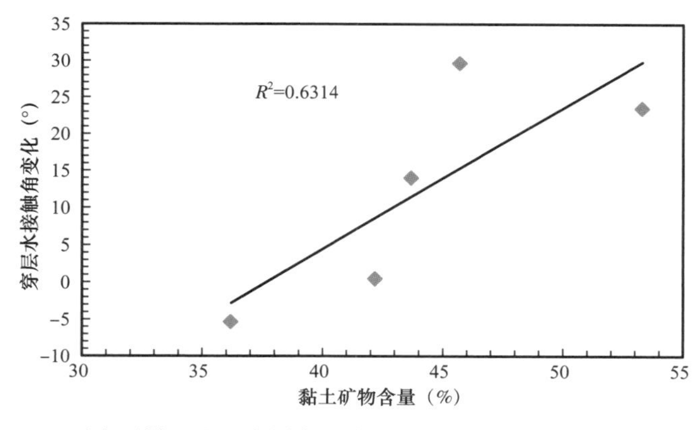

图2-37　页岩干样—饱和水样穿层水接触角变化与黏土矿物含量关系图

（3）TOC 含量对页岩储层油接触角的影响。

通过对比页岩干样的穿层和顺层油接触角大小与样品 TOC 含量（铺展状态下油接触角度数记为 0°），如图 2–38 所示，表明样品 TOC 含量越高，样品表面油接触角角度越小，在油接触角测量过程中越倾向于表现出铺展状态。因此，页岩 TOC 含量越高，页岩表面润湿性更偏向于亲油性。

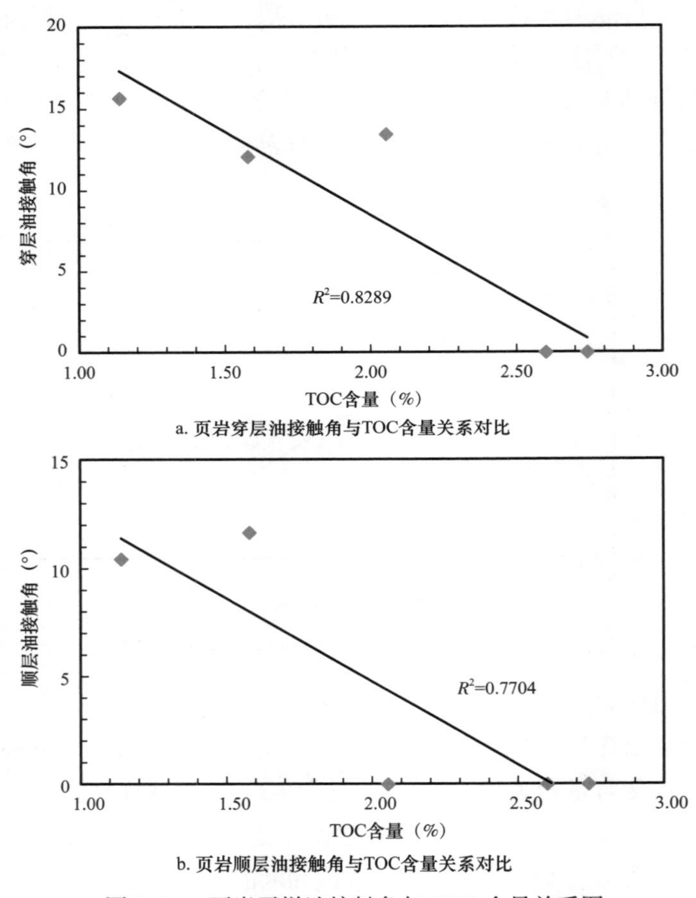

a. 页岩穿层油接触角与TOC含量关系对比

b. 页岩顺层油接触角与TOC含量关系对比

图 2–38　页岩干样油接触角与 TOC 含量关系图

4）饱和流体对页岩储层表面水接触角的影响

同一页岩样品在不同的饱和流体作用下，其孔隙表面水、油分布状况不同，饱和油样品表面油分布多，饱和水样品表面水分布多，因此影响页岩表面润湿性。

在同一条件下，测量同一样品的干样、饱和水样、饱和油样穿层与顺层方向上的水接触角和油接触角，由于煤油界面张力过小，测得油接触角大小不能作为定量评价饱和相流体对页岩储层表面润湿性影响的依据，因此主要利用水接触角定性评价不同饱和相流体对页岩储层表面润湿性的影响。

（1）不同饱和相页岩样品表面润湿性变化。

根据测得 5 个样品的穿层和顺层方向上的干样、饱和水样、饱和油样的水接触角的结果作出折线图，如图 2–39 所示。

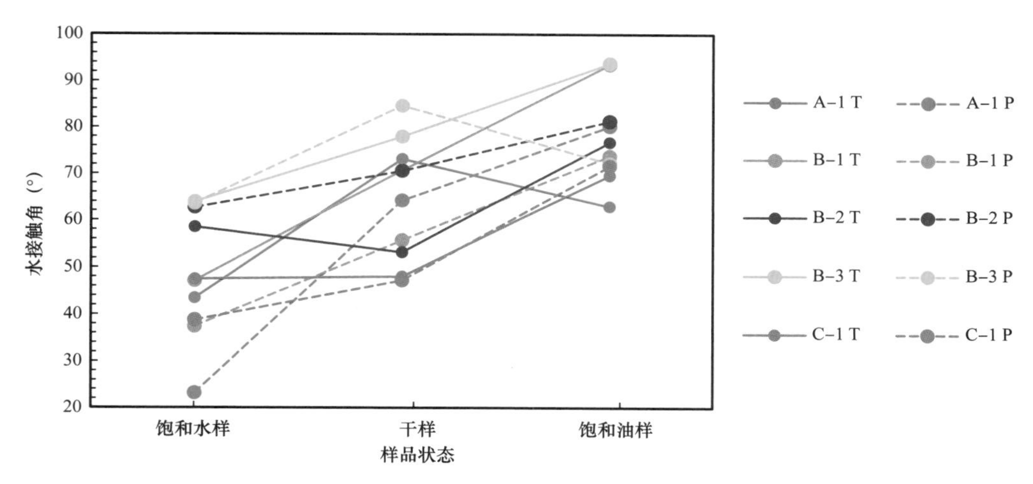

图 2–39　不同饱和状流体下页岩样品穿层与顺层方向水接触角折线图

P 代表顺层层理；T 代表穿层层理

根据图 2–39 所示，穿层方向 B–1、B–3 的水接触角都呈现出明显的饱和油样＞干样＞饱和水样的规律，B–2 的水接触角测试结果表现出饱和油样＞饱和水样＞干样，C–1 的水接触角测试结果呈现出饱和油样＞干样≈饱和水样，而 A–1 的水接触角测试结果显示干样＞饱和油样＞饱和水样；顺层方向，A–1、B–1、B–2 和 C–1 的水接触角都呈现出明显的饱和油样＞干样＞饱和水样的规律，而 B–3 的水接触角测试结果显示干样＞饱和油样＞饱和水样。

总体上，穿层、顺层方向上测得的水接触角都有相似的变化趋势，大部分测试结果显示水接触角饱和油样＞干样＞饱和水样，少部分测试结果显示水接触角干样＞饱和油样＞饱和水样或饱和油样＞饱和水样≈干样。所有测试结果中，饱和油样的水接触角都大于饱和水样，说明饱和水会增强样品的亲水性，饱和油会增强样品的亲油性。

（2）不同饱和相页岩样品表面润湿性变化影响因素。

由于页岩层理发育，顺层方向接触角的测量很大程度上受到层理缝的影响，因此利用页岩穿层方向不同饱和相下水接触角的变化与页岩黏土矿物含量的关系，作出相关关系图（图 2–40）。可以得出，岩样的黏土矿物含量越低，三种不同饱和相的水接触角变化越小，说明对于页岩表面润湿性来说，黏土矿物含量越低，样品表面润湿性越稳定；页岩黏土矿物的含量越多，页岩表面因孔隙流体改变而发生的润湿性改变更大，页岩样品表面润湿性越不稳定（图 2–40）。

2. 自发渗吸法

自发渗吸（自吸）是一种毛细管力控制的过程，页岩基质的孔隙结构和流体的性质及其相互作用控制着自吸过程（李景明等，2008；王飞宇，2016b；Hu 等，2015；Shi 等，2018；高之业等，2015）。利用自发渗吸法可以研究四川盆地龙马溪组页岩样品润湿性和亲油、亲水孔隙连通性。

对川南地区 5 个龙马溪组页岩样品进行自吸实验，其水自吸斜率平均值为 0.217，小于理想值 0.5，表明龙马溪组页岩样品孔隙连通性较差（表 2–5）。

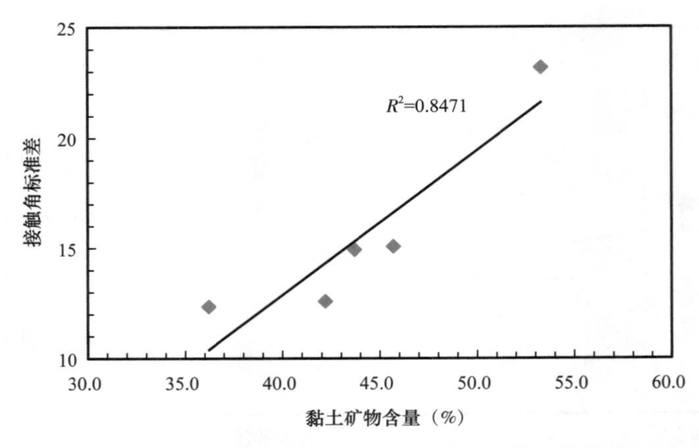

图 2-40　页岩样品不同饱和相水接触角标准差与黏土矿物含量关系图

表 2-5　四川盆地龙马溪组页岩自发渗吸斜率

样品号	层位	样品实验号	自吸流体	首次自吸斜率	第二次自吸斜率	第三次自吸斜率
A-1	龙马溪组	A-1 P1	水	0.148	0.244	0.252
		A-1 T1	水	0.319	0.268	0.205
		A-1 P2	正癸烷	0.184		
		A-1 T2	正癸烷	0.120		
B-1		B-1 P1	水	0.152	0.228	0.186
		B-1 T1	水	0.178	0.103	0.228
		B-1 P2	正癸烷	0.172		
		B-1 T2	正癸烷	0.216		
B-2		B-2 P1	水	0.161	0.157	0.133
		B-2 T1	水	0.188	0.160	0.134
		B-2 P2	正癸烷	0.418		
		B-2 T2	正癸烷	0.206		
B-3		B-3 P1	水	0.145	0.181	0.096
		B-3 T1	水	0.121	0.137	0.212
		B-3 P2	正癸烷	0.363		
		B-3 T2	正癸烷	0.204		
C-1		C-1 P1	水	0.265	0.274	0.202
		C-1 T1	水	0.188	0.186	0.150
		C-1 P2	正癸烷	0.449		
		C-1 T2	正癸烷	0.544		

龙马溪组页岩发育大量较小孔径的有机孔。孔隙结构的差异，特别是有机质孔隙发育程度的差异导致了海相页岩与陆相页岩表现出具有不同润湿性的自发渗吸行为。根据 Gao 和 Hu（2016a）提出的利用导向型自发渗吸实验表征页岩润湿性的方法，龙马溪组页岩发育大量的亲油性有机孔使其表现为偏向亲油的自吸特点。海陆相页岩孔隙结构差异的主要因素是它们具有不同热成熟度并处于不同的成岩阶段，龙马溪组海相页岩具有更高的热成熟度。

利用正癸烷的自吸实验研究亲油孔隙的连通性，通常认为有机孔是烃类润湿性孔隙，而无机矿物孔隙是水湿孔隙。

考虑到样品存在较多层理缝，因此连通性和润湿性判断主要依据垂直层理面自吸斜率。图 2–41 展示了 5 个样品自发渗吸过程中时间和吸入质量对数的斜率，其中 A–1、C–1 具有最大的吸水斜率。

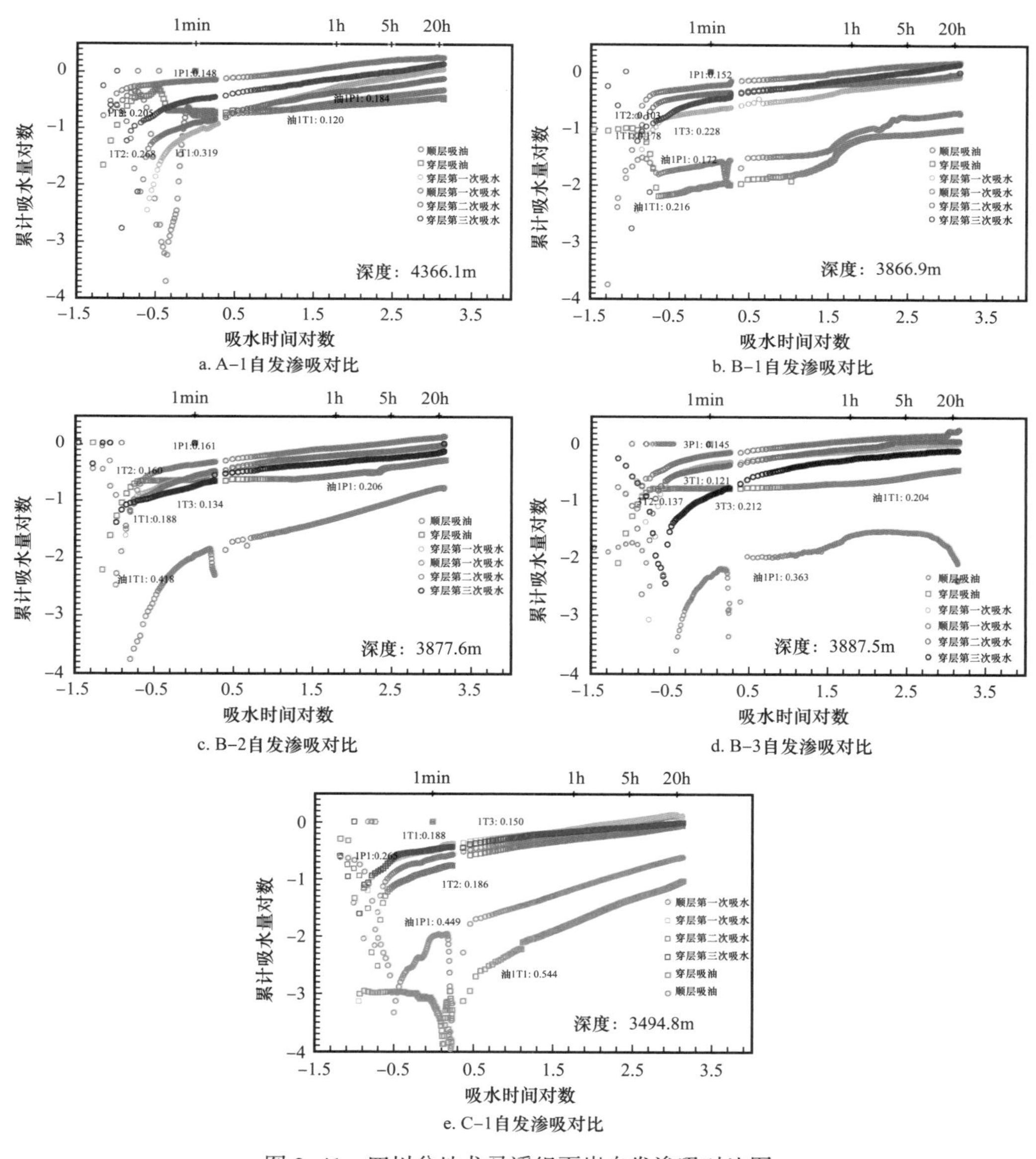

图 2–41　四川盆地龙马溪组页岩自发渗吸对比图

图 2–41a 是 A–1 样品，对水的亲和力大于对油的亲和力，表明其亲水孔隙网络连通性比亲油孔隙网络连通性好。A–1 样品在 20～50nm 范围内发育无机孔，通过扫描电镜观察主要是一些亲水的黏土矿物孔隙，因此表现为水湿。由图 2–41e 可知，C–1 样品的正癸烷垂直层理面自吸曲线斜率最高，为 0.544，表明其亲油孔隙连通性较好，一方面是石英含量高的页岩样品抗压实能力强，有利有机孔的保存，宏孔有机孔占比较多，且有机质与微裂缝组合形成良好的运移通道；另一方面页岩样品中含有大量有机质—黏土矿物复合体孔隙，有机孔发育，从而样品亲油能力强。

B–3 样品具有很大的宏孔体积，但自吸实验中却发现连通性很差，因为其宏孔主要分布在 100nm 以上，通过扫描电镜观察到其 100nm 以上孔隙主要为溶蚀孔和黄铁矿晶间孔，这些孔隙是亲水的，但其连通性较差。

C–1 样品水接触角最小，而穿层自吸斜率却低于 0.25。这可能与页岩极强的非均质性相关，从而导致表面接触角测量的局限性。A–1、C–1 样品吸水斜率随着重复实验具有减小趋势，说明水—岩作用降低了亲水孔隙的连通性，B–1 样品自吸斜率的标准差最大，表明其水—岩作用更加明显，实验重复性最差。B–3 样品的伊 / 蒙混层含量较高，水—岩作用优化了亲水孔隙的连通性，导致三次自吸斜率逐渐增加。

二、页岩储层润湿性控制因素

页岩的成分（矿物含量、TOC 含量、孔隙流体等）、层理方向、孔隙结构等共同影响着页岩的润湿性特征。

1. 页岩组成成分

1）页岩含水（或含油 / 气）饱和度

页岩中的孔隙流体会影响页岩的润湿性。同一样品饱和水状态下表现出相对较强的亲水性特征，饱和油状态下则表现出相对较强的亲油性特征，样品干样润湿性介于二者之间。说明页岩含水饱和度越高，亲水性越强；反之，含油饱和度越高，亲油性越强。

2）页岩矿物组成

页岩成分是决定储层润湿性的稳定性的关键因素。黏土矿物的存在是页岩储层润湿性因孔隙流体而改变的重要原因，黏土矿物越多，孔隙流体对页岩的润湿性影响越大。页岩中不同的矿物均表现为亲水性，但亲水能力不同，其中蒙皂石亲水性最强，黏土矿物的含量越高，样品内部孔隙流体改变时，流体—岩石相互作用越强，表面润湿性越不稳定，实验可重复性越差。

3）页岩有机质丰度与类型

TOC 含量越高，有机质面孔率越高，页岩有机孔的数量就越多，亲油孔隙连通性越高，样品亲油性越强。

2. 页岩层理方向

同一样品相同饱和状态下、不同的层理方向上润湿性有差异；不同孔隙流体下的样品穿层与顺层水接触角之差不同。因此，层理方向对页岩润湿性有一定的影响，但主要的影响因素还是样品成分和不同孔隙流体造成的流体—岩石相互作用。

3. 页岩孔隙结构

页岩的润湿性很大程度上取决于孔隙结构特征，特别是亲水 / 亲油孔隙的连通性，基于这一观点并综合前人的研究成果提出了 4 种简化的孔隙网络模型（图 2–42），分别适用于偏亲水性页岩、偏亲油性页岩、混合润湿页岩和中性润湿页岩。偏亲水（油）性页岩内部亲水（油）孔隙分布更加均匀，连通性更好，形成良好的亲水（亲油）通道；混合润湿页岩内部亲油孔隙和亲水孔隙连通性较好，表现为既亲水又亲油的润湿性；而中性润湿页岩的亲水孔隙和亲油孔隙发育程度较差，表现为既不亲水也不亲油的润湿性。

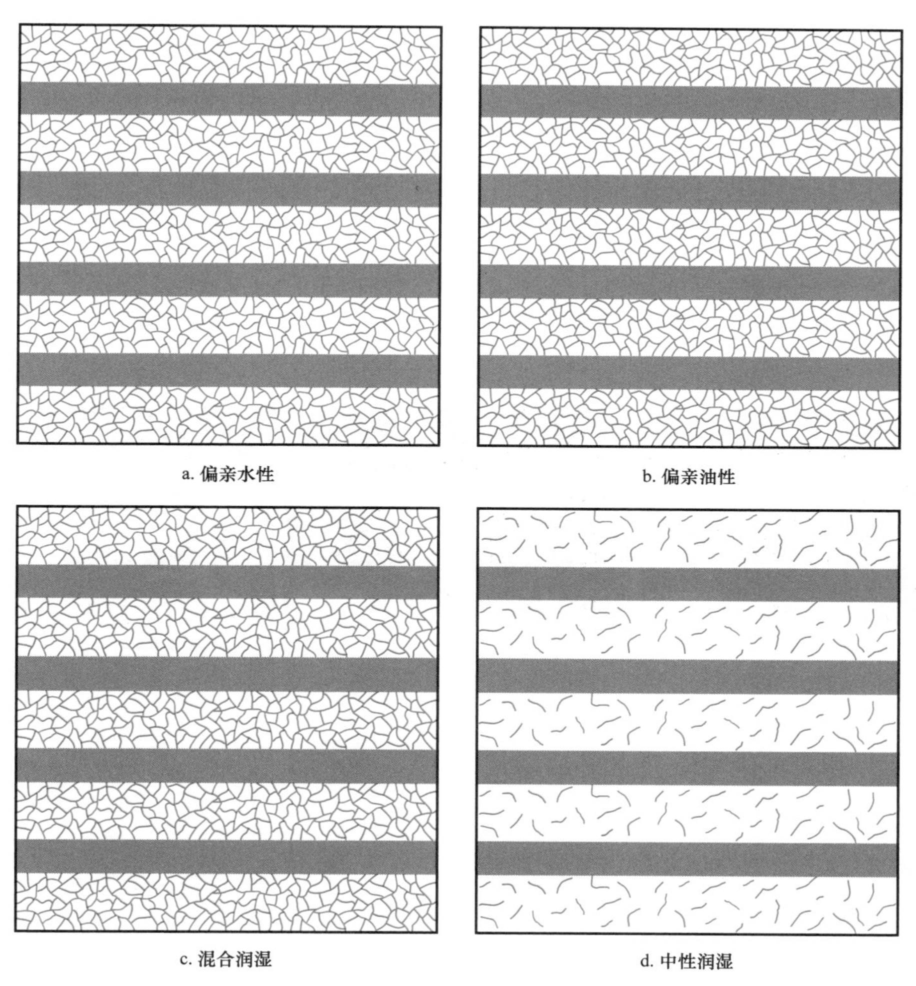

图 2–42　不同润湿性页岩样品的简化孔隙模型

红色代表亲油孔隙，蓝色代表亲水孔隙，灰色代表页岩层理面

第三章　页岩孔隙演化特征与演化规律

第一节　页岩成岩作用与成岩演化

一、成岩作用类型

页岩储层碎屑组分主要包括盆外碎屑和盆内碎屑。不同碎屑组分的混合，导致页岩岩相的非均质性，进而造成页岩成岩演化的差异性。盆外碎屑主要来自物源区母岩的物理、化学风化作用，盆内碎屑主要来自上覆水体中沉积的生物骨架碎片和海相有机质。对于五峰组—龙马溪组页岩，盆外碎屑组分主要包括碎屑石英、长石、黏土矿物和少量云母；盆内碎屑组分主要包括硅质骨架碎片、钙质生物体和海相有机质。硅质生物体含量较丰富，可见放射虫（具明显伪足）、海绵骨针和有孔虫，且多被黄铁矿、方解石等交代（图 3–1a—c）；钙质生物体含量较少，可见少量腕足类和海百合类，岩心尺度可见赫兰特贝，集中富集在五峰组顶部观音桥段（图 3–1d）；海相有机质主要包括笔石类化石和固体沥青（图 3–1e、f）。

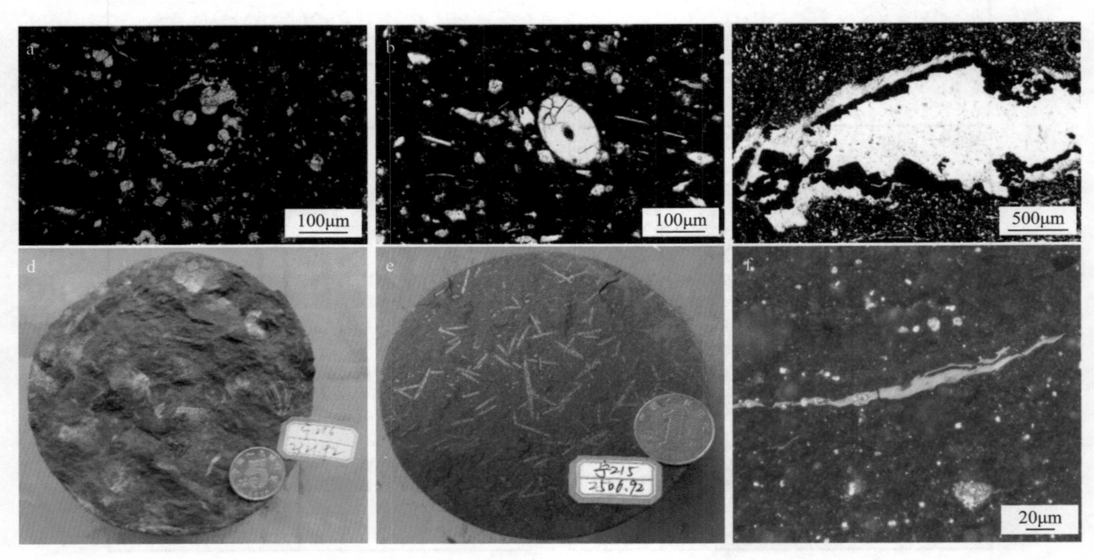

图 3–1　五峰组—龙马溪组页岩储层盆内碎屑组分

a—放射虫；b—海绵骨针；c—有孔虫；d—赫兰特贝；e—笔石类；f—沥青

1. 压实作用

与碎屑岩储层类似，页岩储层同样经历强烈的压实作用改造，尤其是对于刚沉积的沉积物，压实作用是成岩固结的重要机制，可以分为机械压实和化学压实。

对于五峰组—龙马溪组页岩，机械压实作用主要表现为脆性矿物表面压实裂纹（图 3-2a）、塑性组分压实弯曲变形（图 3-2b）及矿物颗粒定向排列（图 3-2c）等。依据矿物接触关系及矿物变形程度，压实作用强度可以分为轻度压实、中等压实和强烈压实。轻度压实多见于硅质页岩和钙质页岩中，颗粒接触表现为点接触，粒间孔充填大量自生微晶石英颗粒、碳酸盐胶结物及迁移有机质（图 3-2d）。强烈压实多见于黏土质页岩中，颗粒接触表现为线接触，黏土矿物强烈变形，几乎未见自生微晶石英沉淀（图 3-2e）。中等压实介于二者之间，多见于粉砂质页岩或钙质页岩中（图 3-2f）。另外，压实作用程度影响有机孔的发育情况（İnan 等，2018），通常被脆性矿物所围绕的有机质中孔隙发育程度较高，而被塑性矿物所围绕的有机质中孔隙则由于受到更强的压实作用而消失。

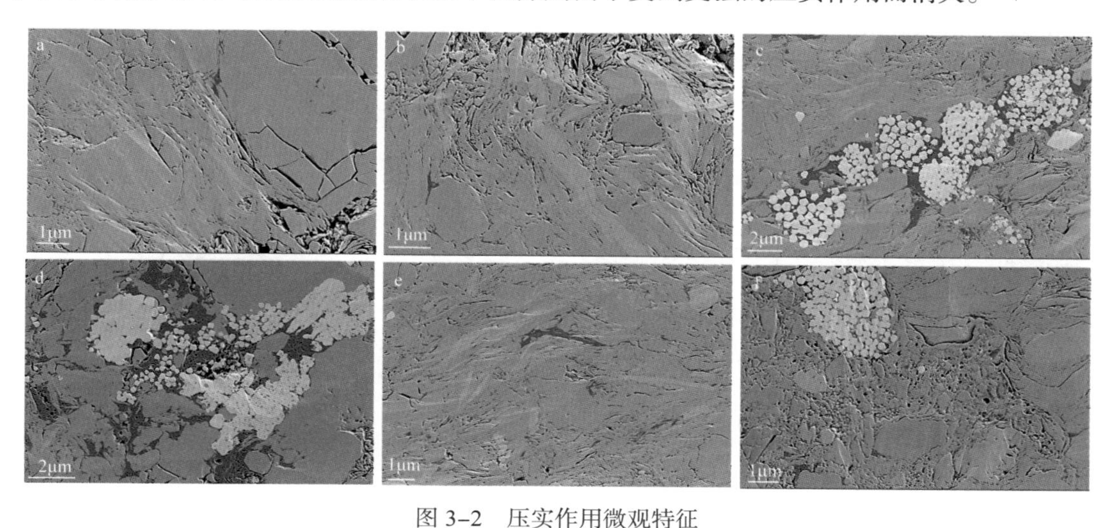

图 3-2　压实作用微观特征

a—矿物表面压实裂纹；b—塑性组分压实变形；c—颗粒定向排列；d—轻度压实，颗粒呈点接触为主；e—强烈压实；f—中等压实

化学压实主要包括黏土矿物的转化和自生石英的形成。蒙皂石伊利石化是泥页岩中重要的黏土转化作用，该反应会释放一定量的硅，可以作为自生石英形成的重要硅源。SEM 镜下观察，部分自生石英往往与黏土矿物共生，认为该类自生石英应该来自黏土矿物的转化。另外，局部可见石英颗粒的压溶现象，表现为石英颗粒边缘的不规则形貌。

2. 胶结作用

对于五峰组—龙马溪组页岩，自生矿物主要包括石英、黄铁矿、方解石、白云石、铁白云石和黏土。另外，迁移有机质占据粒间孔和粒内孔，属于页岩储层中特殊的一类胶结作用。

自生石英主要是颗粒间充填的微晶石英。自生石英在光学显微镜下具有不规则的晶形，边缘模糊（图 3-3a）；SEM 镜下观察明显可见粒间孔内充填的自生石英多与迁移有机质共生（图 3-3b），反映自生石英的形成早于大规模迁移有机质的充填。另外，自生石英在硅质页岩中非常发育，在黏土质页岩和钙质页岩中发育较少。黄铁矿主要发育草莓状、草莓状集合体、自形晶体和无定形（图 3-3c），反映其不同的形成环境。可见黄铁矿交代生物骨架碎片（图 3-1c）。图 3-3d 显示黄铁矿的形成时间晚于方解石胶结。碳酸盐胶结物可见方解石、白云石和铁白云石，颗粒形态明显，反映其形成期较早，有足够的沉淀空间。方解石以团块状或分散自形晶体充填于粒间孔隙中。而白云石明显具有两期形成的特征，早期以典型白云石为主，部分可见明显的溶蚀边缘，且内部溶蚀孔较发育，晚期以铁白云石为主，以次生加大边的形式发育在早期白云石颗粒边缘，未见溶蚀现象。自生黏土矿物主要包括伊 / 蒙混层、伊利石和绿泥石，在扫描电镜下观察可见典型的短片状自生伊利石（图 3-3e、f）。黏土质页岩中可见自生伊利石多与自生石英共生的现象，反映部分自生石英可能是由黏土矿物转化形成的。

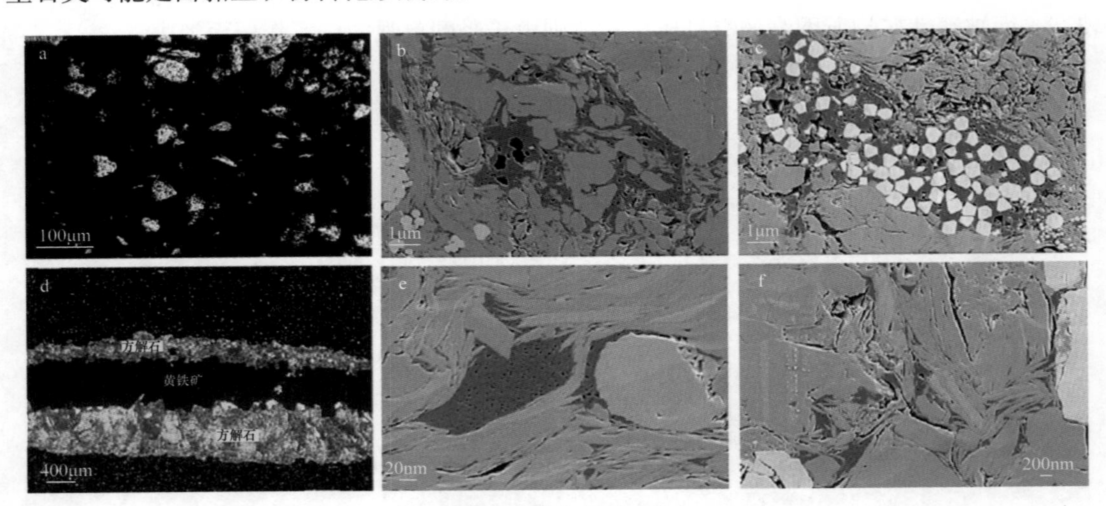

图 3-3　胶结作用微观特征

a—自生石英；b—自生石英；c—自形晶体黄铁矿；d—黄铁矿晚于方解石形成；
e、f—自生伊利石（据 Zhao 等，2017）

3. 交代作用

镜下观察可见方解石（图 3-4a）、黄铁矿（图 3-4b）交代硅质生物体的现象，也可见黄铁矿交代钠长石颗粒（图 3-4c），另外，钾长石颗粒的富钡环边普遍发育（图 3-4d），认为是富钡组分交代了钾长石颗粒。

4. 溶蚀作用

页岩储层中的溶蚀作用多与有机质产生的有机酸有关。五峰组—龙马溪组页岩中主要可见石英、长石、方解石和白云石的溶蚀现象。石英溶蚀孔为椭圆形或圆形，孤立分布，且多未被充填（图 3-5a）。钠长石的溶蚀现象较为明显（图 3-5b），而钾长石的溶蚀不发育（图 3-5c），长石的溶蚀多沿解理缝或颗粒边缘，且多被迁移有机质充填（图 3-5d）。方解石溶蚀孔也多沿解理缝或颗粒边缘分布，部分溶蚀孔被迁移有机质充填。部分方解石溶蚀强烈，颗粒边缘可见溶蚀破碎现象。另外，可见与包裹体相关的方解石粒内孔发育（图 3-5e）。白云石溶蚀仅发育在内部贫铁白云石中，多呈近圆形，而在铁白云石内未见溶蚀相关孔隙（图 3-5f）。

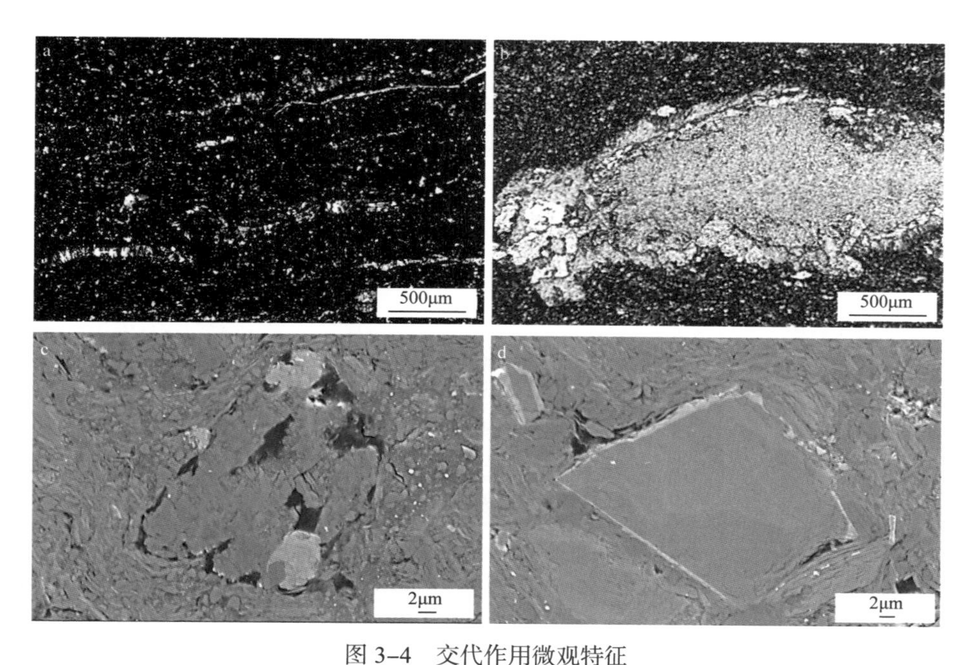

图 3-4　交代作用微观特征

a—方解石交代硅质生物体；b—黄铁矿交代硅质生物体；c—黄铁矿交代钠长石颗粒；d—钾长石颗粒富钡环边

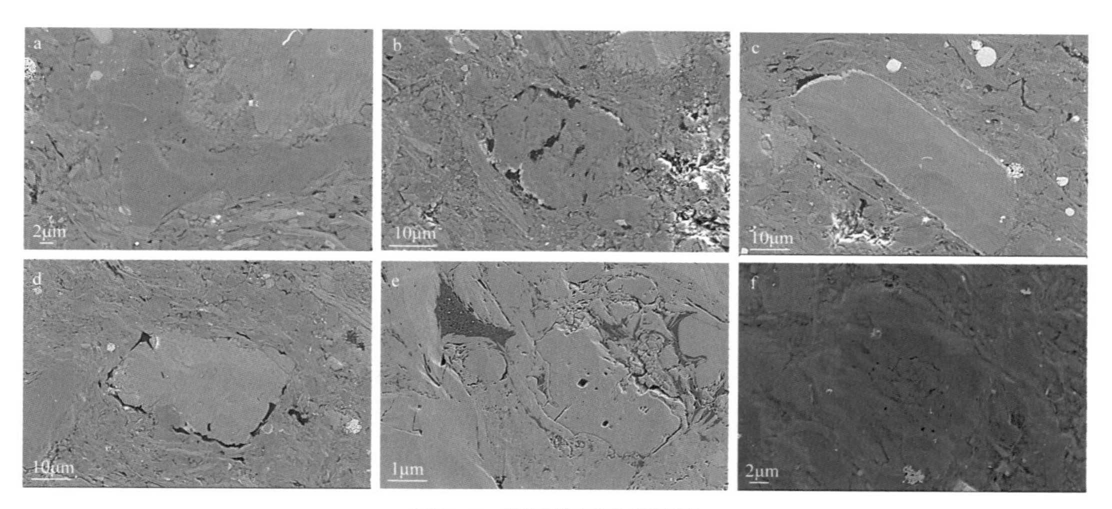

图 3-5　溶蚀作用微观特征

a—石英溶蚀孔；b—钠长石溶蚀孔；c—钾长石未见溶蚀现象；d—长石颗粒边缘溶蚀孔；
e—方解石粒内孔；f—白云石溶蚀孔

5. 有机质成熟作用

五峰组—龙马溪组页岩有机质类型可见沉积有机质和迁移有机质，其中沉积有机质包括干酪根和笔石，镜下观察认为有机质类型以迁移有机质为主。对于沉积有机质，大部分干酪根不发育有机孔隙（图 3-6a），而部分干酪根内可见海绵状的有机孔隙（图 3-6b），笔石内部不发育孔隙（图 3-6c）。迁移有机质多发育在残余粒间孔（图 3-6d）、黄铁矿晶间孔（图 3-6e）和黏土矿物晶间孔（图 3-6f）内。由于五峰组—龙马溪组页岩成熟度较高，几乎所有迁移有机质内部均发育海绵状有机孔隙。有机质在热演化过程中，干酪根和迁移有机质产生了一定量的有机孔隙，Jarvie 等（2007）认为 TOC 为 6.41% 的页岩消耗约 25% 的有机碳可以使页岩孔隙度增加 4.3%；另外，有机质演化的中间产物对储层矿物进行改造，如有机酸对矿物的溶蚀；同时，迁移有机质占据残余粒间孔，可以增加孔隙内部压力，在一定程度上减缓了压实作用减孔效应。因此，认为有机质成熟作用是页岩储层中特殊的一类成岩作用。

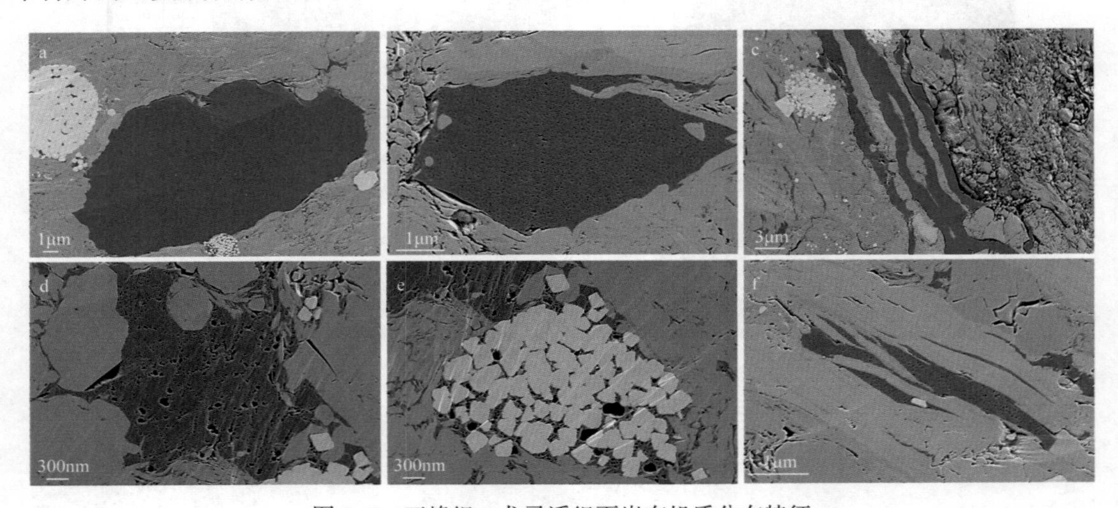

图 3-6　五峰组—龙马溪组页岩有机质分布特征

a—沉积有机质，未见有机孔发育；b—海绵状有机孔；c—笔石内部不发育孔隙；d—迁移有机质发育蜂窝状孔隙；e—迁移有机质发育在黄铁矿晶间孔内；f—迁移有机质发育在黏土矿物晶间孔内

二、海相页岩成岩共生序列及成岩演化

五峰组—龙马溪组页岩 R_o 分布在 2.28%～3.74% 之间；黏土矿物组合以伊 / 蒙混层（46%）和伊利石（45%）为主，可见绿泥石（9%），伊 / 蒙混层比在 5%～15% 之间；典型埋藏史可见五峰组—龙马溪组埋藏地层温度最高可大于 200℃。综合认为，五峰组—龙马溪组页岩储层目前多处于中成岩阶段 B 期—晚成岩阶段。

沉积初期，黄铁矿在缺氧的沉积水体内或沉积水体界面等富硫环境中即可形成，一般是形成最早的自生矿物。当沉积水体内黄铁矿和铁离子均较富集时，草莓状黄铁矿可形成。

方解石胶结物多见自形晶体，多以孔隙式—基底式的产出形式分布在粒间孔隙中，表明其是在强烈压实作用之前直接在孔隙空间内沉淀形成的。早成岩阶段厌氧微生物的代谢，使得有机质富集的沉积物孔隙水体中富含碳酸氢根、铁离子和硫化物，认为微生物硫酸盐还原反应多与黄铁矿和方解石的沉淀有关。同时，薄片镜下可见黄铁矿和方解石交代有机质生物体的现象，也证明其形成时间较早。同样，白云石胶结物也多见自形晶体，以孔隙式或基底式占据孔隙空间，且有富铁白云石环边，表明白云石形成时间也较早，推测是直接从孔隙水中沉淀形成，而并非是由方解石转化形成。另外，在硫酸盐还原环境中，铁离子多与硫离子结合形成黄铁矿，所以认为富铁白云石形成于无硫的环境，因此，认为白云石形成期可能与黄铁矿同期，而富铁白云石形成期晚于黄铁矿和白云石形成期。

五峰组—龙马溪组页岩储层中自生石英多属于生物成因，来自硅质生物体的溶解再沉淀作用，即 opal-A—opal-CT—微晶石英的硅质成岩过程。而碳酸盐矿物和石英的形成促进硅质成岩作用的进行。Matheney 和 Knauth（1993）通过同位素的手段认为该过程通常开始的对应温度为 17～21℃，大量发育的对应温度为 30～70℃，属于低温成岩过程，反映其形成时间较早。

蒙皂石伊利石化转化为伊 / 蒙混层和伊利石是沉积岩中较为重要的黏土转化作用。一般认为该过程发生在地层温度 60～140℃的范围内，与生油高峰期对应（付常青等，2015）。而该反应的发生需要富钾环境，一方面，成岩早期五峰组—龙马溪组页岩多处于开放或半开放的海相环境，其孔隙流体中具有一定浓度的钾离子；另一方面，部分来自钾长石的溶蚀。黏土矿物转化过程中，蒙皂石层间水分子排出，孔隙度增加，且在层间易形成微孔隙和微裂隙。

对于五峰组—龙马溪组页岩，溶蚀现象多发生在长石、方解石、白云石和石英颗粒内。富有机质页岩在沉积不久、压实作用下有机质氧化产生的酸性流体释放，使得地层中长石等铝硅酸盐和碳酸盐矿物溶解。一般情况下，方解石的溶蚀要早于且易于长石的溶蚀，钠长石的溶蚀要易于钾长石（王琪等，2017），根据矿物能量原理，相同条件下，分解钾长石所需要的能量高于钠长石，因此钠长石较钾长石优先分解，镜下观察钠长石的溶蚀程度也要强于钾长石。而关于石英溶蚀的机理存在争议，多认为其更易形成于碱性环境，且认为其更易形成于中成岩阶段 A 期—中成岩阶段 B 期。另外，镜下观察发现长石和方解石溶蚀孔多被次生有机质充填，而石英溶蚀孔大多未被充填，表明石英溶蚀形成较晚。

关于有机质的转化，在早成岩阶段，即有机质未成熟阶段（$R_o<0.5\%$），有机质在生物化学作用下形成干酪根、甲烷和少量未熟油，沥青会运移到相邻的粒间和粒内孔隙中；进入中成岩阶段 A 期，即有机质成熟阶段（$R_o=0.5\%$～1.3%），干酪根热降解形成原油，原油同样会发生短距离的运移而占据相邻的粒间和粒内孔隙；进入中成岩阶段 B 期，即有机质高成熟阶段（$R_o=1.3\%$～2.0%），干酪根降解和原油裂解形成湿气，而残留沥青则会转化为固体沥青和焦沥青；进入晚成岩阶段，即有机质过成熟阶段（$R_o>2.0\%$），已形成的液态烃和气态烃会裂解形成干气。

关于孔隙类型演化特征，沉积初期页岩储层原始孔隙度可达 70%～80%，压实作用导致在埋深较浅时孔隙度迅速降低至 40% 左右；成岩作用早期，孔隙类型以原始粒间孔和粒内孔为主，伴随粒间胶结物的形成和溶蚀作用的发生，孔隙类型发生调整，但仍以粒间孔和粒内孔为主；进入中成岩阶段 A 期，有机质进入生油阶段，会产生气泡状有机孔，且生成的液态烃会运移占据粒间孔和粒内孔，因此，该阶段孔隙类型以气泡状有机孔为主；进入中成岩阶段 B 期和晚成岩阶段，有机质、原油裂解生气，产生大量海绵状有机孔，因此该阶段孔隙类型以海绵状有机孔为主。

综上，建立了川南地区五峰组—龙马溪组页岩储层成岩演化序列（图 3-7）。

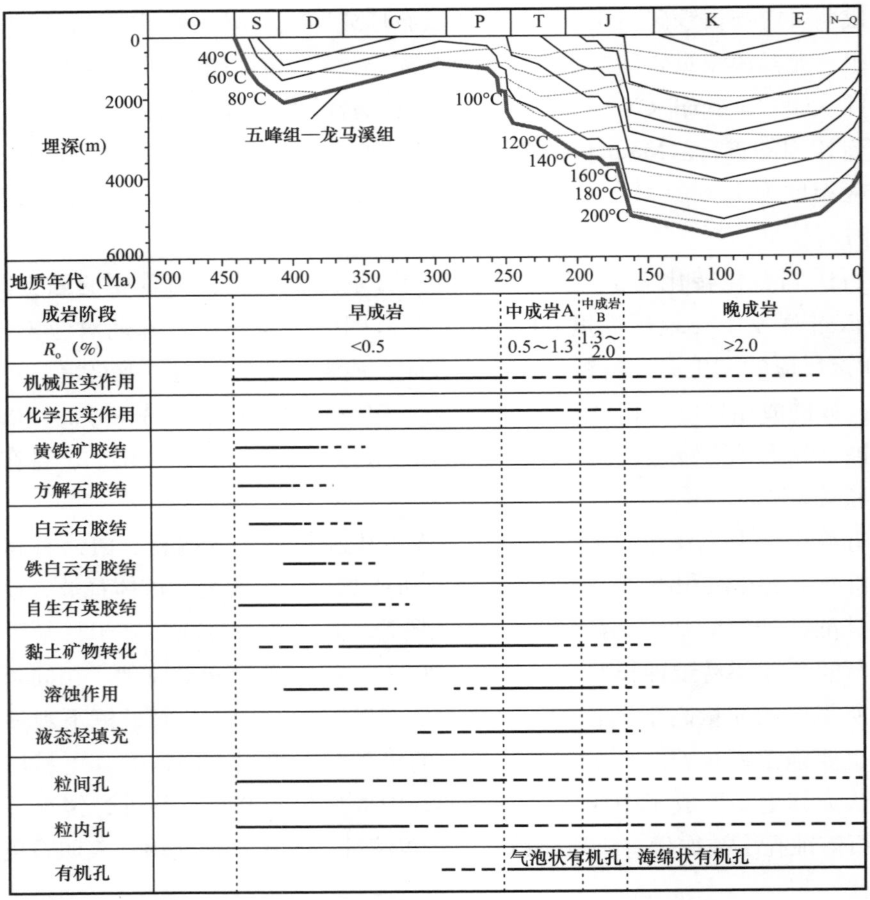

图 3-7　五峰组—龙马溪组页岩成岩演化序列（埋藏史据 Zhao 等，2017）

第二节　页岩孔隙定量分析

前人针对储层孔隙演化方面已做了大量研究，主要有三种方法：（1）成岩作用分析法；（2）物理实验模拟法；（3）古孔隙度计算模型法。其中，成岩作用分析法广泛应用于致密砂岩地层孔隙演化的研究中（王瑞飞等，2011），而物理实验模拟法可应用于页岩储层孔隙演化研究（Schieber 等，2010；Curtis 等，2011；Jarvie 等，2012；Fishman 等，2012；崔景伟等，2013；胡海燕等，2013；吴松涛等，2015）。本次研究基于扫描电镜观察的半定量孔隙研究方法和基于流体注入的核磁共振方法对海相页岩孔隙进行研究，总结并分析页岩孔隙演化规律。

一、页岩有机孔隙半定量研究方法

1. 模拟实验样品及设计

考虑到川南地区五峰组—龙马溪组页岩有机质热演化程度较高，目前有机质生烃演化已经处于生气阶段，无法反映海相页岩有机质生烃演化过程。调研后选取河北张家口下花园地区新元古界青白口系下马岭组黑色页岩作为热模拟实验样品。目前有机质生烃演化过程的研究主要是采用变体积限制性热解方法，包括黄金管、高温高压紫铜管、WYMN-3型温—压生烃模拟仪或地层孔隙热压生排烃模拟实验仪。考虑到四川盆地的超压盆地地质特征，采用定体积高水压反应釜含水热解实验更加接近实际地质条件，在兰州油气资源研究中心应用 WYMN-3 型温—压生烃模拟仪完成实验。本次实验共设置 9 组实验，实验设计温度分别是 330℃、350℃、380℃、410℃、425℃、450℃、480℃、510℃、550℃（表 3-1）。每组实验加入去离子水 200mL，加热过程中升温时间为 4h，恒温时间为 48h，开启高压釜前有 12h 自然降温过程（表 3-1）。热模拟过程中依据川南地区典型埋藏史，设置模拟深度和相应的静岩压力、流体压力、恒温时间、温度等参数，分别收集过程产物，包括液态水、气态烃、液态烃和固体残渣，对气态烃进行气相色谱（GC）分析进一步区分烃类气体和非烃类气体，将未抽提的固体残渣做基本测定，包括有机地球化学测定、X 射线全岩及黏土分析、高压压汞、氩气和二氧化碳等温吸附、甲烷低温吸附以及氩离子抛光场发射扫描电镜观察分析等实验分析测试。最后，综合资料，主要对页岩孔隙及有机孔隙在热演化过程中的变化进行归纳和总结。

表 3-1 海相页岩模拟实验条件

样品编号	模拟温度（℃）	恒温时间（h）	静岩压力（MPa）	孔隙流体压力（MPa）	模拟深度（m）
HB-1	330	48	59.8	23.0	2300
HB-2	350	48	70.2	27.0	2700
HB-3	380	48	83.2	32.0	3200
HB-4	410	48	98.8	38.0	3800
HB-5	425	72	111.8	43.0	4300
HB-6	450	48	122.2	47.0	4700
HB-7	480	48	135.2	52.0	5200
HB-8	510	48	150.8	58.0	5800
HB-9	550	72	169.0	65.0	6500

2. 有机孔隙半定量计算方法

针对在扫描电镜图像下有机孔隙在生烃演化过程中形貌的变化，在此将电镜照片下有机质颗粒的面孔率转化为有机质所贡献的孔隙度。利用二氧化碳 / 氩气吸附实验对模拟实验各阶段页岩孔隙结构参数进行统计，如孔体积、孔比表面积、平均孔径等。利用式（3-1）对各阶段模拟实验页岩样品孔隙度（ϕ_{shale}）进行计算（Mastalerz 等，2013）。利用 ImageJ 软件对模拟实验各阶段页岩样品扫描电镜照片中的有机孔隙进行提取和统计，并通过式（3–2）计算其颗粒面孔率（ϕ_{om}）。利用式（3–3）对各阶段模拟实验页岩样品有机质所贡献的孔隙度（$\phi_{om\ bulk}$）进行计算（Milliken 等，2013），计算结果见表 3–2。

$$\phi_{shale} = \rho_{shale} \cdot V_{total\ pore\ volume} / m_{shale} \tag{3–1}$$

$$\phi_{om} = V_{om\ pore} / V_{om} \tag{3–2}$$

$$\phi_{om\ bulk} = \phi_{om} \cdot W_{om} \cdot \rho_{shale} / \rho_{om} \tag{3–3}$$

式中，ρ_{shale} 为页岩样品的密度，g/cm^3；m_{shale} 为页岩样品的质量，g；ϕ_{om} 为有机质颗粒面孔率，%；$\phi_{om\ bulk}$ 为有机质孔隙度，%；$V_{total\ pore\ volume}$ 为微孔、中孔及宏孔体积之和，cm^3/g；$V_{om\ pore}$ 为有机质孔隙体积，cm^3；V_{om} 为有机质体积，cm^3；W_{om} 为有机质质量分数，%；ρ_{om} 为有机质的平均密度，设为 1.29g/cm^3。受限于扫描电镜精度，孔径小于 5nm 的孔隙无法提取，故 ϕ_{om} 及 $\phi_{om\ bulk}$ 取值均较小。

表 3–2　下马岭组模拟样品及其有机质孔隙度表

样品号	模拟温度（℃）	TOC（%）	总孔体积（cm^3/g）	ϕ_{shale}（%）	ϕ_{om}（%）	$\phi_{om\ bulk}$（%）	平均孔径（nm）
HB–0	初始条件	6.90	0.0069	1.65	0.54	0.07	13.69
HB–1	330	6.77	0.0141	3.50	1.01	0.13	70.47
HB–2	350	6.39	0.0186	4.58	3.23	0.39	54.48
HB–3	380	5.44	0.0277	7.02	3.76	0.40	12.78
HB–4	410	4.90	0.0307	7.93	0.77	0.08	17.67
HB–5	425	4.95	0.0294	7.60	12.98	1.29	16.57
HB–6	450	4.98	0.0231	5.94	6.23	0.62	20.40
HB–7	480	4.97	0.0220	5.67	3.80	0.38	8.91
HB–8	510	4.93	0.0415	10.81	18.84	1.88	18.84
HB–9	550	4.22	0.0517	13.47	20.11	1.71	20.11

各阶段页岩孔隙度及有机质孔隙度演化过程如图 3–8 所示。A—生沥青阶段（<350℃），有机孔发育少且多为孔径较大（62nm）的有机质边缘收缩孔隙，其所贡献的孔隙度均值为 0.26%，页岩孔隙度均值为 4.04%。B—生油阶段（380～410℃），有机孔多为椭圆状生油孔且孔径变小（15nm），其所贡献的孔隙度均值为 0.24%，页岩孔隙度均值为 7.47%。C—生湿气阶段（425～480℃），有机孔多为海绵状生气孔且孔径继续变小（15nm），其所贡献的孔隙度均值为 0.76%，页岩孔隙度均值为 6.40%。D—生干气阶段（510～550℃），海绵状有机孔多与伊利石孔伴生且平均孔径为 19nm，其贡献的孔隙度均值为 1.80%，页岩孔隙度均值为 12.14%。页岩孔隙度与其有机质所贡献孔隙度演化中的变化趋势具有一致性，且生湿气阶段有机质贡献的孔隙度明显变大，证明页岩有机质在生

气过程中形成的海绵状及气泡有机孔对页岩孔隙空间的贡献较大。此外，受限于电镜精度的影响，孔径小于5nm的孔隙无法计入有机质颗粒面孔率，而对于川南高成熟度页岩来说，该部分孔隙体积占比处于45%～56%之间，且大部分为有机质微孔，故在生湿气和干气阶段，有机孔所贡献的孔隙度可占总孔隙度的50%及以上。模拟实验样品有机质转化率与其微孔体积成正比（图3-9a），表明微孔多为有机孔。随着成熟度的升高，页岩平均微孔孔径减小（图3-9b），可能与有机质生干气形成大量的气泡微孔隙相关。

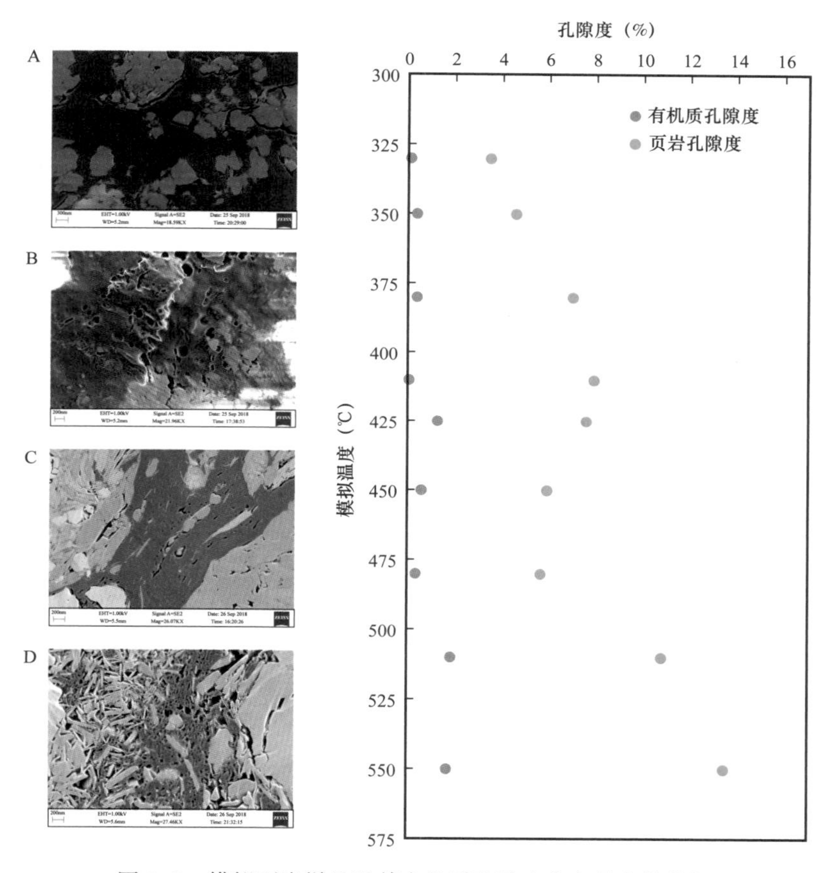

图3-8 模拟页岩样品及其有机质孔隙度半定量变化特征

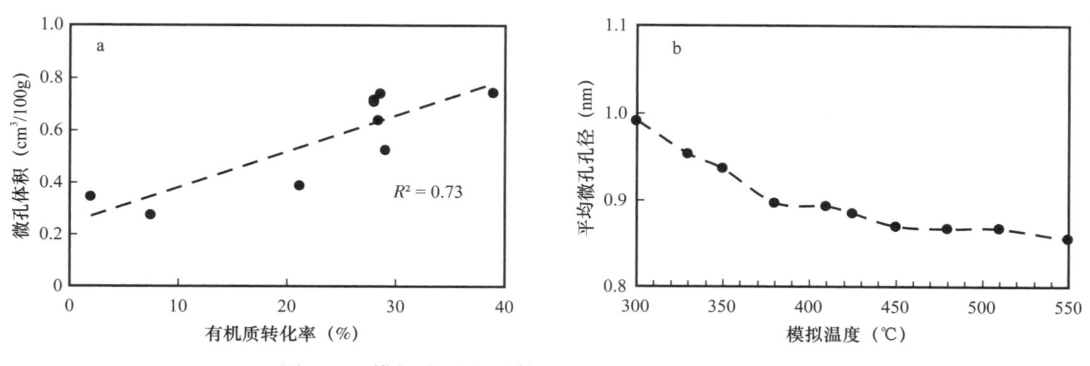

图3-9 模拟实验微孔体积与平均微孔孔径变化图

二、页岩有机孔隙、无机孔隙定量研究方法

对于页岩的润湿性问题，其研究不同于常规砂岩和碳酸盐岩，是因为页岩储层中含有亲水的无机矿物和亲油的有机质，具有超低孔隙度和渗透率，高度非均质性的岩石组分和孔隙结构（Zou 等，2010）。在沉积和成岩作用早期，页岩所含矿物主要是水成成因并且岩石与水相互作用导致矿物的形成和消失，所以页岩岩石表面在初期表现为亲水性。但是由于页岩中含有大量的有机质，并且在地质历史时期会随着温度压力升高生成油气，使得页岩表现出亲油性（Borysenko 等，2009）。正是这些性质导致页岩表现出混合润湿性，即既有亲水性又有亲油性（Passey 等，2010）。其中页岩的亲油性主要是与其中发育的成熟有机质有关（Xiao 等，2016），而其中的亲水性主要与页岩中含有的无机矿物有关。对样品进行饱和水核磁共振实验时，砂岩样品的 T_2 谱主峰偏右（图 3–10a），而页岩的 T_2 谱主峰偏左（图 3–10b），反映页岩中孔隙主要分布在较小孔径范围内。

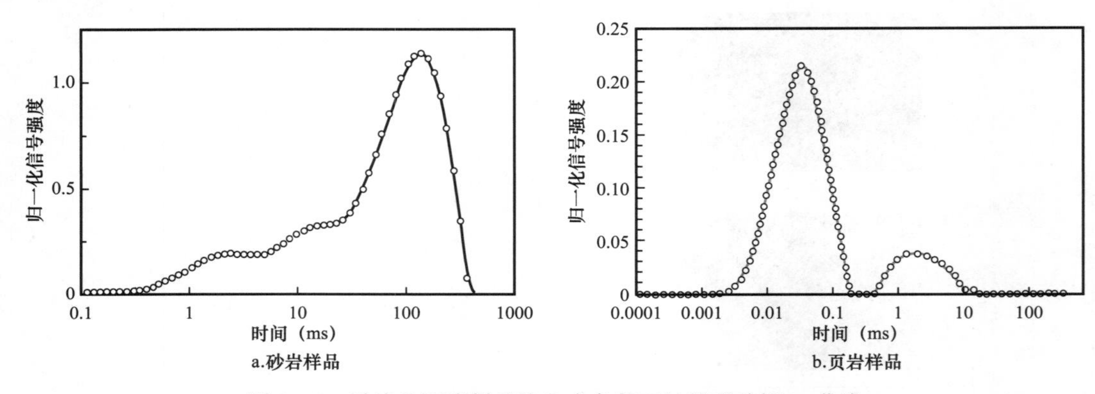

图 3–10　砂岩和页岩样品饱和水条件下的核磁共振 T_2 曲线

在向润湿相中注入非润湿相时，非润湿相注入的驱替压力与压力梯度和流体的界面张力有关，二者关系可用式（3–4）表述。

$$p=(2\sigma\cos\theta)/r \tag{3–4}$$

式中，p 为润湿相注入非润湿相中的驱替压力，MPa；σ 为非润湿相界面张力，mN/m；θ 为润湿接触角，（°）。

在注入油时，油会在毛细管吸力的作用下优先进入有机质中的微小孔隙中，相反在注入水时，由于有机质微孔的强大排斥力而导致水不能进入有机质微小孔隙中。对于空气—水—页岩相和空气—油—页岩相润湿接触角的测定，根据亲水性页岩样品的接触角测定结果，空气—水—亲水性页岩接触角比较小（一般为 10°～30°），而在亲油性页岩中接触角为 120°（Borysenko 等，2009），表 3–3 中给出了饱和流体水和煤油的界面张力、蒸气压等参数。

通常条件下，水—页岩界面张力为 72.7mN/m；煤油—页岩界面张力为 27.5mN/m。假设有机孔隙完全憎水，则岩石—水—空气体系中的接触角 θ=135°；假设无机孔隙完全憎油，则岩石—油—空气体系接触角 θ=110°。饱和水、饱和油使用的压力为 10MPa，根据毛细管压力公式可得出，水能进入的最小有机孔隙半径 r=9.73μm，煤油能进入的最小无机孔隙半径 r=1.82μm。

表 3-3 在假设实验接触角为零的条件下充注实验中常用充注流体的相关渗透系数（据 Washburn，1921）

注入流体	界面张力（mN/m）	动力黏度（mPa·s）	渗透系数（cm/s）	蒸气压（kPa）
去离子水	72.7	1.002	3630.9	2.34
煤油	27.5	1.233	1115.2	0.29
正己烷	18.5	0.312	2964.7	16.19
正癸烷	23.8	0.912	1305.5	0.13

实验过程中对样品进行饱和水实验时分别获取了样品在饱和水状态和干燥状态下的核磁共振 T_2 谱曲线，在开展对应样品的饱和油实验时亦是如此。在图 3-11 中黑色虚线（T_{2_dried}）为页岩样品的基底信号，即加热去除水分后页岩样品的核磁共振信号，水蓝色实线（$T_{2\_water\ saturated}$）为页岩样品充满水条件下的核磁共振信号，蓝色实线（T_{2_water}）为两条曲线核磁共振信号之差，即页岩样品孔隙中水的净核磁共振信号。图 3-116 中紫色实线（$T_{2\_kerosene\ saturated}$）为页岩充满油条件下的核磁共振信号，红色实线（$T_{2\_kerosene}$）为页岩样品孔隙中充入油的净核磁共振信号。首先对所获取的岩石饱和水与饱和油状态下的信号扣除基底信号（即干燥岩石的信号），这样获得的信号反映的是进入页岩孔隙系统的净流体核磁共振信号，这样就更能准确反映页岩孔隙结构的信息。对于饱和水状态下获得的净流体核磁共振信号曲线，根据润湿接触角和公式可以计算在 10MPa 条件下油能进入无机孔隙的最小半径为 R_k，同理根据在饱和油状态下获取的净流体核磁共振信号曲线，可以计算出饱和水时水能进入有机孔隙的最小半径为 R_w。同时定义在进行页岩样品核磁共振实验时对应饱和水和饱和油的弛豫时间为 t_{2w} 和 t_{2k}。

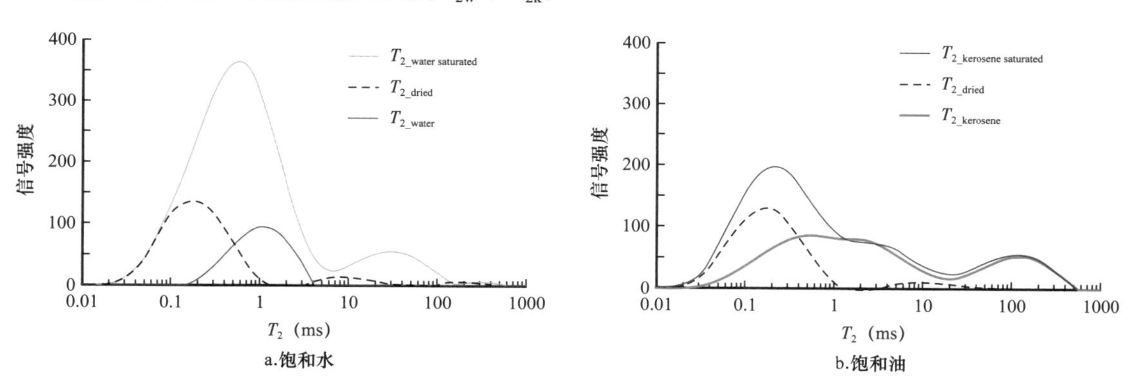

图 3-11 川南龙马溪组页岩样品饱和水和饱和油条件下的核磁共振信号曲线

为了获取对应于 R_w 和 R_k 的核磁共振弛豫时间 t_w 和 t_k，对同一块样品进行了压汞实验（图 3-12），通过对比页岩的压汞累计实验曲线和核磁共振累计实验曲线，获取页岩的弛豫率 ρ_w 和 ρ_k。根据两个参数可以获得饱和水和饱和油条件下对应的岩石样品孔隙半径 R_w 和 R_k。在核磁共振信号曲线中，一定弛豫时间范围内的核磁共振曲线面积与整个曲线的面积能够在某种程度上反映该孔径范围孔隙占整个孔隙的比例。为此采用 Origin 软件中的计算程序将 T_2 谱曲线与弛豫时间轴围限的面积逐一积分并求取其面积参数。最后通过面积求取页岩中有机孔隙与无机孔隙的比例。对于饱和油条件下油的弛豫率求取问题，可以根据饱和油（100%）条件下，油的弛豫率进行求取。

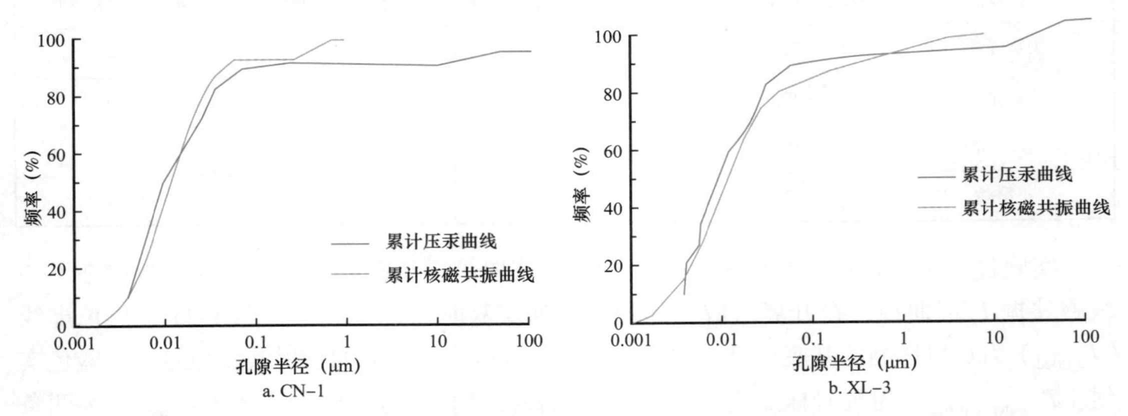

图 3–12　累计压汞曲线和累计核磁共振曲线的对比确定页岩样品被水饱和时的弛豫率

$$\rho_k/\rho_w=(1/C_k-1/T_{Bk})/(1/C_w-1/T_{Bw}) \tag{3-5}$$

式中，C_k 和 C_w 分别表示饱和油（100%）与饱和水（100%）条件下获取的核磁共振曲线主峰所对应的弛豫时间，ms；T_{Bk} 和 T_{Bw} 分别是饱和油与饱和水的体弛豫时间，由于体弛豫时间一般较大，因此 $1/T_{Bk}$ 可以忽略；依据式（3–5）可进行饱和油与饱和水条件下页岩样品弛豫率的计算与转换。

根据该方法在有机孔隙、无机孔隙比例计算原理图上（图 3–13）可以确定对应饱和水和饱和油的弛豫时间 t_{2w} 和 t_{2k}，定义在饱和水条件下曲线（$t \leqslant t_w$）与弛豫时间轴围成的面积为 A_w，其代表岩石中亲水孔隙的含量。而在饱和油条件下曲线（$t \leqslant t_k$）与弛豫时间轴围成的面积为 A_k，其代表岩石中亲油孔隙的含量。采用 Origin 软件对曲线进行积分求取面积。

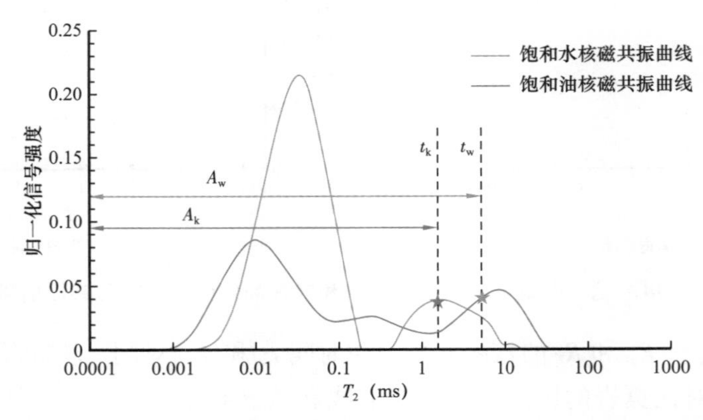

图 3–13　川南地区龙马溪组页岩样品饱和水和饱和油条件下有机、无机孔隙比例计算

利用饱和油 T_2 谱计算有机孔含量 ω_{org}：

$$\omega_{org}=A_k(t<t_{2k})+A_k(t_{2k}<t<t_{2w})-A_w(t_{2k}<t<t_{2w}) \tag{3-6}$$

利用饱和水 T_2 谱计算无机孔含量 ω_{inorg}：

$$\omega_{inorg}=A_w（t<t_{2k}）+A_w（t_{2k}<t<t_{2w}）\tag{3-7}$$

对于孔径较大的孔隙，饱和油与饱和水条件下流体都能进入的孔隙，称之为混合孔隙，

$$\omega_{mixed}=A_w（t>t_{2w}）\tag{3-8}$$

所以页岩中有机孔隙的比例为 $Q_{org}=\omega_{org}/（\omega_{org}+\omega_{inorg}+\omega_{mixed}）$ （3-9）

无机孔隙的比例为 $Q_{inorg}=\omega_{inorg}/（\omega_{org}+\omega_{inorg}+\omega_{mixed}）$ （3-10）

混合孔隙的比例为 $Q_{mixed}=\omega_{mixed}/（\omega_{org}+\omega_{inorg}+\omega_{mixed}）$ （3-11）

式中，ω_{org}、ω_{inorg}、ω_{mixed} 分别代表核磁共振 T_2 谱面积上表示的有机孔隙、无机孔隙、混合孔隙的含量，无量纲；Q_{org}、Q_{inorg}、Q_{mixed} 分别代表核磁共振 T_2 谱面积上表示的有机孔隙、无机孔隙、混合孔隙在总孔隙中所占的比例，无量纲。

页岩中混合孔隙的孔径一般大于 9.73μm，在核磁共振 T_2 谱中可以直接观察到该种孔径范围所代表的曲线与弛豫时间轴围成的面积很小。再者从扫描电镜孔径测量中可以看出，页岩中孔径大于 9.73μm 的孔隙含量极少。相比于有机孔隙和无机孔隙主体，混合孔隙比例可以忽略。

根据上述有机孔隙、无机孔隙比例计算方法，页岩中有机孔隙和无机孔隙的比例可以被计算出来，在实际计算中需要将页岩样品分别注入油和水并分别测定对应条件下的核磁共振信号，然后通过以上方法计算页岩储层中有机孔隙和无机孔隙的含量。

第三节　页岩孔隙演化规律

一、页岩模拟实验条件下的孔隙演化特征

通过热模拟方法可以半定量分析页岩在不同演化阶段的有机孔隙和无机孔隙演化，主要表现在有机质演化过程中有机孔隙、无机孔隙形态和数量变化的半定量研究。

考虑到五峰组—龙马溪组页岩埋深普遍达 3000m 以深，地层压实作用和胶结作用的减孔效应较强，故原生孔隙破坏严重，有机孔隙成为页岩孔隙空间的主要部分。调研后根据模拟实验烃类产物的特征，可以大致将烃类生成划分为四阶段：A—生沥青阶段（<350℃）、B—生油阶段（380～410℃）、C—生湿气阶段（425～480℃）、D—生干气阶段（510～550℃）。生沥青阶段 TOC 含量较高，生油量和生气量较低，残留沥青值较高，有机质以条带状为主；生油阶段 TOC 含量下降，生油量大量增加，残留沥青值降低，条带状有机质减少，块状有机质增多；生湿气阶段 TOC 含量继续下降，生气量大量增加，残留沥青值迅速降低，条带状有机质迅速减少且矿物相关孔隙被有机质充填；生干气阶段 TOC 含量下降，生油量及生气量有所降低，残留沥青值不变，矿物相关孔隙普遍被有机质充填（图 3-14）。

有机孔作为页岩孔隙空间的重要组成部分，其孔隙形貌和结构特征对页岩孔隙空间具

有较强的影响（Xu 等，2019；Yang 等，2019；Wang 等，2020）。热模拟实验中下马岭组样品由于矿物组成的差别，其成岩序列与五峰组—龙马溪组页岩有所区别，但其有机质生烃演化过程相似。故针对油气生产过程中有机孔的演化进行扫描电镜观察。在四个阶段内有机孔形貌和结构特征具有显著的差别：生沥青阶段页岩孔隙以矿物粒间孔为主，有机孔多为矿物边缘的收缩孔；生油阶段有机质的孔径较大，多为椭圆状出油孔；生湿气阶段有机孔以气泡状孔为主，出现海绵状有机孔，此时，黏土矿物进入晚成岩阶段，伊 / 蒙混层发育，黏土矿物晶间孔发育；生干气阶段以有机质海绵状孔隙为主，孔径小，密度大，黏土矿物多见伊利石粒间孔（图 3–14）。

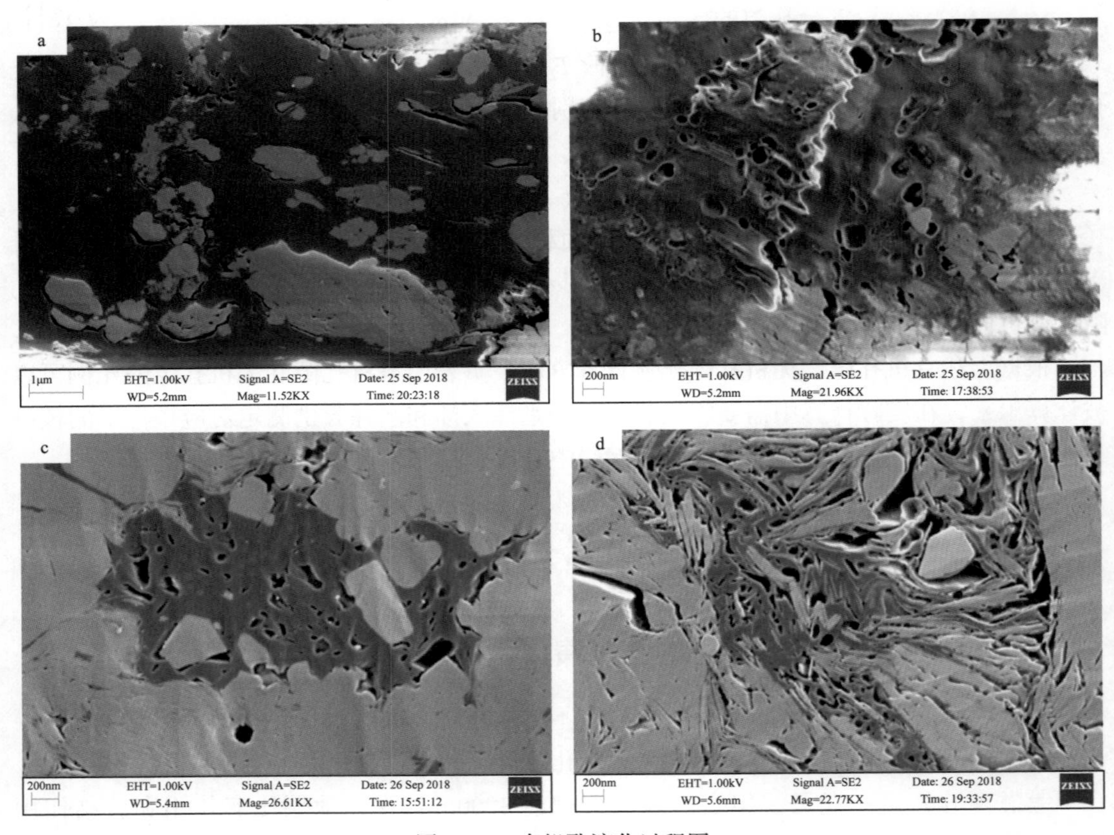

图 3–14　有机孔演化过程图

a—生沥青：有机孔不发育，330℃；b—生油：有机质气泡孔（出油孔），孔径较大，380℃；c—生湿气：开始出现海绵状有机孔（出气孔），孔径减小，480℃；d—海绵状有机孔（出气孔），发育程度较高，550℃

在定性描述的基础上，利用氩气吸附实验对各阶段页岩样品微孔、中孔及宏孔结构参数进行定量分析，得到各阶段孔体积变化趋势（图 3–15）。生沥青阶段压实作用及沥青的充填导致微孔减少，有机孔与矿物边缘收缩孔、溶蚀孔导致其中孔和宏孔增多；生油阶段有机质气泡孔、溶蚀孔的增孔效应大于沥青充填减孔效应，导致孔体积整体增加；生湿气阶段有机质气泡孔向海绵状孔隙转化，导致中孔和宏孔减少，而微孔增多；生干气阶段有机质海绵状孔隙、黏土矿物晶间孔发育导致孔体积整体增加。

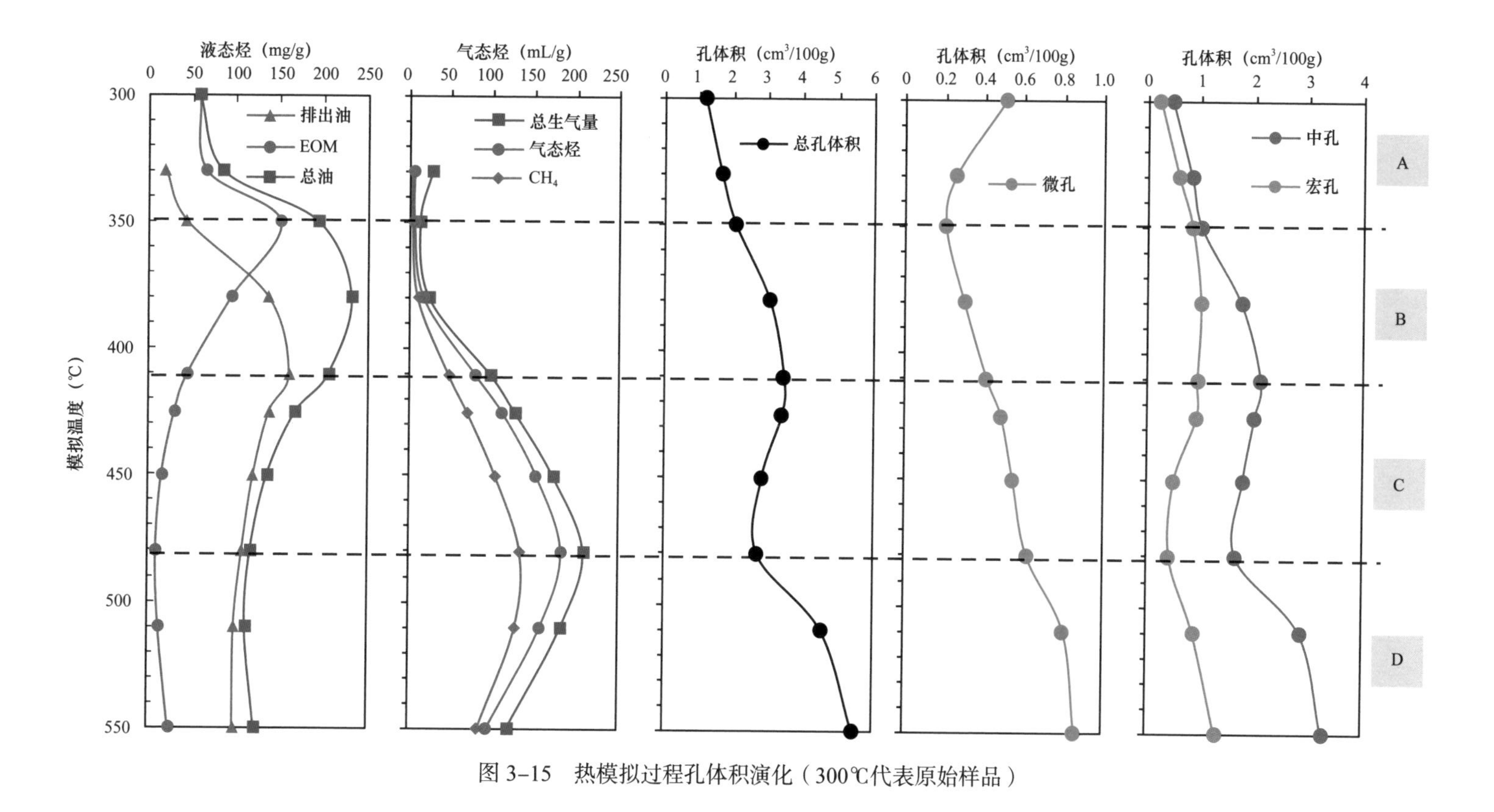

图 3-15　热模拟过程孔体积演化（300℃代表原始样品）

二、孔隙定量演化特征与规律

根据前述核磁共振孔隙定量分析方法，对不同成熟度页岩中的孔隙进行实验和定量计算，获得不同成熟度页岩中有机孔隙和无机孔隙所占比例，如表 3–4 所示。在计算中，对应的样品也进行氦气孔隙度测量，页岩氦气法计算的孔隙度（ϕ_{He}）大于饱和油与饱和水过程中差量法计算的孔隙度。页岩孔隙度以氦气法计算，按照上述方法计算有机孔隙与无机孔隙的比例，结合总孔隙度可以计算有机孔隙度与无机孔隙度。

表 3–4　川南地区龙马溪组页岩样品有机孔隙和无机孔隙孔隙度计算

样品号	岩性	TOC（%）	R_o（%）	ϕ_{He}（%）	Q_{org}	Q_{inorg}	Q_{mixed}	ϕ_{org}（%）	ϕ_{inorg}（%）	ϕ_{mixed}（%）
XL–3	硅质页岩	1.44	2.53	5.62	0.65	0.28	0.07	3.65	1.57	0.39
XZ–5	黏土质页岩	2.71	2.75	7.35	0.56	0.32	0.12	4.12	2.35	0.88
XW–1	硅质页岩	3.23	2.25	6.25	0.62	0.35	0.03	4.25	2.19	0.19
XW–6	硅质页岩	2.25	2.16	7.15	0.64	0.31	0.05	4.56	2.22	0.36
CN–1	粉砂质页岩	1.26	2.68	6.49	0.46	0.45	0.09	2.99	2.92	0.58
CN–5	硅质页岩	2.89	3.28	3.29	0.75	0.23	0.02	2.47	0.76	0.07
CN–6	粉砂质页岩	1.76	2.87	4.49	0.69	0.28	0.03	3.12	1.26	0.13
CN–13	钙质页岩	1.12	2.93	7.21	0.53	0.39	0.08	3.82	2.81	0.58
HTG–2	黏土质页岩	1.86	0.69	3.93	0.30	0.60	0.10	1.18	2.36	0.39
HTG–4	黏土质页岩	1.53	0.62	3.28	0.35	0.46	0.19	1.15	1.51	0.62
ZJS–5	钙质页岩	0.67	0.54	4.21	0.24	0.58	0.18	1.01	2.44	0.76
ZJS–8	钙质页岩	1.12	0.50	2.15	0.32	0.46	0.12	0.69	0.99	0.26

在选择样品进行核磁共振实验之前需要测定其反射率，对于五峰组—龙马溪组高成熟页岩，一般采用沥青反射率进行换算得到页岩样品的镜质组反射率，计算公式如下（Jacob，1989）：

$$R_{oe}=(R_{ob}+0.2443)/1.0495 \tag{3-12}$$

式中，R_{oe} 为等效镜质组反射率；R_{ob} 为沥青反射率。经过镜下分析，威远地区五峰组—龙马溪组页岩镜质组反射率在 2.16%～2.58% 之间，长宁地区五峰组—龙马溪组页岩镜质组反射率相对较高，在 2.32%～3.32% 之间，而在合 201 井区和泸 204 井区，五峰组—龙马溪组页岩则表现出更高的镜质组反射率（2.6%～4.07%）。

通过以上方法获得页岩有机孔隙和无机孔隙，分析发现单位有机质所能提供的有机孔隙与页岩有机质成熟度有关，一般随成熟度升高呈现先增大然后减小的趋势。在 R_o=2.6% 附近时，页岩单位有机质提供的有机孔隙含量最大（图 3–15）。

根据研究区地层剥蚀厚度数据并结合页岩地层现今埋藏深度，可推算出页岩的最大埋藏深度（表 3–5），可以建立页岩最大埋藏深度与无机孔隙度的关系。长宁地区五峰组—龙马溪组页岩现今埋藏深度约为 1500m，但是由于位于盆地边缘弱改造区，在中晚燕山期地层被长期抬升剥蚀，其最大古埋深可达 6900m。而在威远地区，五峰组—龙马溪组页岩地层现今埋藏深度约为 3500m，其最大古埋深约为 6000m，较长宁地区页岩地层最大古埋深小。根据以上长宁地区最大埋藏深度和实际样品中计算的页岩无机孔隙度，可以获得无机孔隙度与页岩埋藏深度关系为 ϕ_{inorg}=28.32exp（$-H$/919.9），R^2=0.8725（图 3–16）。

同理，根据威远地区最大埋藏深度和实际样品中计算的页岩无机孔隙度，无机孔隙度与页岩埋藏深度关系为 ϕ_{inorg}=26.31exp（$-H$/2476），R^2=0.5229（图 3–16）。

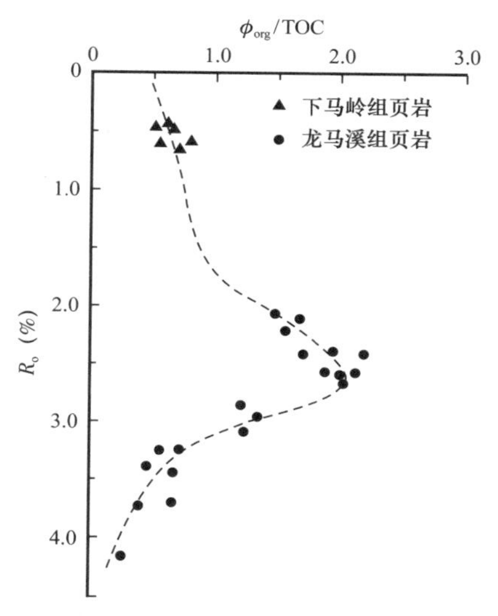

图 3–16　川南地区龙马溪组页岩单位有机质有机孔发育与成熟度之间的关系

表 3–5　川南威远、长宁地区龙马溪组页岩单井埋藏史中获取的最大古埋深

井区	现今埋深（m）	最大古埋深（m）	等效镜质组反射率（%）	剥蚀厚度（m）
宁 208	2000～2500	7000	2.55～3.26	4500
威 204	3500	6200	2.25～2.42	2700

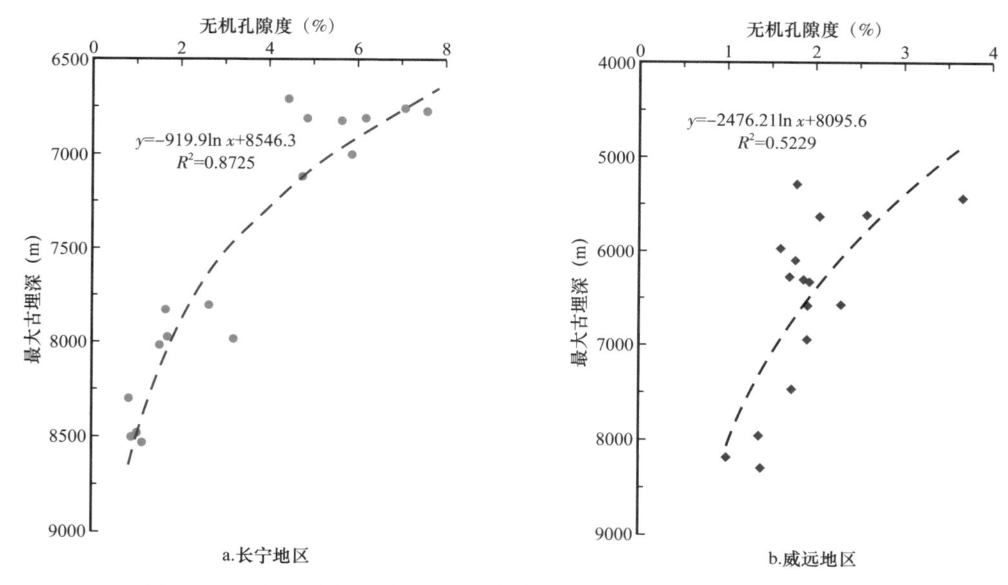

图 3–17　川南龙马溪组页岩无机孔隙度与页岩地层最大古埋深关系图

页岩中有机孔隙度与无机孔隙度可以定量恢复。对于低成熟页岩（R_o：0.52%～0.67%），以矿物晶间孔和矿物溶蚀孔为主，有机孔发育较少，单位有机质发育有机孔 0.5%～1.5%；而在川南五峰组—龙马溪组高成熟页岩（R_o：2.52%～3.68%）中，有机孔

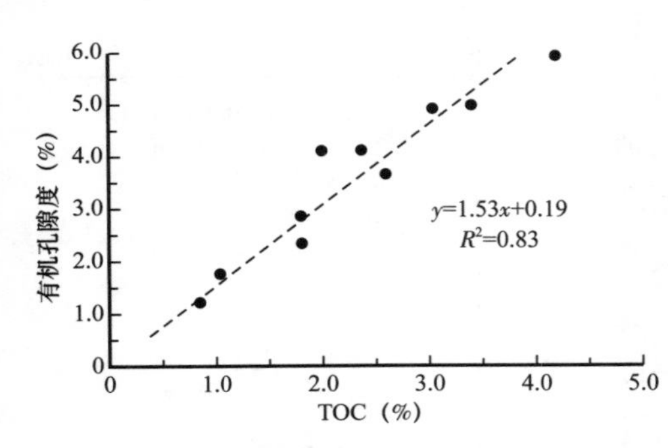

图 3-18　川南地区龙马溪组页岩 TOC 含量与页岩有机孔隙度之间的关系

极为发育，单位有机质发育有机孔 1.8%～2.5%。

有机质与有机孔之间良好的线性相关性反映了有机质对有机孔隙度的控制作用（图 3-18）。

由于单位有机质提供的有机孔隙度在页岩不同演化阶段表现出不同变化趋势，因此对单位有机质的有机孔隙度 ϕ_{org}/TOC 与成熟度 R_o 之间的关系进行分段拟合。在 $0.5\% \leqslant R_o < 2.6\%$ 时，ϕ_{org}/TOC=0.6452exp（$0.4209R_o$），R^2=0.74（图 3-19）。在成熟度较高时（$2.6\% \leqslant R_o \leqslant 4.0\%$），$\phi_{org}$/TOC=151.99exp（$-1.621R_o$），$R^2$=0.87（图 3-20）。根据以上关系式可以对五峰组—龙马溪组地质历史时期处于不同演化阶段的页岩求取其有机孔隙度，获得有机孔的定量演化规律。

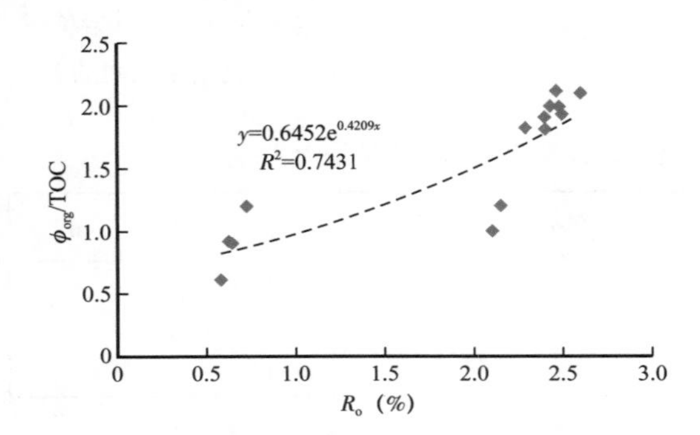

图 3-19　川南龙马溪组页岩单位有机质 ϕ_{org}/TOC 与成熟度 R_o 的拟合关系（$0.5\% \leqslant R_o < 2.6\%$）

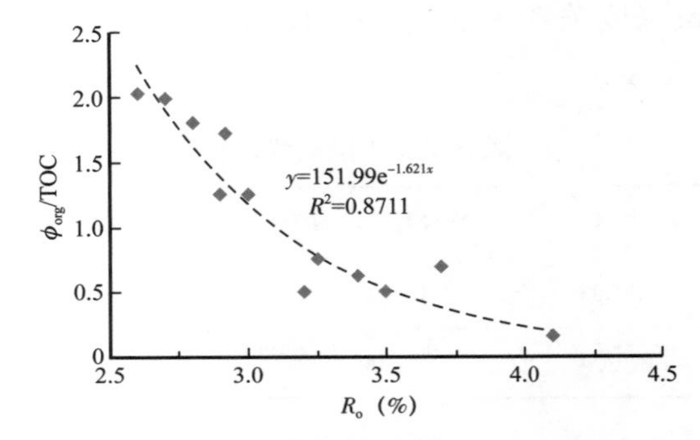

图 3-20　川南龙马溪组页岩单位有机质 ϕ_{org}/TOC 与成熟度 R_o 的关系（$2.6\% \leqslant R_o \leqslant 4.0\%$）

第四章　页岩气赋存状态及转化机理

页岩气是指赋存于暗色泥页岩中的自生自储型天然气（纪文明等，2015；张雪芬等，2010），其赋存形式包括游离态、吸附态和溶解态，其中游离态和吸附态是页岩气的主要赋存方式。因此，页岩吸附气量是影响页岩气井开发价值和开发寿命的关键性参数，也是能否成功进行开发的重要参考因素（赵军等，2019）。国外学者普遍认为吸附气主要吸附于有机质表面（Ross 等，2007；Chalmers 等，2007；Mottaghy 等，2010）；而国内部分学者认为吸附气也可吸附于黏土矿物及矿物颗粒表面（吉利明等，2012）。页岩中生成的天然气首先要满足自身有机质和矿物表面的吸附，当吸附气量达到饱和时可以游离气赋存于页岩孔隙中。页岩气赋存状态影响因素众多，主要包括页岩储层物质组成、地层水饱和度、温度、压力、页岩孔隙结构和润湿性等（Ross 和 Bustin，2009；Zhang 等，2012；Tian 等，2016；张雪芬等，2010；王飞宇等，2016a）。

第一节　页岩气赋存机理

一、页岩气吸附的分子热力学机理

吸附质与吸附剂的相互作用实际上是其中力的相互作用。力是改变物体运动状态的原因，而处于非稳态的系统会产生一个使得系统趋于稳定的合力。即吸附剂相界面处由于表面体系的高自由能，产生使得体系自由能趋于稳态的势场，周围吸附质分子正是在其合力的作用下大概率分布在相界面附近，使得吸附剂表面附近吸附质密度大于体相密度，这就是正吸附。甲烷气体在页岩孔隙介质中的吸附就属于此类。具体而言，影响物理吸附作用的微观相互作用包括：色散力、偶极子相互作用力、四极子作用力以及静电力，前三项统称为范德华力。在页岩气吸附过程中，当甲烷分子与孔隙表面接触时，在吸附力作用下被吸附到孔隙表面，另一部分能量较强的气体分子足以克服孔隙表面自由场位能而发生脱附。简而言之，甲烷气体的吸附就是甲烷落在页岩孔隙介质的界面势阱范围内被捕获的过程。

分子之间存在引力和斥力，二者合力即为范德华力。当分子之间距离 $r<r_0$（<0.1nm）时，合力表现为斥力；当分子之间距离 $r>r_0$（>0.1nm）时，合力表现为引力；当分子之间距离 $r>10r_0$（>1.0nm）时，分子之间的范德华力消失（图 4–1）。

在分子动力学中，可以使用兰纳—琼斯势能（L—J 势能）函数近似表征范德华力，以二者距离为唯一变量，包含两个参数，其形式为

$$V=4\varepsilon\left[\left(\frac{\sigma}{r}\right)^{12}-\left(\frac{\sigma}{r}\right)^{6}\right] \tag{4–1}$$

兰纳—琼斯势相应的分子间作用力为

$$F=-\frac{\mathrm{d}}{\mathrm{d}r}V\left(r\right)r=4\varepsilon\left(12\frac{\sigma^{12}}{r^{13}}-6\frac{\sigma^{6}}{r^{7}}\right)r \tag{4-2}$$

式中，V为分子间作用势能；r为分子间距离；ε 为势阱深度；σ为距离尺度（分子间势能为零时的距离）；F为分子间作用力。

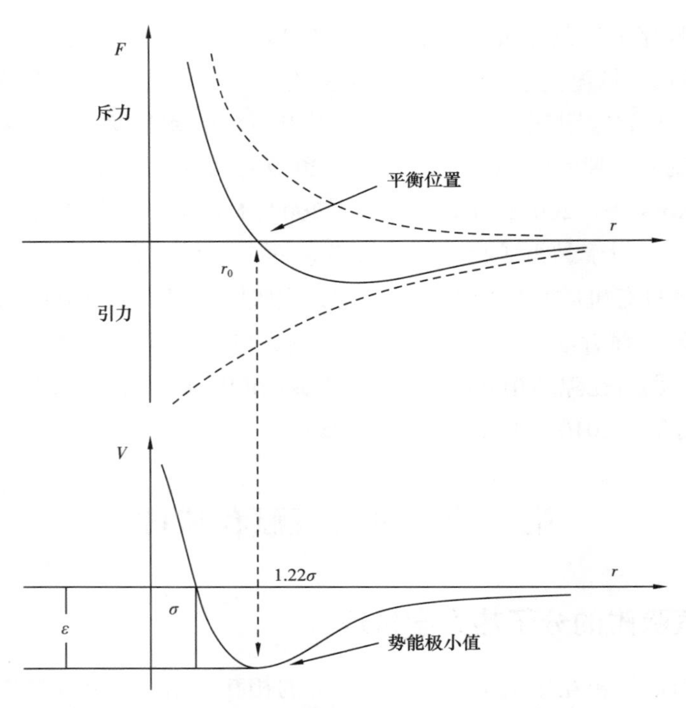

图 4–1　页岩气物理吸附力学机理示意图

吸附态甲烷气在页岩孔隙介质表面吸附赋存，孔隙介质包括矿物与有机质，因此有机质与黏土矿物含量对吸附态甲烷气的赋存有重要控制作用。而不同类型干酪根及黏土矿物的吸附能力受控于其微观吸附强度及吸附位点，不同物质的吸附强度不同，有机质吸附强度一般远大于黏土矿物吸附强度，高成熟干酪根的吸附强度更高，而不同类型的黏土矿物吸附强度相差不大。

造成上述差异的原因是有机质与黏土矿物具有不同的微观分子组成特征及热演化程度。对于有机质而言，主要由 C、H 等原子以不同的组合排列按照不同的化合方式连接成键而形成，总体可以分为脂肪族、芳香族及其他，而芳香族由于苯环 π 键的键能大于脂肪族及硅铝酸盐，因而具有更强的吸附力。干酪根的热演化过程实际上就是一个芳构化的过程，随着热演化程度的增高，芳香化程度也越高，因此具有更强的吸附力。对无机黏土矿物而言，不同黏土矿物具有不同的结构单元，但组成结构单元的基本分子组成是一样的，因此具有相似的吸附强度。

吸附剂结构的差异使得不同物质吸附强度和吸附位点不同，从而影响其吸附气量。而当物质相同时，相对于平行空间，负挠曲空间具有更强的势场，其吸附强度也更大，且随着负挠曲空间曲率的增加，其比表面积增大，使得吸附气量更大。微孔与中孔和平板孔相比具有更大的比表面积，且随有机质热演化程度的增高，微孔呈先增后减的变化过程，因此微孔演化的极大值是表征页岩储层最大吸附气量的重要参数。

二、分子动力学模拟与吸附微观机理

川南五峰组—龙马溪组页岩矿物组分主要包含石英、长石、碳酸盐矿物和相当含量的黏土矿物，其中黏土矿物以伊利石为主。有机质和黏土矿物是页岩吸附能力的重要因素，前人对页岩储层吸附气量进行了大量研究，美国五大盆地页岩储层中吸附气含量占比20%～85%（Curtis 等,2002）；而对于 Barnett 页岩储层，吸附气含量在 60% 左右（Marvor 等，2003），总结前人对吸附气量的研究结果，认为吸附气量一般占页岩总含气量的20%～80%。不同学者得出不同的结论可能是由于计算时所采用条件参数的差异造成的。

页岩吸附气表征方法主要有两种，包括实验室甲烷等温吸附实验和计算机模拟页岩吸附气量，前者主要是利用页岩样品在不同温度和压力条件下开展等温吸附实验，获取等温吸附曲线并明确温度、压力对吸附的定量影响作用；后者主要通过构建页岩组分简单吸附模型，采用 $Q=M_{\mathrm{TOC}}\times Q_{\mathrm{TOC}}+M_{\mathrm{clay}}\times Q_{\mathrm{clay}}+M_{\mathrm{other}}\times Q_{\mathrm{other}}$ 对页岩吸附气量进行计算与表征，即为有机质、黏土矿物和其他矿物含量与对应吸附能力乘积的累加。

1. 微观吸附分子模型

页岩储层中存在的大量纳米孔隙是主要的储气空间，利用分子模拟技术构建页岩孔隙模型，建立多方法、多尺度、定性、定量的储集空间综合表征体系，对页岩微观吸附渗流机理进行探究，为页岩气成藏和流动机理的认识奠定了基础。但是目前页岩气产能和产量上的局限性表明页岩气富集规律的认识尚有不足。

分子动力学模拟是解释微观吸附机理（干酪根的微观结构—芳构化）的重要手段（图 4–2）。该模型对吸附剂和吸附质进行了简化，将吸附质简化为甲烷气，温度参数采用实测目的层的地温参数，并将黏土矿物吸附剂抽象为单一的伊利石组分（可以应用伊利石标准模型模拟），所以整个物理吸附模型剩下有机质物质分子表征式有待构建。众所周知，有机质主体是干酪根，而干酪根因其混合物的性质，是没有固定化学结构式的，因而对它的表征需要大量化学组分和分子结构联合测试实验以及专业的数据分析与建模能力。

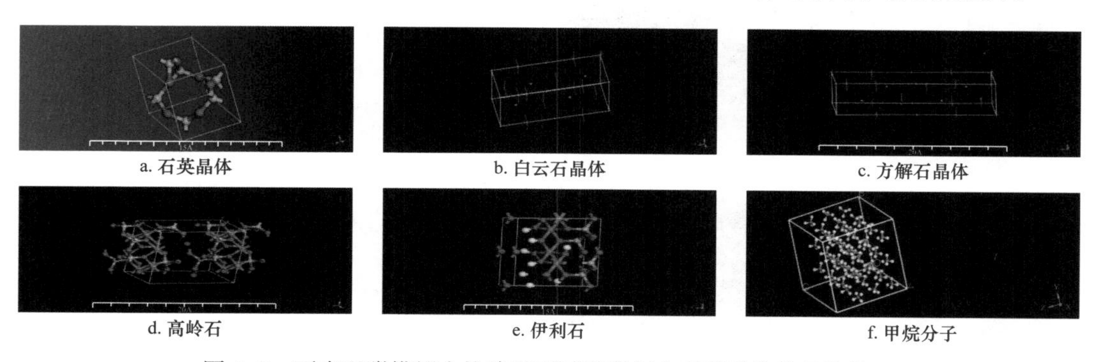

a. 石英晶体　b. 白云石晶体　c. 方解石晶体

d. 高岭石　e. 伊利石　f. 甲烷分子

图 4–2　页岩吸附模拟中构建的不同吸附剂和吸附质简单晶体模型

不同类型及热演化程度的有机质分子模型不尽相同。研究区海相页岩有机质类型整体为Ⅰ型与$Ⅱ_1$型干酪根，五峰组—龙马溪组一段一亚段R_o变化范围较大，主要在2.1%～3.6%的过成熟阶段早期。考虑到本次研究的目的是探讨热演化程度与干酪根类型对有机质吸附能力的影响以及页岩中有机质与黏土矿物的相对吸附能力，为了获得较好的效果，本次模拟选择Ⅰ型低成熟干酪根、Ⅰ型高成熟干酪根及Ⅱ型高成熟干酪根来表征不同热演化阶段的干酪根组分结构（图4–3、图4–4）。

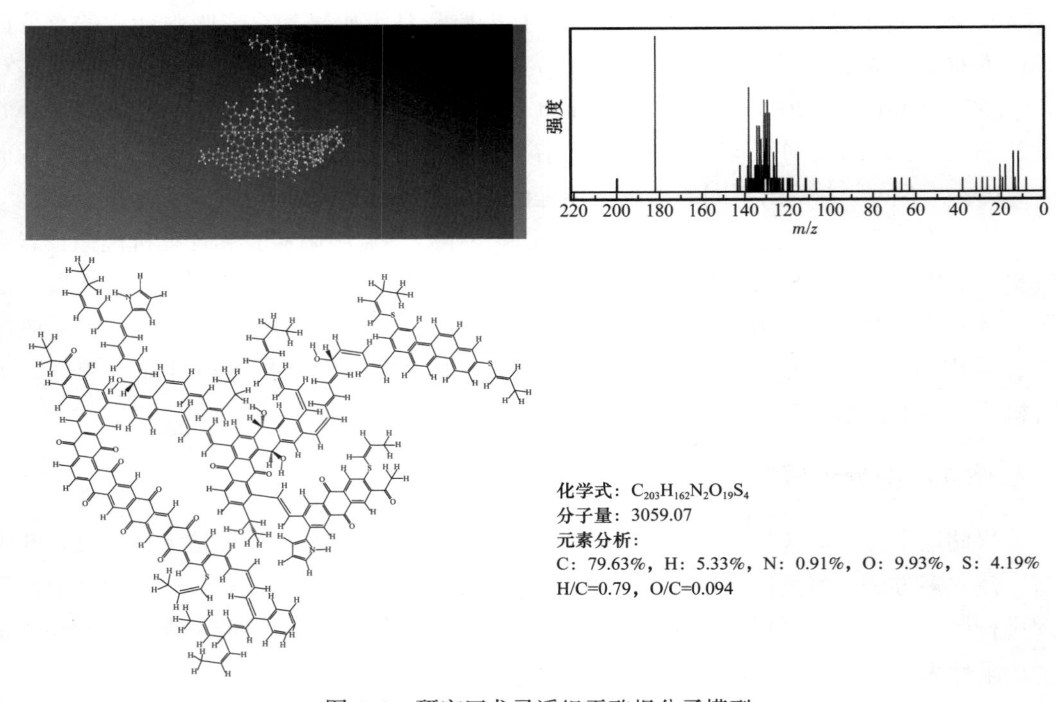

强度
220 200 180 160 140 120 100 80 60 40 20 0
m/z
化学式：$C_{203}H_{162}N_2O_{19}S_4$
分子量：3059.07
元素分析：
C：79.63%，H：5.33%，N：0.91%，O：9.93%，S：4.19%
H/C=0.79，O/C=0.094

图4–3 研究区龙马溪组干酪根分子模型

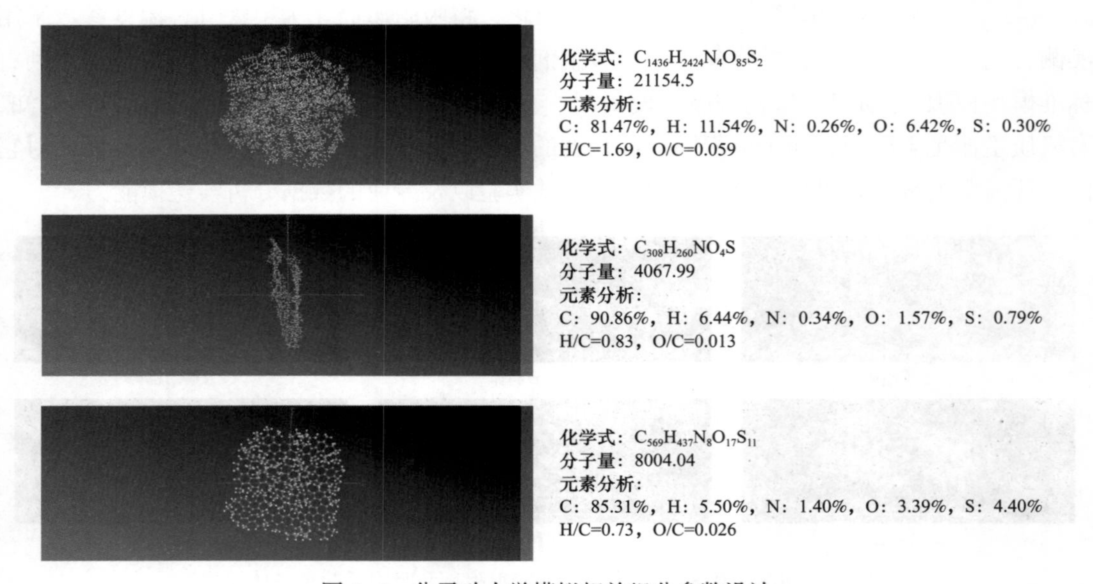

图4–4 分子动力学模拟相关组分参数设计

2. 分子动力学模拟

1）吸附体系的构建和优化

基于有机质分子模型的构建，根据实际地质背景对相关模拟参数进行设计，地层压力取目的层实际地层压力 40MPa；实际地层温度介于 71.8～133.92℃之间，吸附气主要赋存在目的层底部，因此外界温度设定在 90℃。

分子动力学（MD）模拟实验设计了低成熟干酪根吸附剂体系、高成熟干酪根吸附剂体系以及伊利石—高成熟干酪根混合吸附剂体系三种模拟方案。由于三类吸附剂体系均为混合体系（无固定结构体系），因此按照能量最低化原理，构建初始三维立方形周期体系（图 4–5、图 4–6），通过能量最优化过程对分子键长、键角以及体系构型不断调整以达到稳态，从而获取能量最优化的吸附剂体系作为最终构型（图 4–7、图 4–8）。对比初始体系模型和优化后的构型发现（图 4–5、图 4–7），由于分子引力的作用，优化后的构型由非稳态的立方体系变为稳态的平行四边形体系，优化后的稳态体系由于其自身的稳定性更具代表性。

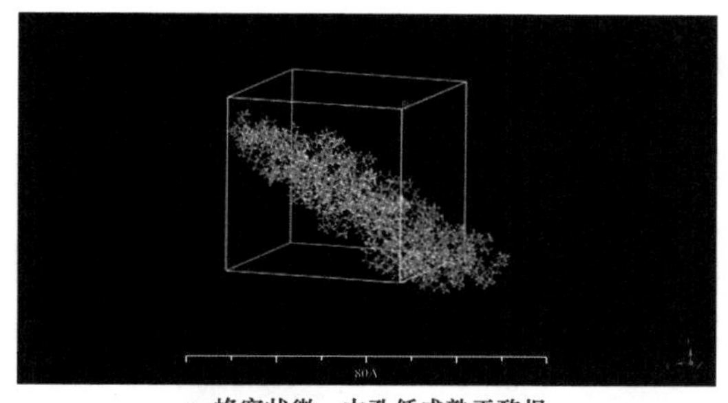

a. 蜂窝状微—中孔低成熟干酪根

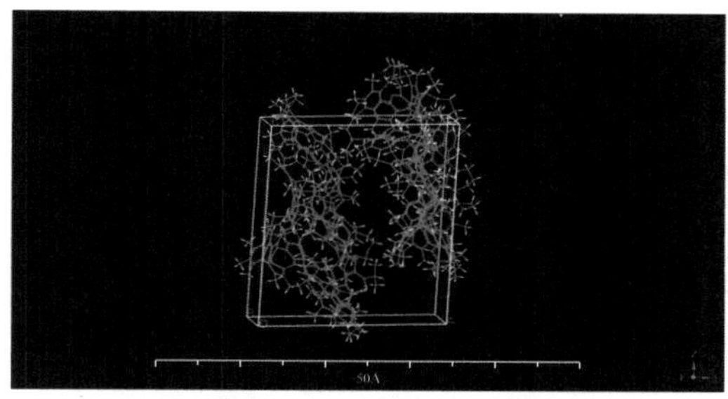

b. 蜂窝状中—微孔高成熟干酪根

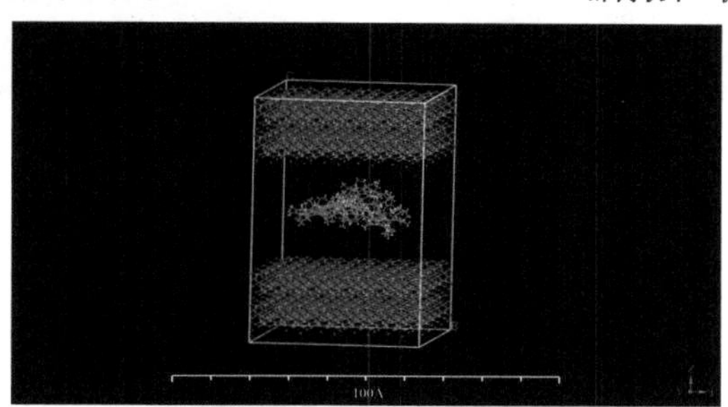

c. 板状/蜂窝状中—微孔伊利石/高成熟干酪根

图 4–5　分子动力学模拟初始吸附剂体系构建

进一步对比优化前后的伊利石—高成熟干酪根混合吸附剂体系的模型可知，原本位于伊利石层间的有机质在经过能量最优化后，由层间位置变化到顶层伊利石附近。这一现象可以证明和解释有机质与黏土矿物之间的相互吸引作用，从而导致微观上，有机质可能会与黏土矿物存在局部共同富集现象。而有机质与黏土矿物在页岩中的相互吸附现象会造成页岩组分微观分布的非均质性以及总体比表面积的减小，这表明在页岩及单组分甲烷等温吸附实验中，一定的系统误差是必然存在的（单组分的甲烷吸附量大于全岩中对应组分集合体的吸附量）。

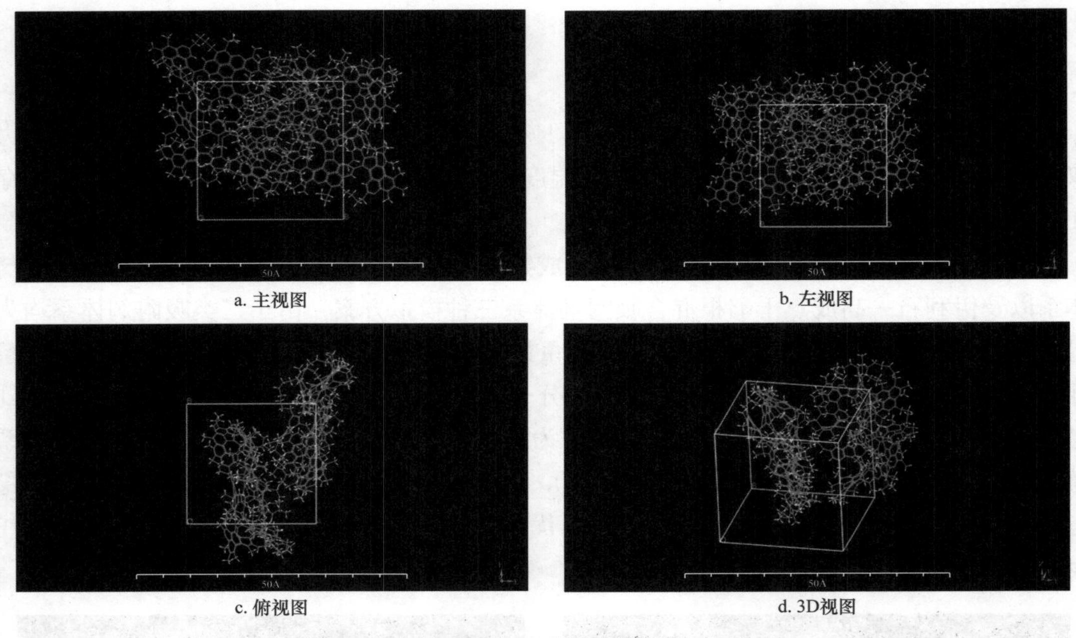

a. 主视图　　b. 左视图

c. 俯视图　　d. 3D视图

图 4–6　初始高成熟干酪根吸附剂体系三视图

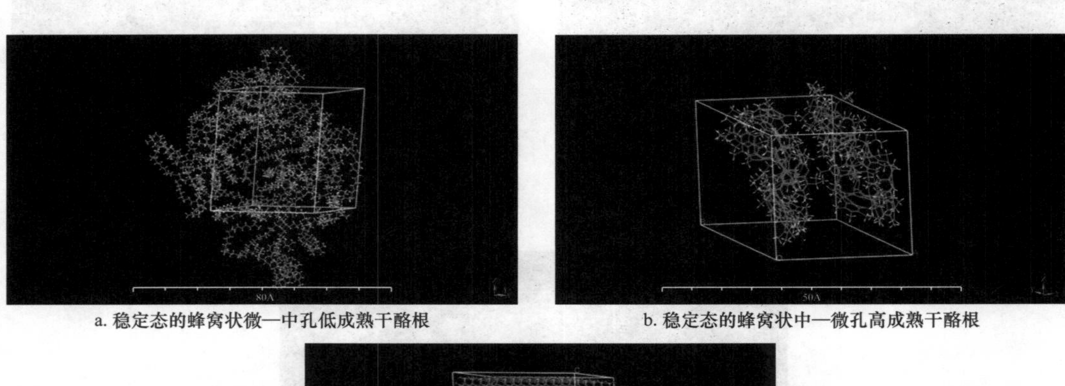

a. 稳定态的蜂窝状微—中孔低成熟干酪根　　b. 稳定态的蜂窝状中—微孔高成熟干酪根

c. 稳定态的伊利石/高成熟干酪根

图 4–7　地层条件下三类吸附剂的稳态构型

2）模拟结果

在静态参数检验之后，先用构建的蜂窝状中—微孔高成熟干酪根 90℃甲烷吸附模拟方案，在设定的计算机模拟参数下进行较为粗糙的动力模拟（耗时较少）以及甲烷吸附的蒙特卡洛模拟。通过对动态演算参数的拾取与分析，进行吸附模型的动态检验。例如在 90℃、0.01～40MPa 的条件下，模拟甲烷在干酪根的芳香结构上优先吸附，随着压力的增加吸附气量逐渐增大，达到饱和吸附后，吸附气量则不再增加（图 4–9），由此可认为，当地层压力增大到某一界限值时，将不再影响页岩储层的吸附气量。

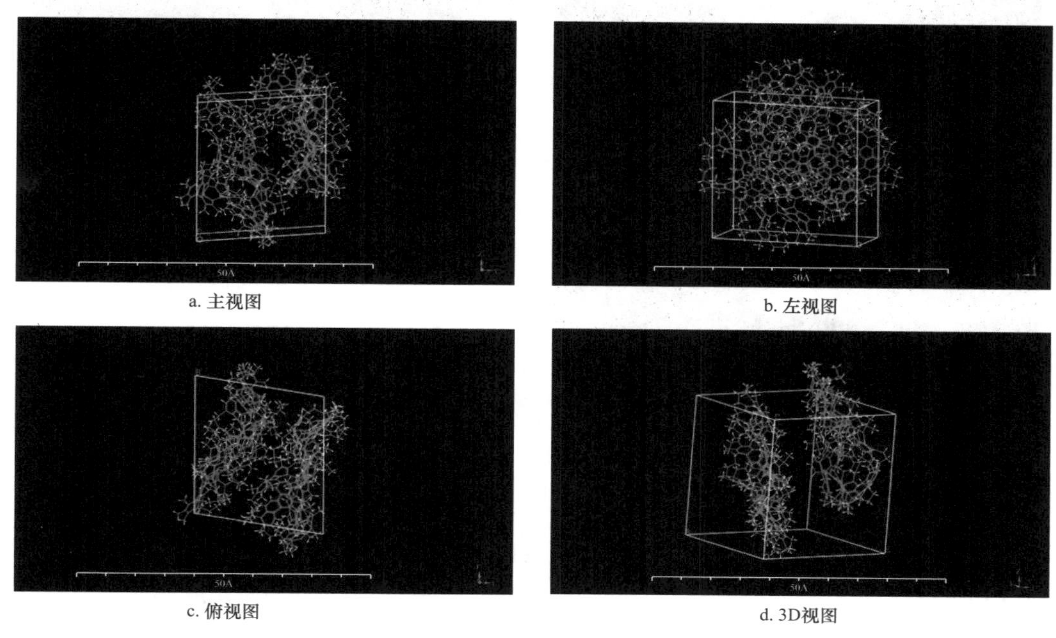

a. 主视图　b. 左视图　c. 俯视图　d. 3D视图

图 4–8　高成熟干酪根吸附剂体系能量最优化三视图

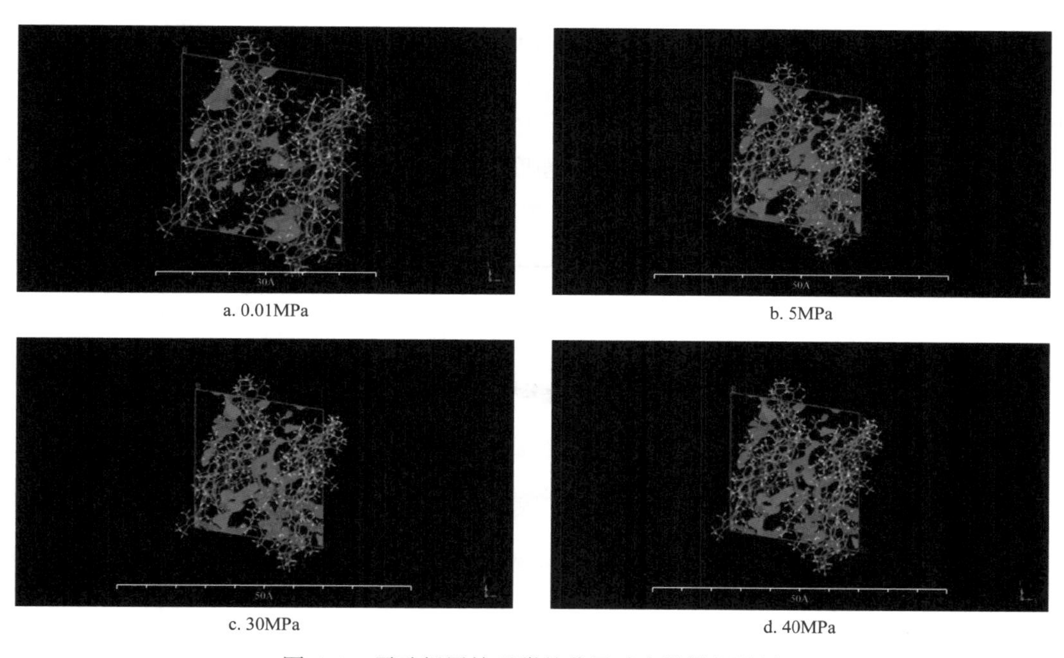

a. 0.01MPa　b. 5MPa　c. 30MPa　d. 40MPa

图 4–9　干酪根甲烷吸附的分子动力学模拟结果

通过对比不同吸附方案的吸附模拟结果可知，干酪根—伊利石混合的吸附强度小于纯干酪根的吸附强度，这是由于黏土矿物与干酪根的相互吸附作用使得吸附面积大大降低（图 4–10）。

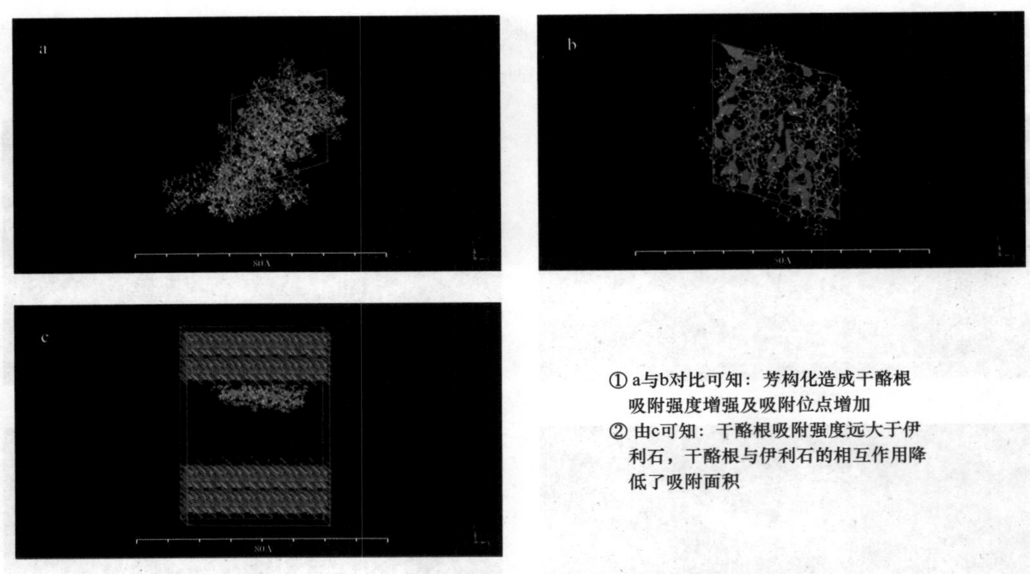

a
b
c
① a与b对比可知：芳构化造成干酪根吸附强度增强及吸附位点增加
② 由c可知：干酪根吸附强度远大于伊利石，干酪根与伊利石的相互作用降低了吸附面积

图 4-10　不同吸附方案吸附模拟对比图

利用三维可视化模型分析页岩吸附位点与吸附强度的半定量关系，发现苯环在微观吸附强度和吸附位点上均有利于页岩气的吸附。因此，随着有机质热演化成熟度的升高（芳构化增加），有机质宏观单位比表面积的吸附能力不断增强（图 4-10）。相对于低成熟干酪根的等温吸附曲线，高成熟干酪根的吸附强度参数大约是其 4 倍，而饱和吸附量是其 5 倍左右（图 4-11），显示高成熟干酪根具有较高的吸附强度与更大的有效存储空间；而伊利石与高成熟干酪根混合的吸附强度参数仅是高成熟干酪根的 6% 左右，虽然其饱和吸附量与高成熟干酪根的近似，但是在有效压力下（页岩气藏压力为 40MPa），其吸附量远小于高成熟干酪根，表明黏土矿物的吸附强度较小，混合吸附剂的高吸附强度位点占比降低。

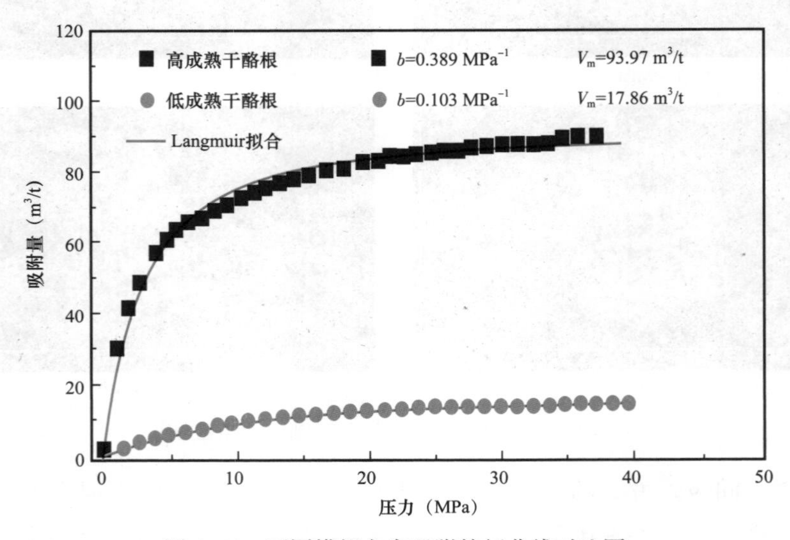

图 4-11　不同模拟方案吸附特征曲线对比图

第二节　页岩气赋存的主控因素

页岩孔隙结构与页岩成分共同控制了页岩气的赋存状态。其中孔隙结构及其表面性质是控制页岩吸附气的直接因素，有机碳含量、有机质类型、含水量和成熟度等通过影响页岩孔隙结构间接影响吸附气含量，而温度—压力对页岩孔隙结构与页岩成分具有重要影响。

一、页岩储层吸附性表征方法

当流体与多孔固体接触时，流体中某一组分或多个组分在固体表面处产生积蓄，该现象称为吸附。吸附也指物质（主要是固体物质）表面吸住周围介质（液体或气体）中的分子或离子现象。吸附态页岩气是页岩气的主要赋存方式之一，是指以吸附态吸附于有机质，部分吸附于黏土矿物、矿物颗粒等表面的天然气。页岩吸附气含气量是计算页岩气资源量的关键性参数，页岩气的吸附特征也是评价页岩是否具有开采价值的一个重要标准。

页岩吸附气量的研究可借鉴煤层中研究吸附气的 Langmuir 模型。Langmuir 模型是法国化学家 Langmuir 在 1916 年从动力学理论推导出的单分子层等温吸附式，其基本假设条件为非多孔固体表面存在可供分子或者原子吸附的特定吸附位，固体表面能量均一，仅形成单分子层，被吸附的气体分子之间没有相互作用力，吸附平衡时处于一种动态平衡，根据吸附动态平衡时吸附速度等于脱附速度，建立方程推导出 Langmuir 等温吸附式。利用 Langmuir 模型（图 4–12）计算页岩吸附气含量的具体公式为（Langmuir，1916）：

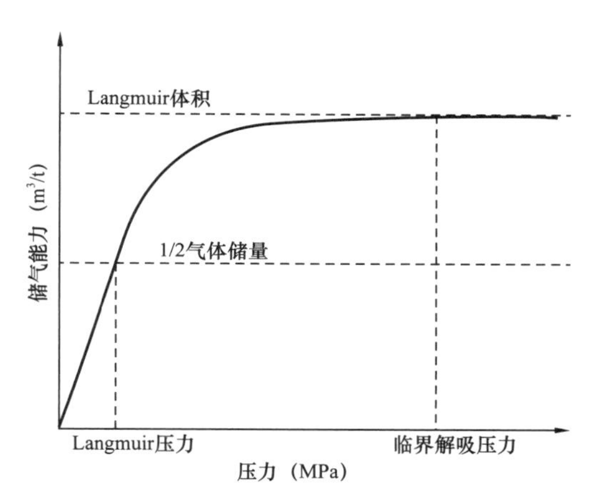

图 4–12　气体吸附曲线及 Langmuir 模型

$$V = \frac{V_L \times p}{p + p_L} \tag{4–3}$$

式中，V 为吸附气含量，cm^3/g；V_L 为 Langmuir 体积，代表最大吸附能力，其物理意义是在给定的温度下，页岩吸附甲烷达到饱和时的吸附气含量，cm^3/g；p_L 为 Langmuir 压力，即 Langmuir 体积的一半所对应的压力，MPa；p 为气体压力，MPa。

在利用 Langmuir 模型计算页岩吸附气含量时，值得注意的是，由 Langmuir 等温吸附曲线计算得到的含气量是页岩能够容纳的吸附气体积，而不是页岩中所含有的吸附气体积，即如果含气页岩中气体出现逃逸现象，用 Langmuir 曲线得到的结果会偏大，但页岩本身也是盖层，如果其裂缝不发育，用该方法计算吸附气含量效果较好。

在实际完成页岩甲烷等温吸附实验获取 Langmuir 等温吸附曲线时也存在很多局限性。

当地层温度超越实验设备的最高温度时，就没办法确切地知道该温度条件下的吸附气含量，尤其当地层埋深温度超过 100℃的情况下，目前的等温吸附实验还无法完成。

实验采用体积法进行页岩等温吸附实验，通过膨胀后的体积减去孔隙体积得到吸附体积，因此忽略了甲烷吸附相所占据的体积，实验测得的吸附量为过剩吸附量，绝对吸附量并不能通过实验直接测得。过剩吸附量与绝对吸附量的转换方法如下：甲烷吸附相密度对应常压沸点液体甲烷密度 ρ_a=0.423g/cm^3，通过式（4–4）计算得到绝对吸附量。

$$n_a = \frac{n_a'}{1-\frac{\rho_g}{\rho_a}} \tag{4-4}$$

式中，n_a 为甲烷绝对吸附物质的量，mmol/g；ρ_g 为实验压力下的甲烷密度，g/cm^3；n'_a 为吸附的甲烷物质的量，mmol/g；ρ_a 为常压沸点液体甲烷密度，g/cm^3。

二、页岩矿物对甲烷吸附的影响

前人研究表明，不同矿物对甲烷的吸附能力不同（Ji 等，2014）。由于页岩储层中不同矿物对甲烷吸附能力的影响难以分析，因此利用纯矿物晶体在 35℃条件进行甲烷吸附实验。通过甲烷的单矿物吸附实验分析可得，不同矿物的甲烷吸附能力有较大差异，黏土矿物吸附能力最大，碳酸盐矿物次之，石英最小。吸附能力蒙皂石＞＞绿泥石＞伊利石＞长石＞方解石＞石英（图 4–13）。相比于其他矿物，页岩中黏土矿物对甲烷的吸附影响最大，其中吸附能力最强的蒙皂石甲烷吸附量（4.59mg/g）是其他黏土矿物吸附量的 5～40 倍，是石英等无机矿物吸附量的几百倍，这主要是由其孔体积和比表面积决定的。受成岩作用影响，蒙皂石会向伊利石转化并伴随着孔体积和比表面积的减少。龙马溪组页岩样品中黏土矿物以伊 / 蒙混层（I/S）和伊利石（I）为主，前人研究表明伊 / 蒙混层吸附量介于蒙皂石和绿泥石之间（Ji 等，2012）。

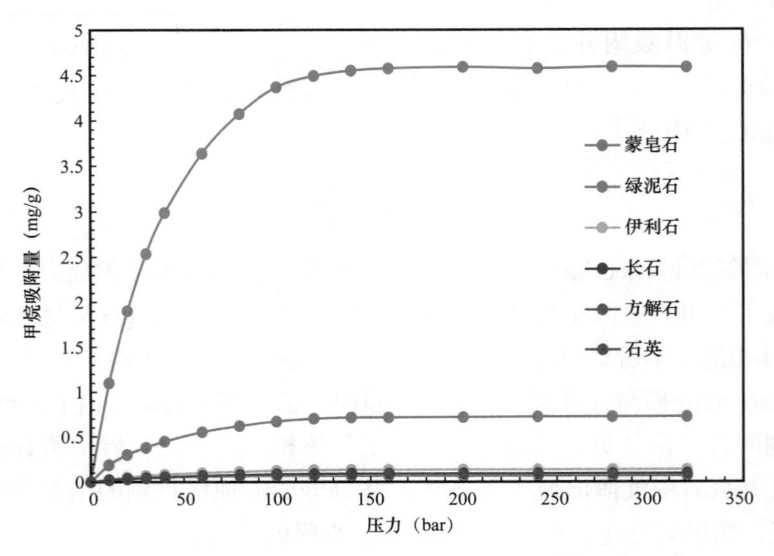

图 4–13　页岩单矿物 35℃甲烷等温吸附曲线对比图

三、有机质对甲烷吸附的影响

有机碳和黏土矿物含量是页岩气聚集最重要的控制因素，不仅控制着页岩的物理化学性质，包括颜色、密度、抗风化能力、放射性、硫含量，而且在一定程度上控制着页岩的弹性和裂缝的发育程度。研究区黑色页岩的有机碳含量较高，本研究采集龙马溪组样品的有机碳含量为 1.14%～3.24%。通过对吸附气含量与有机碳含量相关性的分析，发现吸附气含量与有机碳含量具有良好的正相关关系，说明有机碳含量是控制页岩气吸附能力的主要因素（图 4–14）（Xu 等，2018；Wang 等，2019b ；王曦蒙等，2019b ）。

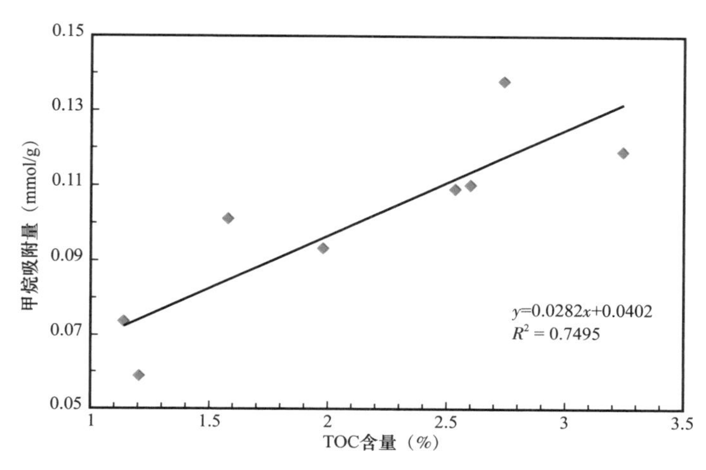

图 4–14　四川盆地页岩最大甲烷吸附量与 TOC 含量对比图

考虑到 TOC 是页岩样品比表面积的主控因素，为了避免有机质对甲烷吸附的影响，对页岩样品的甲烷吸附量进行 TOC 归一化处理，并分析其与黏土矿物含量之间的关系（图 4–15），结果显示，TOC 归一化处理后的页岩甲烷吸附量与黏土矿物含量存在一定的正相关关系，表明黏土矿物也可提供部分比表面积。由于黏土矿物属于亲水性矿物，且龙马溪组页岩中黏土矿物多与有机质结合形成有机质—黏土矿物复合体，使得黏土矿物表面吸附位被占据，从而导致黏土矿物对页岩甲烷吸附能力影响较弱。

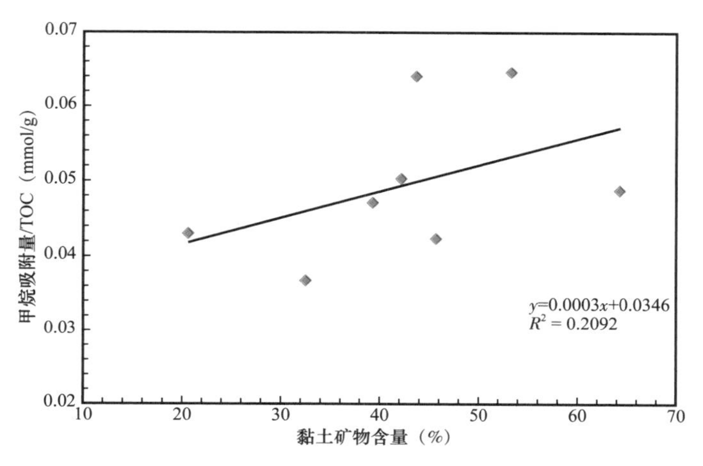

图 4–15　四川盆地龙马溪组页岩最大甲烷吸附量与黏土矿物含量关系

四、含水量对甲烷吸附的影响

1. 页岩吸水特征

页岩吸水量与湿度、矿物成分和孔隙结构有关。为了讨论页岩中水分对甲烷吸附的影响，将页岩样品分别与四种不同溶液一起放在恒温箱（35℃）中并建立确定的水蒸气压力：饱和 CH_3COOK 溶液为 16% 相对湿度；饱和 K_2CO_3 溶液为 41% 相对湿度；饱和 NaCl 溶液为 76% 相对湿度；H_2O 为 99% 相对湿度。

通过对五个不同岩相页岩样品在不同湿度下的吸水实验可得，随着湿度的降低，页岩吸水量逐渐降低，相对湿度从 99% 降到 76% 时，吸水量明显下降（图 4–16）。

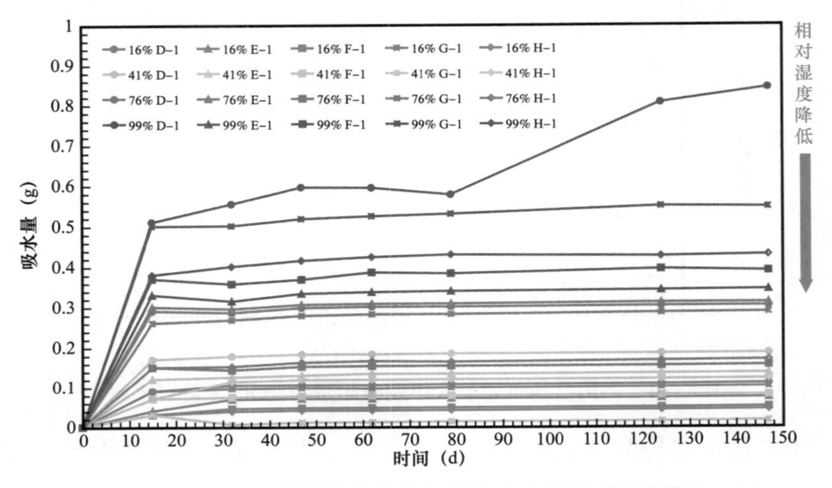

图 4–16　四川盆地龙马溪组页岩吸水量随时间变化

样品吸水量受孔隙体积及孔隙润湿性影响，不同湿度环境下页岩吸水量与黏土矿物含量均呈正相关（图 4–17），这与黏土矿物的亲水润湿性相吻合。小于 10nm 的孔隙以有机孔隙为主，占总孔体积一半左右，但对吸水量贡献很小（图 4–18）。

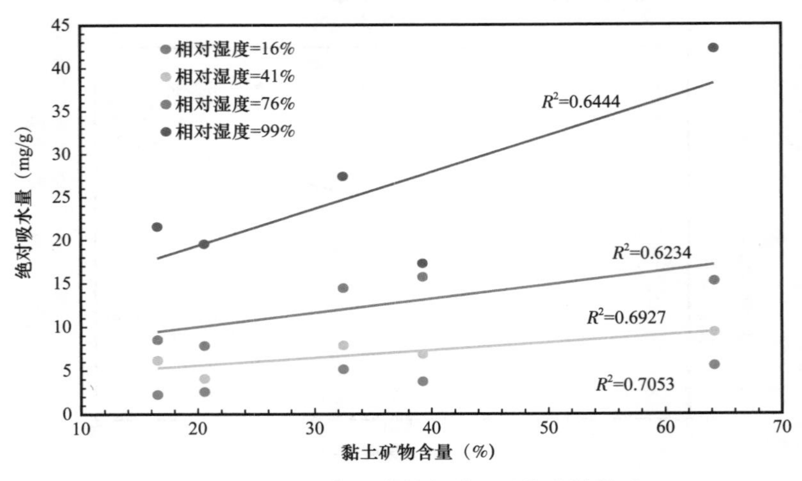

图 4–17　页岩吸水量与黏土矿物含量关系

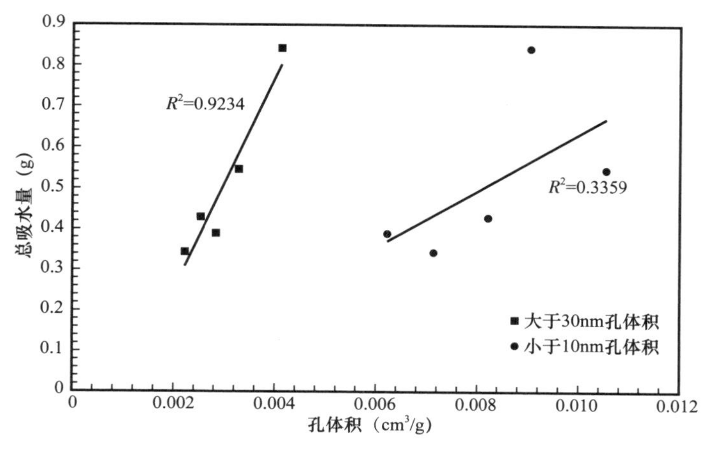

图 4-18　页岩吸水量（相对湿度 =99%）与孔体积关系

图 4-19 显示在相对湿度小于 76% 的范围内，水的等温吸附曲线基本随相对湿度增加呈线性增加关系，而在大于 76% 时呈指数增加，在高湿度环境下毛细凝聚作用使水开始充填大孔隙形成自由水，导致吸水量快速增加。

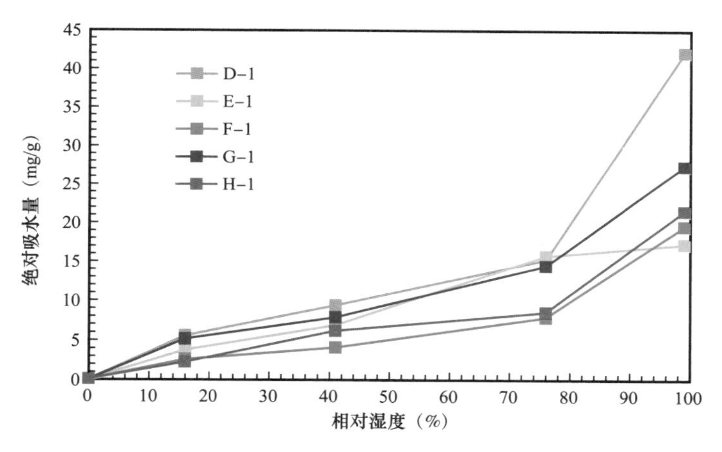

图 4-19　龙马溪组页岩吸水量与相对湿度关系

2. 不同初始含水饱和度页岩甲烷吸附特征

为明确不同初始含水饱和度页岩在不同压力条件下的甲烷吸附能力，设计四个样品在 35℃、不同湿度条件下的甲烷等温吸附实验。实验结果显示，随着相对湿度的增加，页岩甲烷吸附能力逐渐降低，即使少量水对页岩的甲烷吸附能力都有极大的影响（图 4-20）。

相对湿度低于 76% 时含水量对页岩的甲烷吸附能力影响较大，这是由于部分水分子以气态存在于页岩内部小孔隙中，与甲烷分子产生竞争吸附，而另一部分自由水通过润湿作用占据页岩孔隙表面一定数量的吸附位从而导致页岩吸附甲烷的有效面积大量减少导致的，同时孔隙中的水也会阻碍甲烷分子进入页岩内部。而在相对湿度达到 76% 以后，含水量增加对甲烷吸附的影响较小（图 4-20）。页岩甲烷吸附能力主要是由有机质提供的，即使在相对湿度达到 99% 时，甲烷吸附量与 TOC 相关性仍然能达到 0.6339（图 4-21）。

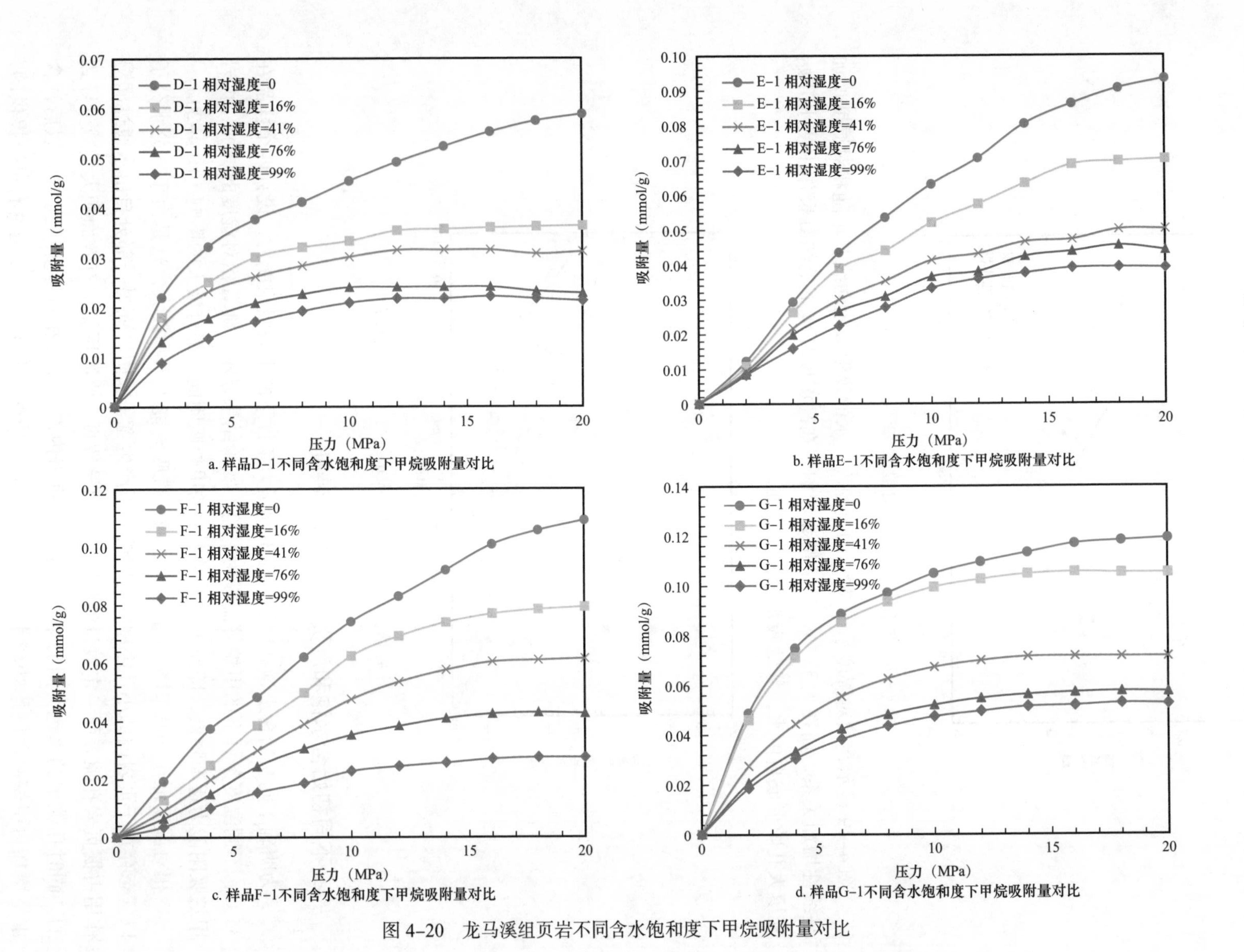

a. 样品D-1不同含水饱和度下甲烷吸附量对比

b. 样品E-1不同含水饱和度下甲烷吸附量对比

c. 样品F-1不同含水饱和度下甲烷吸附量对比

d. 样品G-1不同含水饱和度下甲烷吸附量对比

图 4-20　龙马溪组页岩不同含水饱和度下甲烷吸附量对比

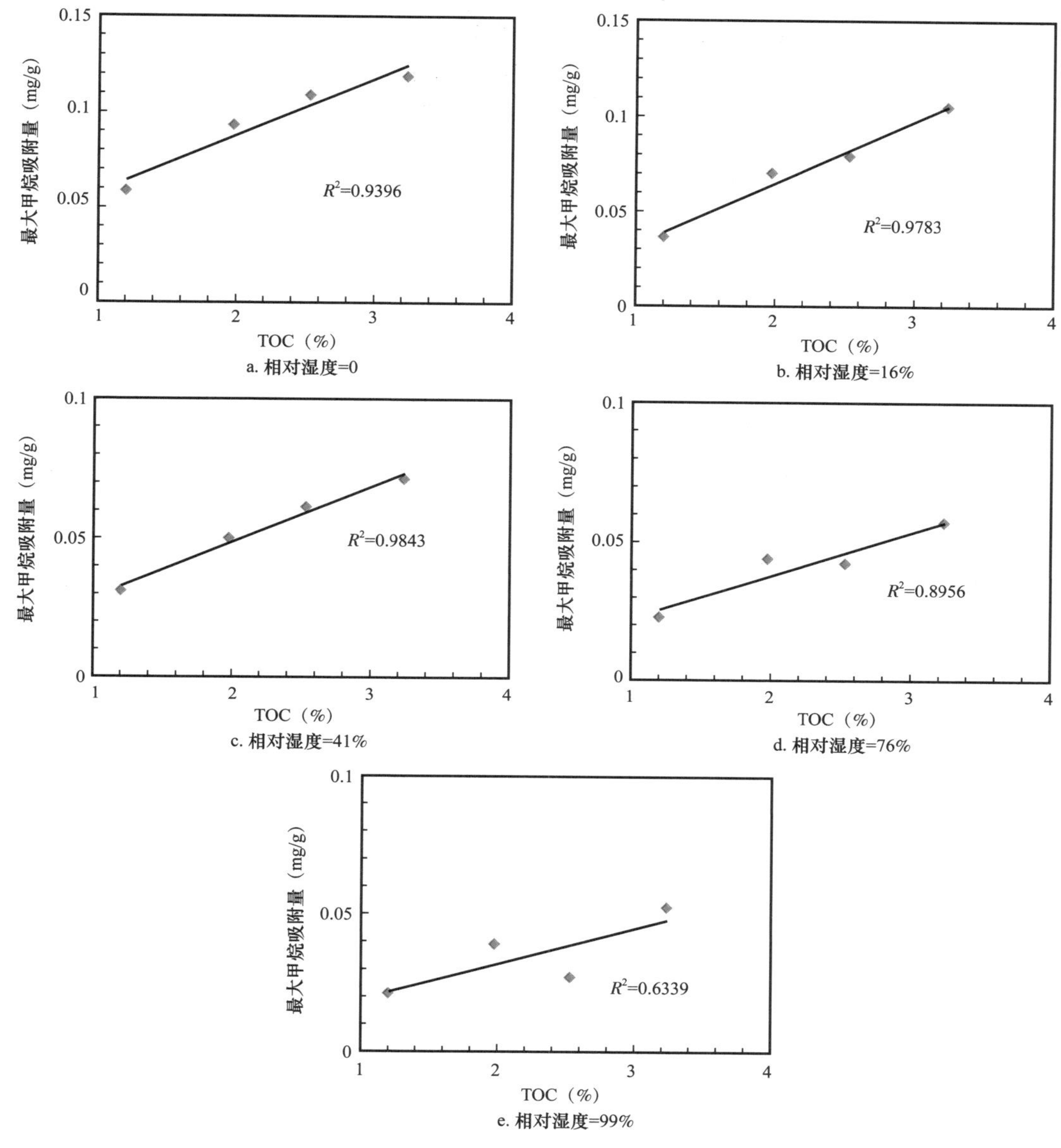

图 4-21　不同含水饱和度下页岩样品甲烷吸附量与 TOC 关系

五、温度—压力对页岩气赋存的控制作用

温度和压力对页岩甲烷吸附能力有重要影响。甲烷气体在页岩孔隙介质中的吸附可看作是甲烷气体与有机质、黏土矿物及其他矿物之间的相互作用。在微观分子热力学中，温度越高，甲烷分子能量越强，以至于能够脱离介质能量势场的束缚而发生脱附，当温度升高到一定界限时，甲烷分子脱附速率大于吸附速率，使得页岩吸附能力整体下降。通常页岩吸附能力可用吸附热（吸附过程中产生的热量）来表征，吸附热越大，表示页岩的吸附能力越强。随着温度的升高，页岩最大吸附量（V_L）下降，解吸率上升，且二者都与温度呈现良好的线性关系（李武广等，2012；郭为等，2013；赵玉集等，2014）。

温度通过改变页岩的自身性质影响其对甲烷气体的吸附作用。当温度升高时，页岩中的有机质孔隙结构和黏土矿物类型会发生改变（Jarvie 等，2007；Loucks 等，2007）。四川盆地五峰组—龙马溪组页岩演化程度高，有机质以Ⅰ型、$Ⅱ_1$型干酪根为主，黏土矿物主要为伊利石。温度对其吸附能力的影响主要表现在两个方面：一是在不同演化阶段，有机质具有不同的孔隙结构和表面积特点，从而表现出不同的吸附能力；二是温度影响黏土矿物的类型，不同类型的黏土矿物因其晶体结构及化学性质不同而表现出不同的吸附能力。

而压力会改变游离态气体浓度，使吸附平衡向吸附作用的方向移动，从而使得甲烷吸附量增加。但由于吸附剂上吸附位点数量是恒定的，页岩孔隙表面吸附位点均被占据时，吸附气量则不再上升。因此，孔隙介质中的吸附气量最终均趋于恒定（图 4-22、图 4-23）。

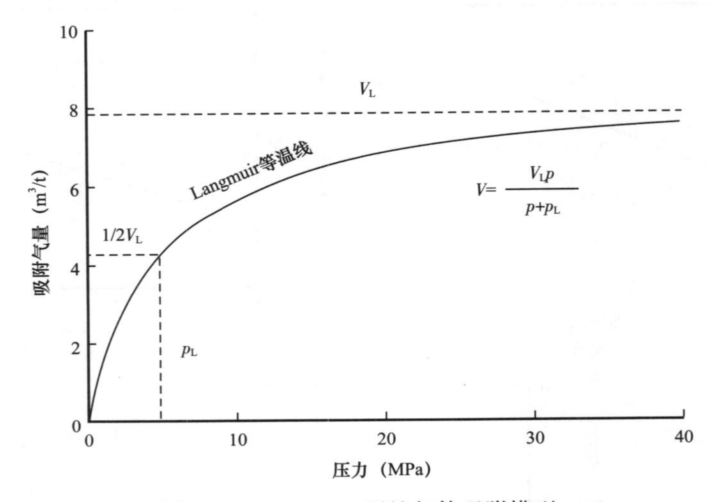

图 4-22　Langmuir 甲烷气体吸附模型

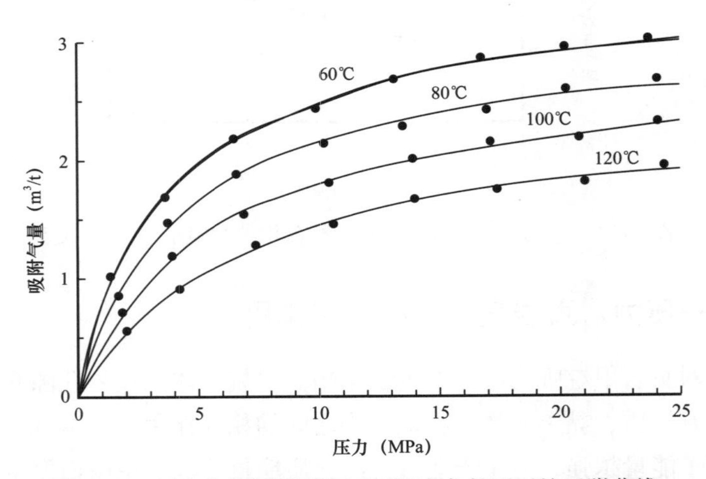

图 4-23　川南龙马溪组页岩不同温度条件下甲烷吸附曲线

为了评价温度对页岩甲烷吸附能力的影响，开展了不同温度条件下（30℃、60℃和90℃）的甲烷等温吸附实验。实验结果表明，30℃时最大过剩吸附量为 1.849mg/g，60℃时最大过剩吸附量为 1.541mg/g，90℃时最大过剩吸附量为 1.320mg/g，随温度的增加，最大过剩吸附量明显降低（图 4–24）。绝对吸附量也随温度的升高而明显降低，且吸附相密度降低（图 4–25），反映物理吸附中温度升高，分子的扩散能力增强。30℃时绝对吸附量为 2.729mg/g，60℃时绝对吸附量为 2.442mg/g，90℃时绝对吸附量为 2.120mg/g，随温度升高，SDR 模型拟合的绝对吸附量降低速率约为 0.0096～0.0107mg/（g·℃）。

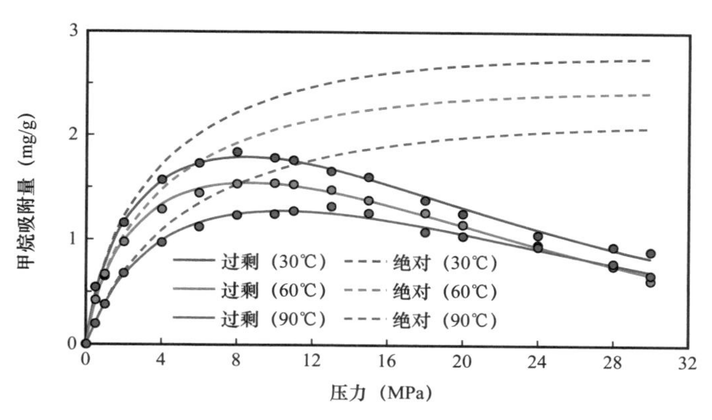

图 4–24　不同温度下甲烷过剩、绝对等温吸附曲线（基于 SDR 过剩吸附模型）

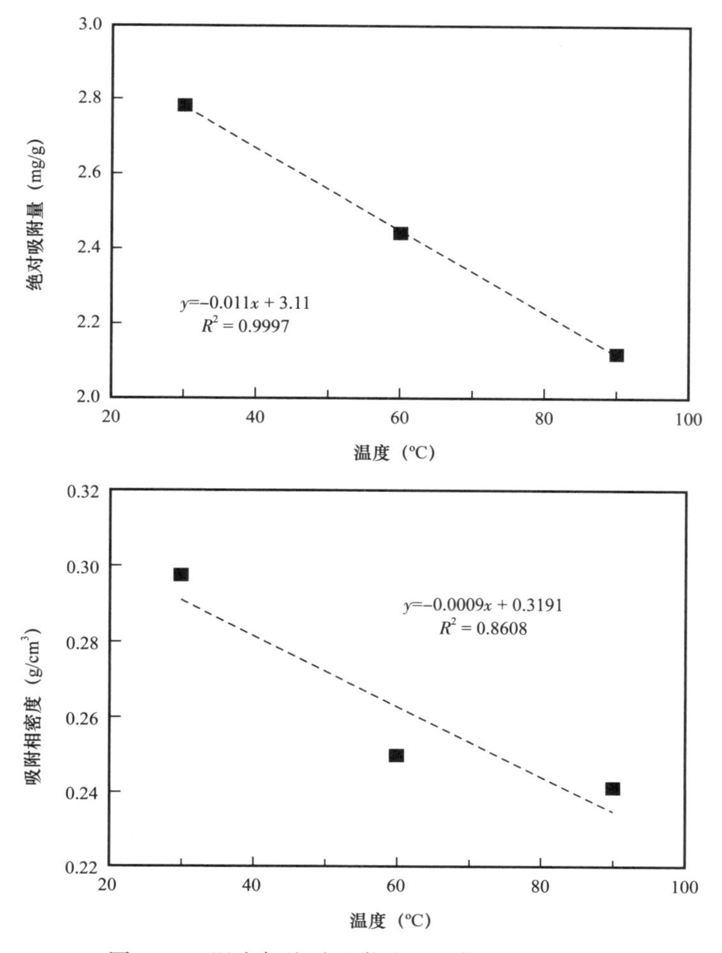

图 4–25　温度与绝对吸附量和吸附相密度的关系

六、孔隙结构对页岩气赋存的控制作用

页岩储层中孔隙结构对页岩气赋存状态有明显控制作用。一般来说，根据孔径大小可将孔隙分为宏孔（>50nm）、中孔（2～50nm）、微孔（<2nm）。游离态页岩气主要储存于宏孔和中孔中，吸附气主要储存于中孔和微孔中。游离气多赋存于无机宏孔（孔径>50nm）和天然裂缝中，少量赋存于有机质和黏土矿物中孔中，而吸附气赋存在有机质和黏土矿物的微孔和中孔中。页岩微孔总体积越大，对气体分子的吸附能力越强（Castello 等，2002），孔径增大时，游离气含量增加（Raut 等，2007）。页岩孔隙结构及其表面性质是控制页岩吸附气的直接因素，其他因素（有机质含量、有机质类型、成熟度、含水量等）通过影响孔隙结构间接影响页岩气赋存状态（Tian 等，2016；王曦蒙等，2019a）。

孔隙结构对页岩吸附能力具有较大影响，绝对吸附量与微孔和中孔的孔体积和比表面积均呈现明显的正相关性（图 4–26），反映气体吸附主要发生在微孔和中孔内。其中吸附能力与微孔孔隙结构的相关性更加明显（图 4–26a、b），与中孔孔隙结构相关性较差（图 4–26c、d），反映了甲烷吸附主要占据微孔，同时占据部分中孔。小于 20nm 的孔隙由有机质和黏土矿物共同提供（图 4–27）。

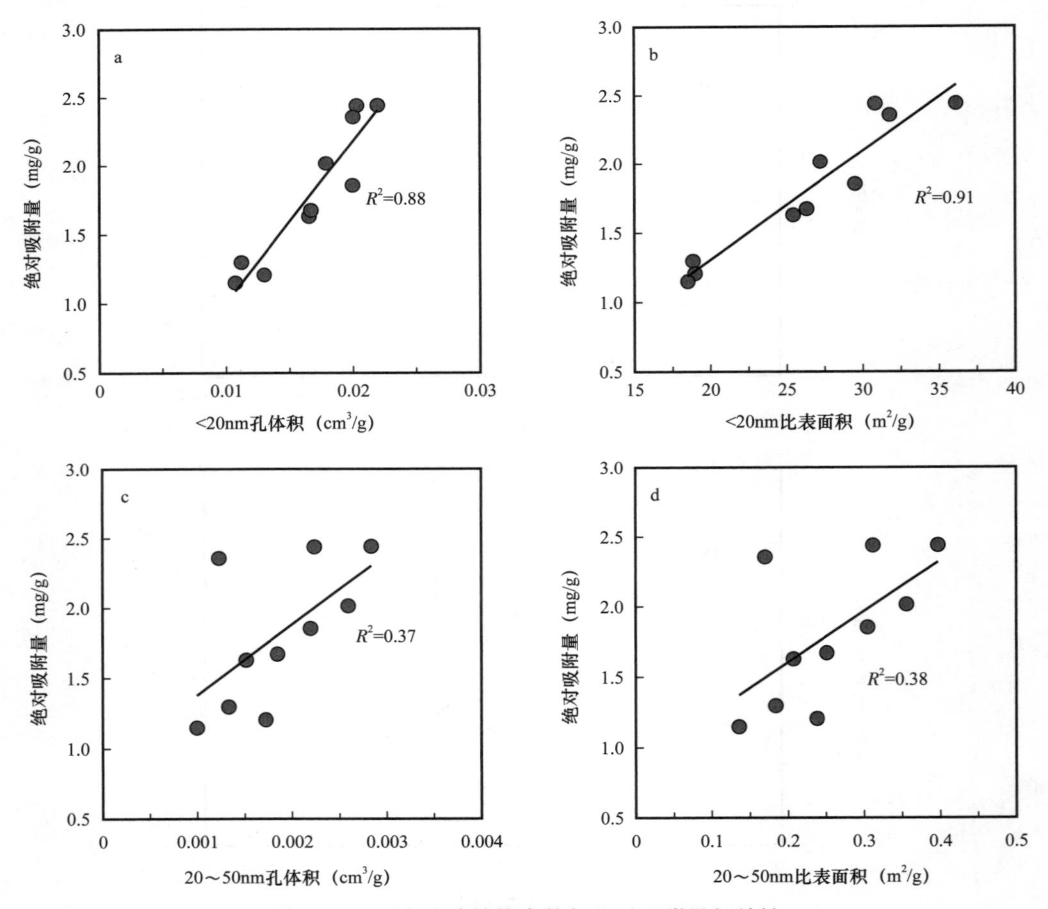

图 4–26　页岩孔隙结构参数与绝对吸附量相关性

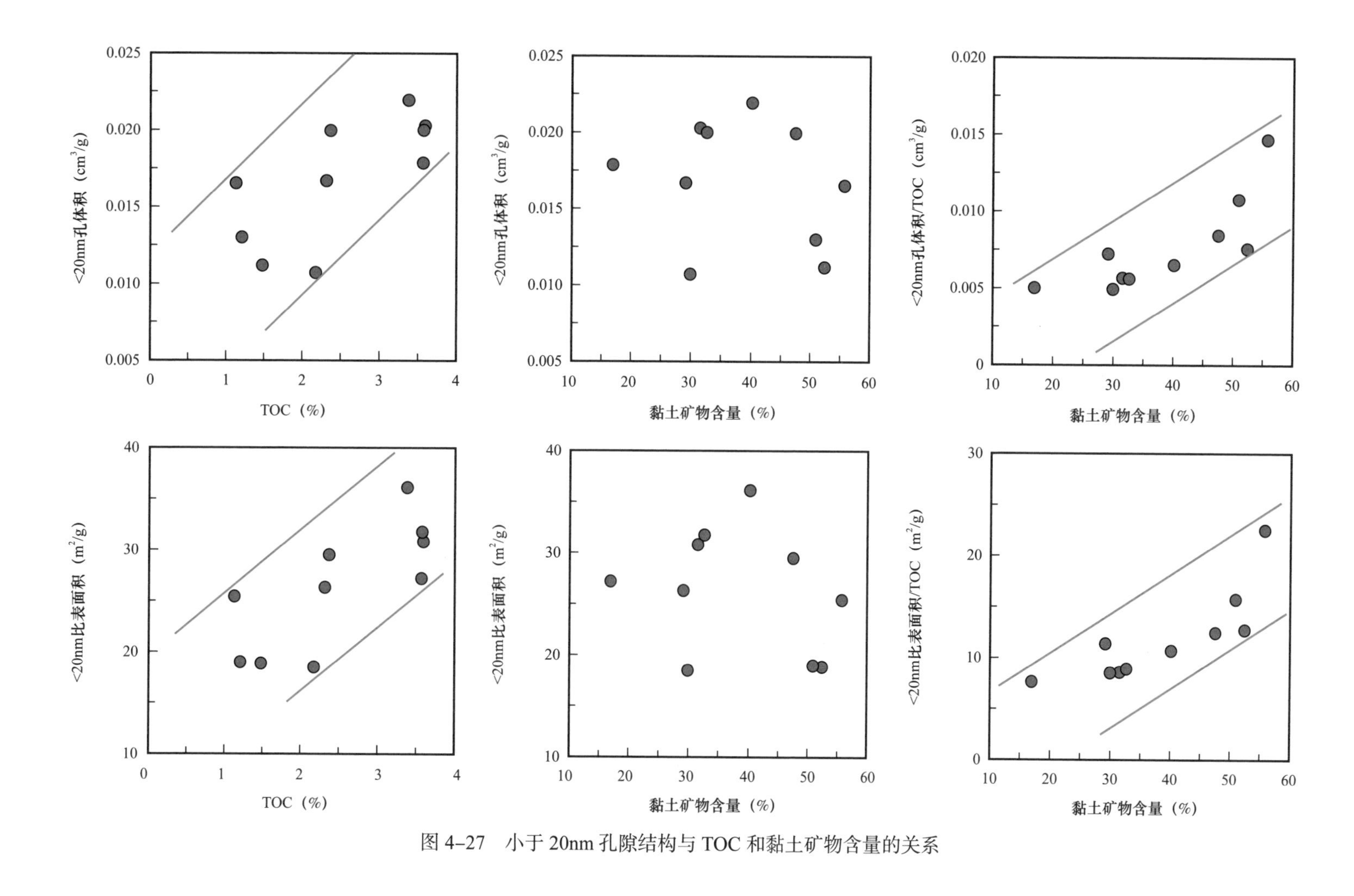

图 4-27　小于 20nm 孔隙结构与 TOC 和黏土矿物含量的关系

第三节　微—纳米孔隙结构与介质界面效应对赋存状态的控制机理

页岩气赋存状态介于煤层气和致密砂岩气之间，赋存形式具有多样性、复杂性和特殊性，包括吸附态、游离态和少量的溶解态（Curtis，2002；Jarvie 等，2007；邹才能等，2010）。吸附气主要吸附于有机质和无机矿物表面上，游离气主要赋存于孔径较大的微—纳米孔隙和微裂缝里，龙马溪组页岩由于成熟度较高，基本不含溶解气（邹才能等，2012），页岩气赋存状态一定程度上影响页岩气藏的地质储量评估。页岩中生成的天然气首先要满足有机质和矿物表面吸附需要，当吸附气量达到饱和时便以游离气赋存于页岩孔隙中。页岩气赋存状态影响因素众多，主要包括页岩储层物质组成、地层水饱和度、温度、压力、页岩孔隙结构和润湿性等（Ross 和 Bustin，2009；Zhang 等，2012；Tian 等，2016；张雪芬等，2010；2016；王飞宇等，2016a）。

页岩储层微—纳米孔隙结构与介质界面效应对页岩气赋存状态具有重要的控制作用。龙马溪组页岩中有机孔隙和无机孔隙并存，且以有机孔隙为主。对于游离气来说，有机孔隙和无机孔隙都能提供有效的储集空间，总孔体积控制其储集能力，而龙马溪组页岩总孔体积（特别是中孔体积）主要由有机质提供。

页岩中有机孔隙发育特征并非千篇一律，龙马溪组页岩中存在多种有机孔隙类型，不同类型有机孔隙发育特征不同，对页岩气储集能力的贡献也各有不同。因此，弄清有机孔隙类型及其孔隙发育特征对明确页岩气储集能力具有重要的意义。

根据有机孔隙发育特征，将龙马溪组页岩有机质划分为 5 种类型：

类型 A，有机质包括原始藻类堆积或结构型干酪根，有机孔包括原始堆积的无定形态孔隙（＞50nm）和后期裂解生气形成的小气泡孔（5～10nm）；

类型 B，通常以迁移有机质为主，发育大量圆形气泡孔，面孔率和平均孔径较大，有机孔连通性较好；

类型 C，有机孔欠发育，以中孔为主，有机质面孔率通常小于 20%；

类型 D，在类型 B 或 C 有机质基础上，发育部分孔径达几百纳米甚至微米级别的气泡孔，面孔率通常大于 20%，局部连通性较好；

类型 E，几乎不发育有机孔的有机质。

长宁区块页岩样品有机质以类型 B、C、D 为主，少见类型 A 和 E。泸州区块页岩样品有机质以类型 A、B、D 为主，同时存在较少的类型 C，偶见类型 E。渝西区块页岩样品有机质以类型 B、C 为主，部分样品可见类型 A 和 D 以及少量类型 E。长宁区块页岩有机孔隙最为发育，其游离气储集能力最强，而渝西区块页岩样品有机孔隙发育程度较差，导致其总孔体积相对较低，游离气储集能力较差。

对于吸附气来说，有机孔隙储集能力远大于无机孔隙，原因主要有两点：其一，有机质微—纳米孔隙发育，比表面积大，可以提供更多的甲烷吸附位点；其二，有机孔隙具有亲油的孔隙表面，甲烷吸附能力强，无机孔隙表面亲水性强，吸水能力强，而甲烷吸附能力弱。自发渗吸和接触角结果显示了龙马溪组页岩普遍具有亲油性，且亲油性与有机质含量密切相关。有机质含量越高，有机孔隙越发育，页岩亲油性越强，其甲烷吸附能力越强。

由此可见，龙马溪组页岩中有机孔隙对游离气和吸附气均具有重要的控制作用，而无机孔隙主要影响游离气储集能力，其对吸附气储集能力影响有限，且主要是黏土矿物的作用。单矿物氮气吸附和甲烷吸附结果证实了黏土矿物与脆性矿物相比具有更大的比表面积和更高的甲烷吸附能力。黏土矿物的甲烷吸附能力虽然不及有机质，但是其在页岩中含量较大，对甲烷吸附能力仍具有一定的贡献。

页岩的润湿性主要取决于孔隙结构特征，而热演化程度是页岩孔隙结构的重要控制因素，因此成熟度会显著影响页岩的润湿性，从而进一步影响页岩气赋存状态。不同热演化阶段页岩具有不同的润湿性及页岩气赋存状态，并呈现出一定的规律性（图 4-28）。

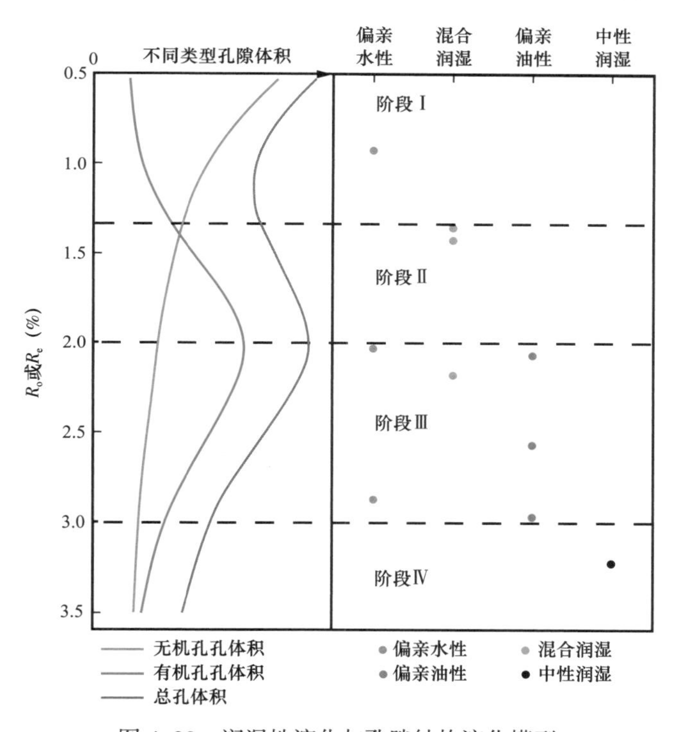

图 4-28　润湿性演化与孔隙结构演化模型

阶段Ⅰ，成熟度为 0.5%～1.3%，页岩有机质由于热催化初次生烃作用形成有机孔隙，而原生无机孔隙由于压实作用和油的充注开始大量减少，但总体上无机亲水孔隙的连通性和发育程度仍然优于亲油有机孔隙，因此页岩样品润湿性以偏亲水性为主。该阶段页岩游离气储集能力较强，吸附气储集能力较低。

阶段Ⅱ，成熟度为 1.3%～2.0%，无机孔隙由于压实作用进一步减少，有机孔隙由于热裂解生气作用大量增加，但由于页岩孔隙发育影响因素较多，导致该阶段表现为混合润湿性，根据其内部有机和无机孔隙连通性好坏表现为不同的润湿性。该阶段页岩游离气储集能力和吸附气储集能力有所提高。

阶段Ⅲ，成熟度为2.0%～3.0%，由于压实作用有机孔隙和无机孔隙逐渐减少，而有机孔隙的发育程度明显优于无机孔隙，因此页岩样品多表现为偏亲油性。该阶段页岩游离气储集能力和吸附气储集能力均较高。

阶段Ⅳ，成熟度大于3.0%，有机孔隙和无机孔隙由于压实作用大量减少，整体上页岩孔隙不发育，因此亲油和亲水孔隙连通性均较差，表现为中性润湿。页岩游离气和吸附气储集能力均较低。

此外，页岩含水后其甲烷吸附能力会显著下降，这是由于一部分水分子存在于黏土矿物层间孔隙中，并与甲烷分子产生竞争吸附，而另一部分水占据了有机孔隙表面一定数量的吸附位从而导致页岩吸附甲烷的有效面积减少，同时孔隙中的水也会阻碍甲烷分子进入页岩孔隙。

第五章　页岩地层压力演化特征

流体包裹体是在矿物形成的过程中，被矿物圈闭于晶格缺陷中保留、保存的流体介质，记录了当时流体活动时的古温压信息，因此通过测量流体包裹体内压可以获得地质历史时期的古压力。由于页岩储层为非常规低渗透致密储层，在地质历史时期一般较难捕获流体包裹体，一般采用页岩地层中所含有的砂质夹层或者裂缝充填脉体中的包裹体进行页岩地层古压力研究。根据所采用分析手段的差异性，利用包裹体进行古压力求取方法包括：（1）参数计算法；（2）包裹体压力模拟法；（3）激光拉曼古压力计算法。

参数计算法：根据指定相态的包裹体，采用实验测定的参数并结合前人获取的经验值进行计算以获得包裹体压力。

包裹体压力模拟法：基于包裹体内气液比、流体成分、均一温度等测量，利用流体包裹体 PVT 数值模拟法确定包裹体形成时的地层压力，但是在地层处在深成岩作用阶段时，缺乏含油气包裹体，该方法不再适用。

激光拉曼古压力法：由于不同物质的拉曼位移与温度和压力都有良好的函数关系，因此在封闭体系下可以通过测量某种物质在不同温度下拉曼位移的变化，建立变化值与温度和压力之间的关系（Liu 等，2018）。流体包裹体有效记录了地质信息，且在自然条件下为封闭体系，因此可以通过建立单一成分流体包裹体内拉曼光谱位移量与温度、压力的关系，求取均一状态下包裹体内压。同样，激光拉曼分析法也可以结合其他方法，如激光拉曼光谱分析可以确定包裹体中气体密度，再将密度代入相关公式中进行压力计算。

由于川南地区五峰组—龙马溪组页岩脉体中包裹体主要为甲烷包裹体或者烃类—盐水包裹体，可采用参数计算法中盐水体系下流体包裹体等容式进行计算，但由于五峰组—龙马溪组页岩经历了多期构造运动，古温压条件变化复杂，参数计算法难以准确表征，因此采用激光拉曼古压力法对其进行分析。

第一节　五峰组—龙马溪组页岩地层脉体特征

页岩中脉体多沿裂缝充填，因此裂缝的分布规律影响了页岩地层脉体的发育特征，依据岩心和野外露头观察结果，研究区裂缝主要分布在五峰组—龙马溪组底部。川南地区下志留统龙马溪组主要发育构造裂缝、成岩裂缝、沉积成因裂缝，其中以构造裂缝为主，裂缝与围岩的交切关系复杂，可见低角度裂缝、高角度裂缝、微裂缝和层理缝。

一、页岩岩心脉体发育特征

研究区裂缝脉体主要发育在五峰组—龙马溪组中下部位的硅质和钙质页岩发育段，向上在粉砂质页岩中发育逐渐减少。

根据脉体的岩心发育特征及其所充填裂缝的产状，研究区脉体可分为五种类型：（1）Ⅰ型裂缝脉体（倾角 0°～10°）；（2）$Ⅱ_1$ 型裂缝脉体（倾角 80°～90°）；（3）$Ⅱ_2$ 型裂缝脉体（倾角 30°～80°）；（4）Ⅲ型裂缝脉体（倾角 10°～30°）；（5）Ⅳ型黄铁矿脉体（倾角 0°～10°）。

长宁地区裂缝比较发育，在岩心和野外剖面上均能见到裂缝，长度在 2～15cm 之间，最长可到 5m，以层内裂缝为主，少见穿层裂缝。裂缝长度与页岩单层厚度成正比，裂缝延伸长度较大，裂缝发育较为密集，裂缝间距多小于 0.5m。在观测点 CN03，裂缝间距为 0.15～0.65m，裂缝长度为 0.05～1.85m。

裂缝以闭合缝为主，裂缝面平整光滑，与层理面呈斜交状；大部分裂缝被方解石或黄铁矿充填，大部分北西—南东向延伸的裂缝相互切割成块状（图 5-1）。

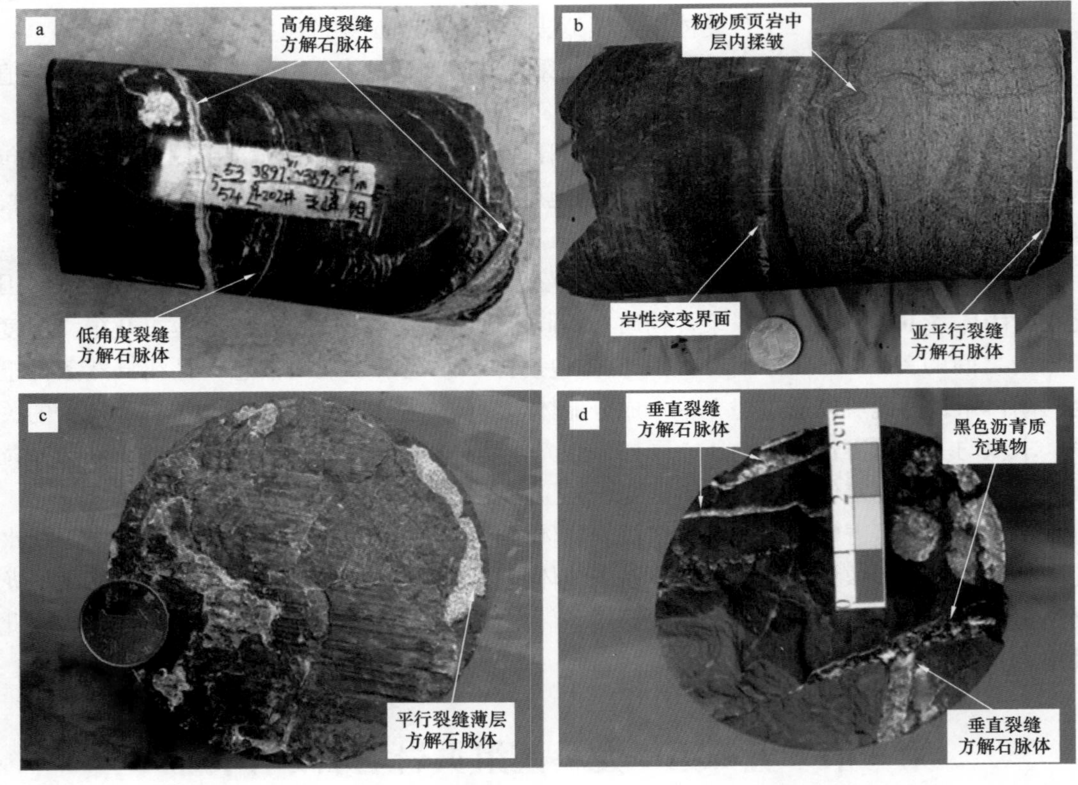

图 5-1　川南地区足 202 井和泸 202 井龙马溪组页岩裂缝脉体发育特征

a—足 202 井，3897.7～3897.8m；b—足 202 井，3897.7～3897.8m；c—泸 202 井，3792.6～3794.7m；d—足 202 井，3894.6～3894.7m

在靠近威远地区的合 201 井区和泸 202 井区，也可见到垂直裂缝脉体和平行、近平行裂缝脉体，局部发育面状脉体。岩心断面上可见星点状黄铁矿，与平行裂缝方解石脉体出现在同一层理面（图 5-2）。

通过岩心观察发现，长宁地区龙马溪组页岩裂缝类型多样，低角度、平行、垂直、高角度等裂缝均有发育，充填矿物具有多样性（表 5-1）。裂缝中充填的脉体主要有平行脉体和斜交层理面的节理脉。

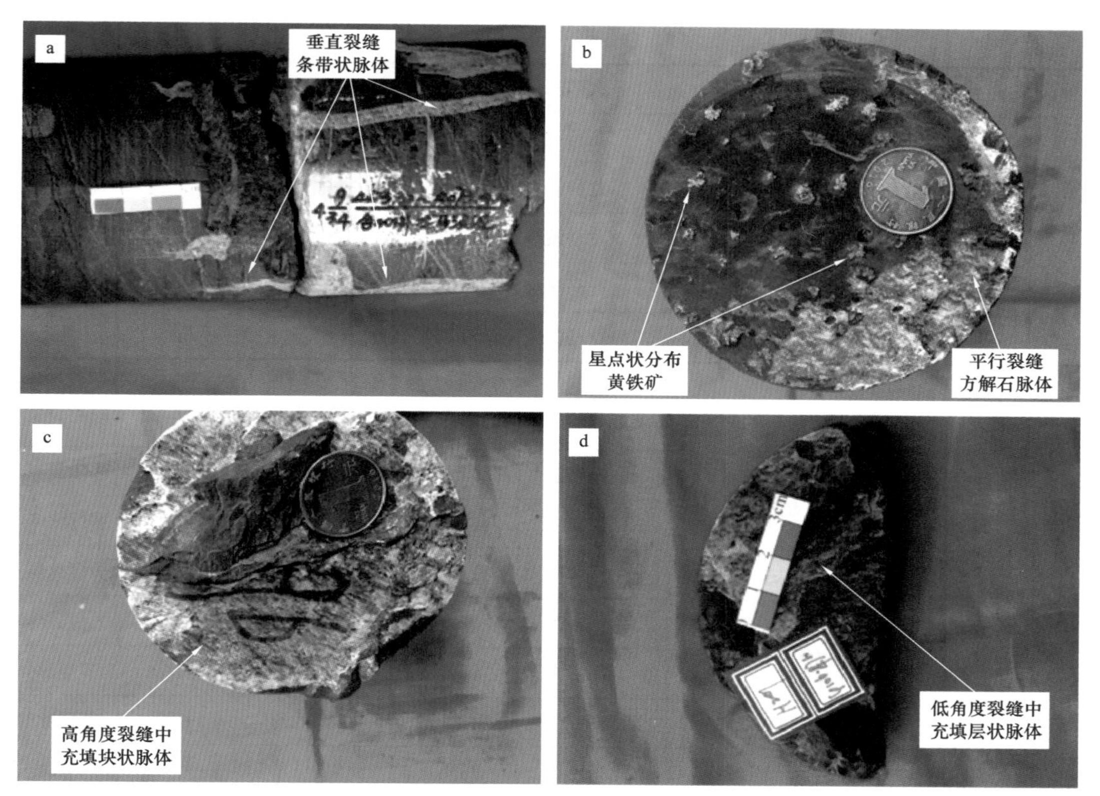

图 5-2　川南地区合 201 井区和泸 202 井区龙马溪组页岩脉体发育特征

a—合 201 井，4073.32m；b—泸 202 井，4327.3m；c—泸 202 井，4325.2m；d—合 202 井，4106.5m

川南威远地区五峰组—龙马溪组页岩层段裂缝脉体采集的样品主要集中在威 203、威 204、威 205、威 208 等钻井中。威远地区裂缝脉体发育程度不及长宁地区页岩层段，且页岩埋深一般较大。在岩心观察中可见低角度裂缝和近平行裂缝较多，高角度裂缝发育较少（表 5-2）。不同岩性页岩中裂缝脉体发育程度具有差异性，主要发育在粉砂质页岩和钙质页岩中。

表 5-1　川南长宁地区龙马溪组页岩裂缝脉体样品基本信息（盆缘弱改造区）

地区	井号	样品号	深度（m）	取样层位	岩性	裂缝产状	脉体类型
长宁	宁 213	CNX13-1	2554.5	龙马溪组	硅质页岩	低角度、平行	平行脉体
	宁 213	CNX13-2	2486.9	龙马溪组	粉砂质页岩	高角度、平行	节理脉
	宁 213	CNX13-3	2553.1	龙马溪组	硅质页岩	低角度、平行	节理脉
	宁 213	CNX13-4	2503.2	龙马溪组	钙质页岩	低角度、平行	节理脉
	宁 215	CNX15-1	2475.2	龙马溪组	粉砂质页岩	低角度、平行	平行脉体
	宁 215	CNX15-2	2513.7	龙马溪组	钙质页岩	垂直于层理面	垂直脉体
	宁 215	CNX15-3	2489.3	龙马溪组	钙质页岩	高角度	节理脉
	宁 215	CNX15-4	2510.4	龙马溪组	粉砂质页岩	高角度	节理脉

续表

地区	井号	样品号	深度（m）	取样层位	岩性	裂缝产状	脉体类型
长宁	宁 216	CNX16–1	2325.7	龙马溪组	钙质页岩	高角度	节理脉
	宁 216	CNX16–2	2322.6	龙马溪组	粉砂质页岩	高角度	节理脉
	宁 216	CNX16–3	2318.4	龙马溪组	钙质页岩	低角度、平行	层状脉体
	宁 216	CNX16–4	2316.7	龙马溪组	钙质页岩	低角度、平行	层状脉体
	宁 216	CNX16–5	2305.3	龙马溪组	钙质页岩	高角度、平行	节理脉

表 5–2　川南威远地区龙马溪组页岩裂缝脉体样品基本信息（盆内稳定区）

地区	井号	样品号	深度（m）	取样层位	岩性	裂缝产状	脉体类型
威远	威 203	WY–3–1	2554.5	龙马溪组	硅质页岩	低角度、近平行	平行脉体
	威 203	WY–3–2	2486.9	龙马溪组	粉砂质页岩	低角度、近平行	平行脉体
	威 203	WY–3–3	2553.1	龙马溪组	硅质页岩	低角度、平行	平行脉体
	威 203	WY–3–4	2503.2	龙马溪组	钙质页岩	平行、亚平行	节理脉
	威 204	WY–4–1	2475.2	龙马溪组	粉砂质页岩	低角度、平行	节理脉
	威 204	WY–4–2	2513.7	龙马溪组	钙质页岩	低角度、平行	节理脉
	威 205	WY–5–3	2489.3	龙马溪组	钙质页岩	低角度	节理脉
	威 205	WY–5–4	2510.4	龙马溪组	粉砂质页岩	低角度	节理脉
	威 205	WY–5–1	2325.7	龙马溪组	钙质页岩	高角度	节理脉
	威 206	WY–6–1	2322.6	龙马溪组	粉砂质页岩	高角度	节理脉
	威 206	WY–6–3	2318.4	龙马溪组	钙质页岩	低角度、平行	节理脉
	威 208	WY–8–4	2316.7	龙马溪组	钙质页岩	平行、亚平行	层状脉体
	威 208	WY–8–5	2305.3	龙马溪组	钙质页岩	低角度、平行	层状脉体

二、页岩脉体岩石学特征与成因

常规岩心观察及光学显微镜下难以精确识别脉体成分，阴极发光是区分石英与碳酸盐矿物的有效手段，其发光原理是 Mn^{2+} 为激活剂，Fe^{2+} 为淬灭剂，从而产生不同的发光性。综合分析发现，龙马溪组裂缝充填脉体主要有三种类型：方解石脉体、石英脉体和方解石—石英混合脉体。第一种较纯的方解石脉体，一般在高角度脉体中出现较多，在单偏光镜下显示为无色透明，可见到一组或两组解理，在正交光下为高级白干涉色，在阴极发光下，为明显的橘黄色光，与周围的页岩基质直接接触，接触边界较为光滑，形成较早，解理不明显；向脉体中部过渡为拉伸纤维状方解石晶体，解理较为明显。在宁 213 井区该种方解石晶体较为发育。第二种为较纯的硅质脉体，在单偏光镜下为无色透明状，宽度较小，为 0.2 ～0.3mm，在正交光下具有明显的消光现象，阴极发光下发光不明显，为沉积成因的硅质脉体，该类脉体发育规模小，宽度较大，可能与早期沉积作用有关。第三种为方解石—石英的复合脉体，石英与方解石均呈现明显的颗粒状，方解石以其解理与石英颗粒相区分。

在五峰组—龙马溪组底部，脉体矿物成分以方解石为主，石英矿物较为少见，而在龙马溪组上段，裂缝脉体充填物以块状石英为主，常见质地较纯的石英脉体。研究区五峰组—龙马溪组页岩为一整套稳定发育的黑色页岩，根据其矿物组分和 TOC 含量可进一步将页岩段由下向上细分为四个页岩段：硅质—碳质混合型页岩段、粉砂质页岩段、硅质—钙质混合型页岩段与黏土质页岩段。根据 FMI 测井资料、岩心观察和脉体类型统计结果，在不同岩性段，四种裂缝发育程度具有较大差别（图 5-3）。

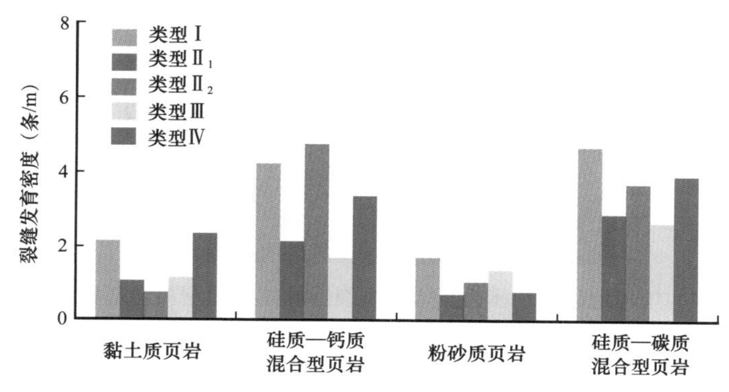

图 5-3 川南地区龙马溪组不同岩相页岩发育裂缝脉体类型特征

1. Ⅰ型裂缝脉体

川南地区龙马溪组页岩Ⅰ型裂缝脉体充填于近平行或平行的层理缝中，分布广泛，充填物滴酸产生微量气泡或不起泡。偏光显微镜下难以区分脉体成分，通过阴极发光观察，发现川南长宁地区宁 213 井龙马溪组页岩发育的Ⅰ型裂缝脉体主要成分为暗灰色石英脉体，方解石脉体规模极小，以 2～6mm 薄层状夹杂在页岩层中，并且平行于页岩层面。该类脉体的围岩基质主要矿物为石英和方解石，因此，薄层方解石脉体为沉积成因（图 5-4）。

2. Ⅱ型裂缝脉体

川南地区龙马溪组页岩Ⅱ型裂缝脉体主要发育在硅质—钙质混合型页岩和硅质—碳质混合型页岩中，充填于高角度裂缝中。依据裂缝产状，可细分为Ⅱ$_1$和Ⅱ$_2$型，其中Ⅱ$_1$型为完全垂直层理面裂缝脉体，Ⅱ$_2$型为非垂直层理面高角度裂缝脉体。

Ⅱ$_1$型裂缝脉体充填物为方解石并伴生沥青质（图 5-5），正交光下观察，脉体发育纤维状方解石晶体（图 5-1），具有定向性，近乎垂直脉壁发育，局部发育方解石双晶。这种晶体应是在较强应力作用下的流体活动与沉淀结晶形成，结合其围岩为页岩基质，推测该种脉体可能是高温高压条件下形成，与有机流体排出和运移有关。

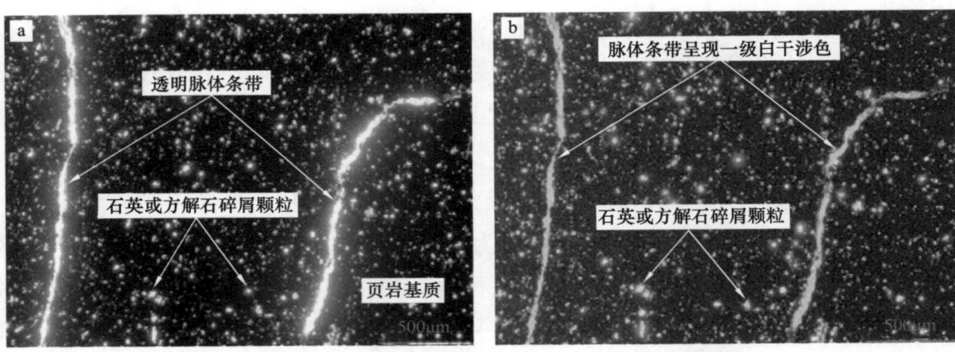

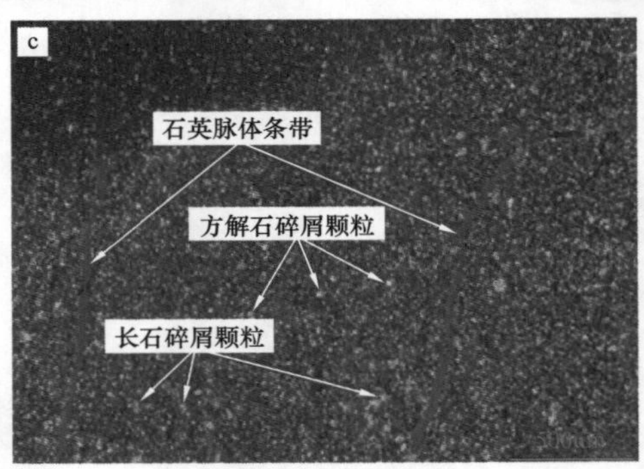

图 5-4　川南地区龙马溪组页岩Ⅰ型裂缝脉体及周围页岩基质镜下特征

a—宁 213 井，2554.5m，单偏光；b—宁 213 井，2554.5m，正交光；c—宁 213 井，2554.5m，阴极发光

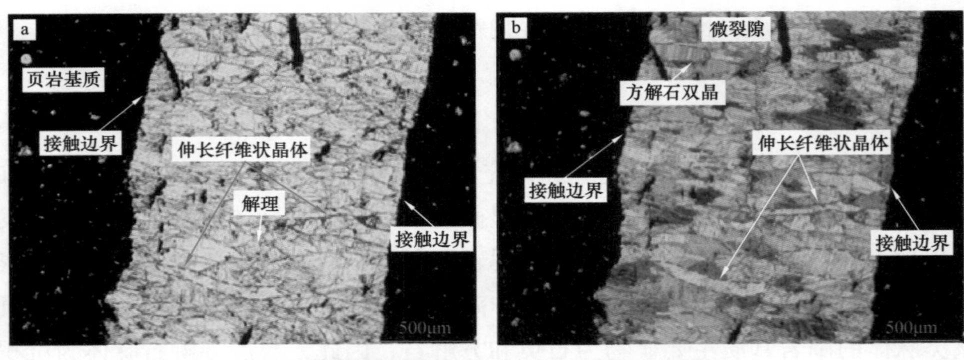

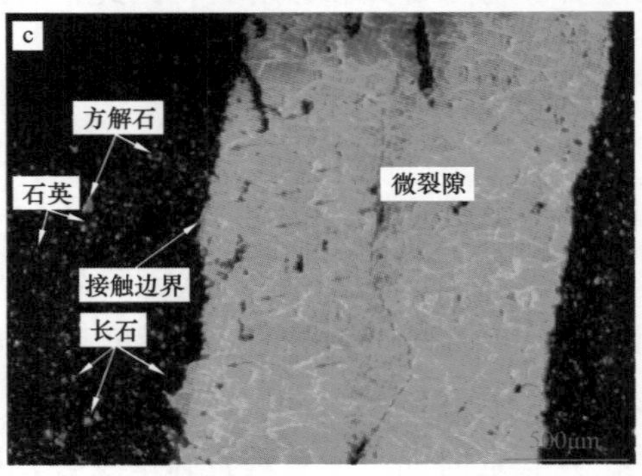

图 5-5　川南地区龙马溪组页岩Ⅱ$_1$型裂缝脉体及周围页岩基质镜下特征

a—宁 213 井，2554.5m，单偏光；b—宁 213 井，2554.5m，正交光；c—宁 213 井，2554.5m，阴极发光

$Ⅱ_2$型裂缝脉体充填物主要为石英和方解石，方解石脉体较少，宽度一般为厘米级或者微米级；主要发育混合脉体，成分为方解石、玉髓（尚未结晶的石英，均质体）和少量含镁铁质条带，方解石以两种形式存在，结晶较好的方解石晶体颗粒和发丝状的方解石细微条带（图 5–6）。

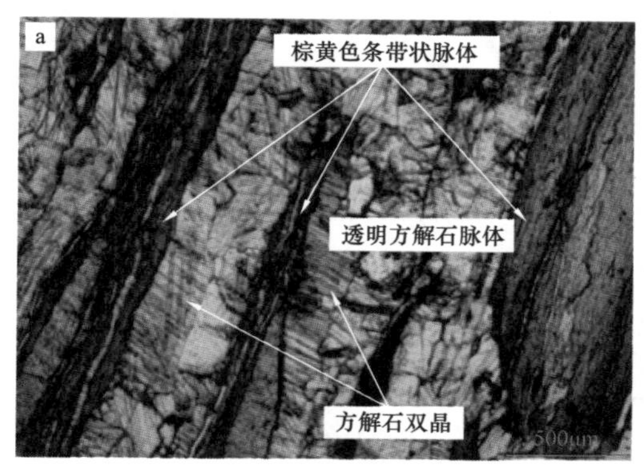

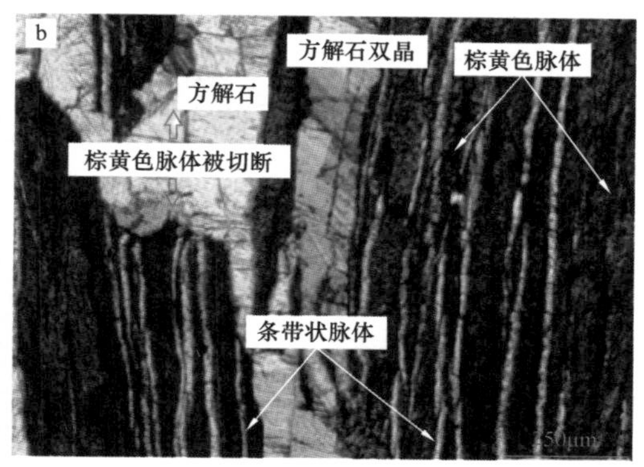

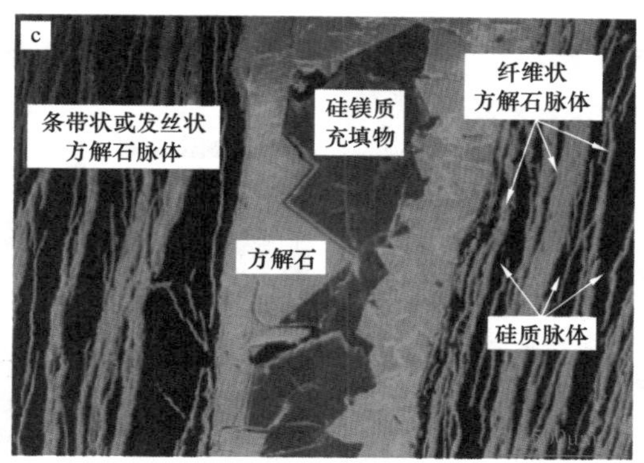

图 5–6　川南地区龙马溪组页岩$Ⅱ_2$型裂缝脉体及周围页岩基质镜下特征

a—宁 215 井，2552.3m，单偏光；b—宁 215 井，2552.3m，正交光；c—宁 215 井，2552.3m，阴极发光

$Ⅱ_2$型裂缝脉体常见于硅质条带烃源岩中，其内部可见与硅质条带平行的方解石条带，宽度一般为 50～100μm。但 70% 的方解石脉体多呈碎屑晶体颗粒产出，晶体颗粒呈现凹凸接触，排列紧密，多发育机械 e 双晶，双晶宽度一般小于 0.1mm，为厚双晶，其中 80% 为一组双晶，20% 为两组双晶。双晶形态同图 5–7 类型②，该类方解石主晶变形温度低于 200℃。方解石双晶也能反映古地应力，当方解石受应力发生变形时，最大主应力（σ_1）和最小主应力（σ_3）与方解石主晶夹角发生改变，因此方解石机械 e 双晶被广泛用于恢复岩石中的古应力方向和大小。

3. Ⅲ型裂缝脉体

川南地区龙马溪组页岩Ⅲ型脉体为低角度裂缝脉体，在岩心或野外剖面观察中发现，裂缝脉体通常呈雁列式或斜列式分布。川南地区泸 202 井和威 203 井岩心中可观察到该类型裂缝脉体。在镜下薄片观察中可见两条平直的方解石脉体，较窄脉体切穿较宽脉体。在阴极发光下，较宽脉体呈现中等橘黄色光，而较窄脉体呈现亮色橘黄色光，表明两条脉体成岩流体成分存在差异。另外，围岩还发育微裂隙充填白云石和方解石（图 5–8）。

温度、应力增加

双晶类型图示				
类型	类型①	类型②	类型③	类型④
几何形态描述	薄双晶 平直 规则	厚双晶 平直 略显透镜状 规则	弯曲厚双晶 复杂双晶 略显透镜状 不规则	厚双晶、斑块状 呈缝合线状双晶界线 略显透镜状 不规则

图 5-7　方解石中发育双晶类型与温度和应力的关系（据 Martin 等，1996）

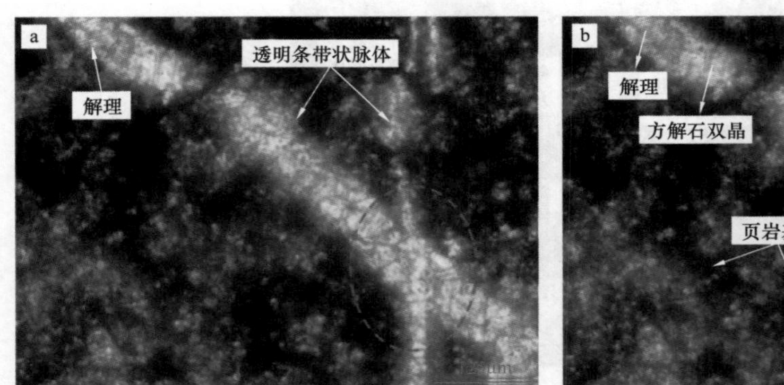

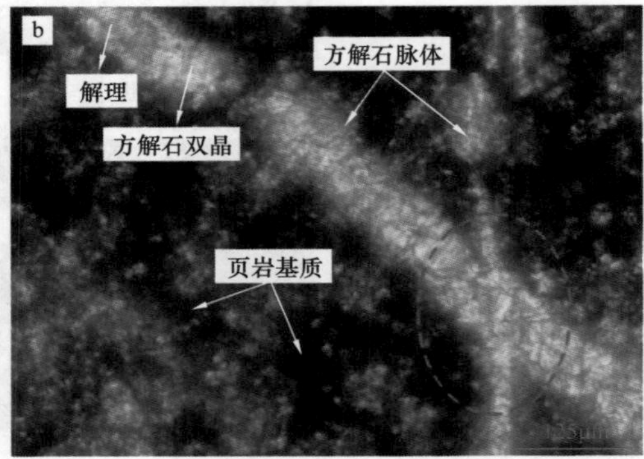

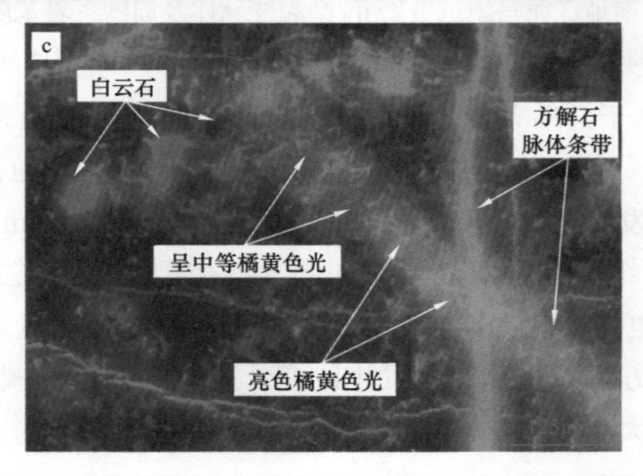

图 5-8　川南地区龙马溪组页岩Ⅲ型裂缝脉体及周围页岩基质镜下特征

a—泸 202 井，3988.3m，单偏光；b—泸 202 井，3988.3m，正交光；c—泸 202 井，3988.3m，阴极发光

4. Ⅳ型裂缝脉体

川南地区龙马溪组页岩Ⅳ型脉体主要为平行或亚平行裂缝脉体，裂缝充填物为黄铁矿或薄层方解石，主要为薄层状黄铁矿或分散的块状黄铁矿。

第二节　五峰组—龙马溪组页岩脉体包裹体特征

长宁地区以发育Ⅱ型和Ⅲ型裂缝脉体为主，而威远地区可见大量Ⅲ型裂缝脉体和一定量Ⅱ型裂缝脉体。通过对威远地区威203井、威204井和长宁地区宁215井、宁216井五峰组—龙马溪组页岩脉体充填物进行流体包裹体特征研究，从中可以了解页岩古流体的信息，为古压力的恢复奠定基础。

一、裂缝脉体包裹体岩相学与分布特征

1. 脉体包裹体类型

川南龙马溪组页岩脉体中捕获的包裹体主要为气—液两相包裹体（A型）和纯气相包裹体（B型）两种类型（表5–3）。

表5–3　川南龙马溪组页岩裂缝脉体包裹体发育特征

包裹体类型	包裹体发育产状	包裹体成分	包裹体形状	包裹体分布特征
气—液两相包裹体（A型）	呈孤立状或与Ⅱ型脉体包裹体共生产出	CH_4—NaCl盐水体系	以短柱状、次圆、不规则椭圆、不规则多边形等形态为主，一般分布在2～6μm之间，个别可达7～9μm	一般在线状分布包裹体的两端，孤立产出或与B型包裹体共生
纯气相包裹体（B型）	呈线状、成群状分布或孤立状	主要为CH_4，局部包裹体中含少量CO_2	不规则的纺锤状、近圆形、多边形等，长轴多在3～5μm之间	主要为线状或成群状分布，颗粒大小变化具有方向性

气—液两相包裹体（A型）在室温下的显微观察中可见到明显的气泡移动，在镜下多成群呈带状分布，A型包裹体大约占20%。多数包裹体的气液比在15%～40%之间，少数包裹体可达50%～60%。在石英脉体中，气—液两相包裹体多呈现出次圆、不规则椭圆、不规则多边形等形态，大小一般为2～6μm，个别可达7～9μm（图4–9）。不规则包裹体可能是由于前期局部尺寸较大的包裹体受到后期改造作用而发生了形变。在方解石脉体中，低倍镜下可看到$Ⅱ_1$型脉体中方解石解理缝被沥青质充填，方解石脉中的A型包裹体以次圆形、狭扁形、较规则的四边形为主，长轴为2～6μm，短轴为2～6μm，成群密集分布或孤立产出（图4–9）。相比于石英脉体，产于方解石脉体中的气—液两相盐水包裹体尺寸更小。

纯气相包裹体（B型）往往与A型包裹体共生。在镜下B型包裹体不易识别，需要在调低光源亮度的情况下仔细观察，明显的特征是中间发亮、四周灰黑、透明度低，局部A型包裹体发黑不透明。B型包裹体在石英脉体和方解石脉体中均有大量分布，可能与页岩大量生气之后流体的捕获有关。总体上B型包裹体呈不规则的纺锤状、近圆形、多边形，包裹体长轴与短轴长度接近，尺寸为3～5μm，大部分为集群状分布，局部呈现孤立状（图5–9）。

镜下还能见到次生包裹体，该类包裹体具有形状不规则、局部出现两头大中间小的缩颈现象。A 型和 B 型包裹体中均有次生包裹体出现（图 5–9）。

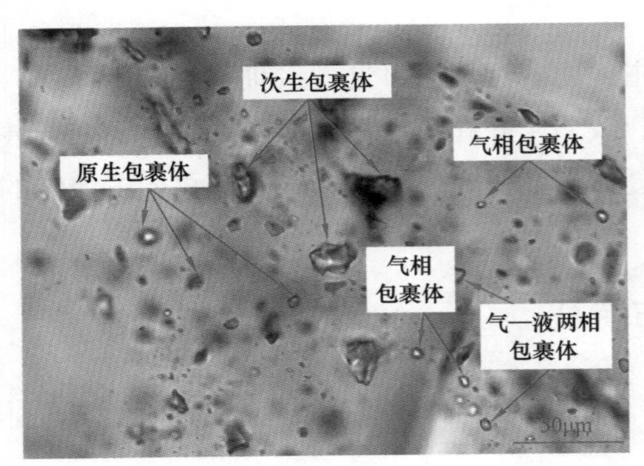

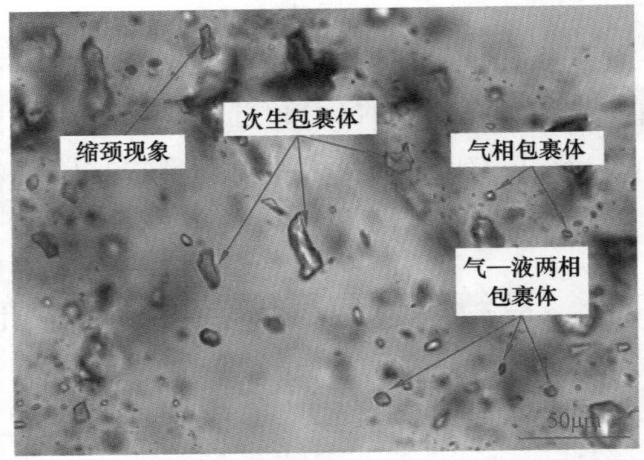

图 5–9　川南地区龙马溪组页岩脉体充填物中包裹体类型与形态特征

2. 包裹体分布特征

研究区五峰组—龙马溪组页岩脉体中，包裹体的组合形式一般为线状分布或者杂乱状成群分布（表 5–3）。

线状分布的包裹体一般受控于晶体发育边界或微裂隙的发育。在石英脉体中发育的两列线状分布气相包裹体均局限于单个石英晶体内部，两列包裹体中单个气相包裹体的个体大小相差较大（图 5–10a、b），往往为Ⅲ型裂缝中充填的石英脉体，石英晶体颗粒具有明显消光作用，局部发育溶蚀微裂隙。

杂乱状成群分布的包裹体往往发育在方解石脉体中。页岩裂缝中脉体充填物成分以方解石为主，其次还发育石英的交代作用，形成方解石硅化作用，即晚期方解石脉伴生硅化现象，表现为解理的消失而呈现完整平滑的块状。在方解石脉体中，方解石晶体总体上晶形发育较为完整，出现多组具有不同走向的解理，表明方解石晶体可能在发生蚀变作用。在方解石晶体中，气相包裹体和气—液两相包裹体杂乱发育（图 5–10c），可观察到四列线状分布的气相包裹体，局部有个体较大的气—液两相包裹体。线状气相包裹体与其中发育的微裂隙斜交且被微裂隙切断，反映微裂隙发育时间较包裹体捕获时间晚（图 5–10d）。线状包裹体出现树枝状分叉（图 5–10e）和包裹体杂乱分布以及次生包裹体的出现（图 5–10f），反映后期构造作用引起的成岩环境改变对脉体中包裹体的改造作用。

例如宁 216 井五峰组—龙马溪组页岩方解石脉体以发育线状分布的气相包裹体和集群状的包裹体为主（图 5–11a、f）。线状气相包裹体并不沿方解石走向分布，而是与其走向呈现一定的夹角（图 5–11a、e）。方解石脉体中捕获的线状包裹体个体大小也具有一定的变化规律，即沿着分布走向的一端变大或者变小，这可能与包裹体捕获顺序有关。此外，还可见到一组方解石双晶（图 5–11f），双晶纹宽度不大，可反映方解石脉体是在一定的地质应力下形成的，局部杂乱分布的不规则气相包裹体也相应证实了应力对包裹体的改造作用。

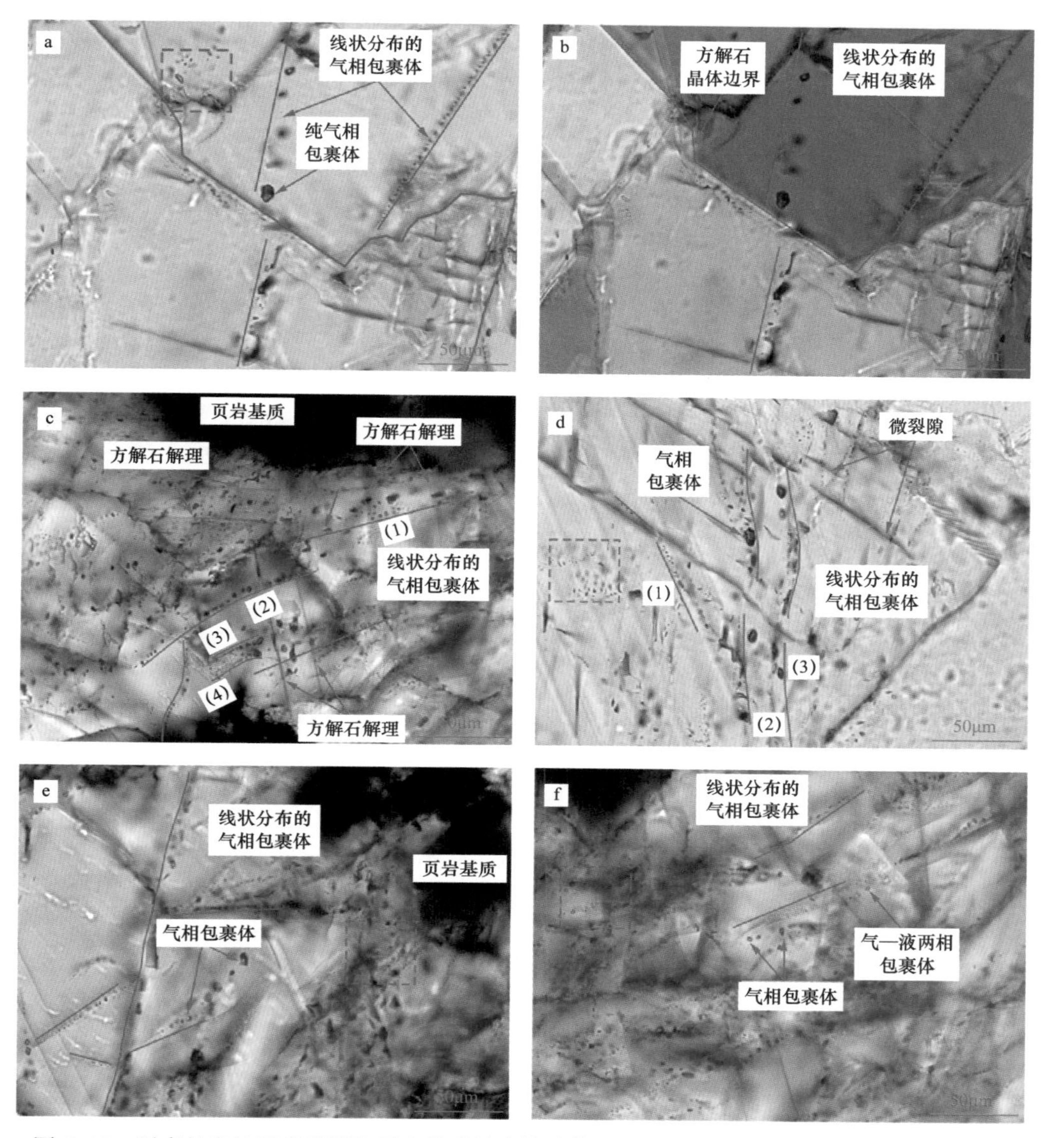

图 5-10　川南长宁地区龙马溪组页岩段裂缝充填脉体和包裹体发育特征（宁 215 井 2513.6m）

3. 脉体充填物包裹体发育模式

根据以上不同类型包裹体组合关系以及包裹体在方解石中发育的位置，气—液两相盐水包裹体（A 型）和单相包裹体（B 型）共存于同一原生流体包裹体组合，说明包裹体应该是捕获于 CH_4—NaCl—H_2O 超临界甲烷相和水相不混溶两相系统，水相中饱含甲烷，因此气—液两相盐水包裹体中应该普遍饱含甲烷。根据包裹体镜下观察结果，Ⅱ型和Ⅲ型裂缝脉体充填物中还发育大量次生包裹体，一般沿着微裂缝或者晶体接触边界发育，其粒径一般较小（＜3μm），呈串珠状或成群沿着微裂隙发育，并局限于单个方解石或者石英晶体颗粒之间（图 5-12）。

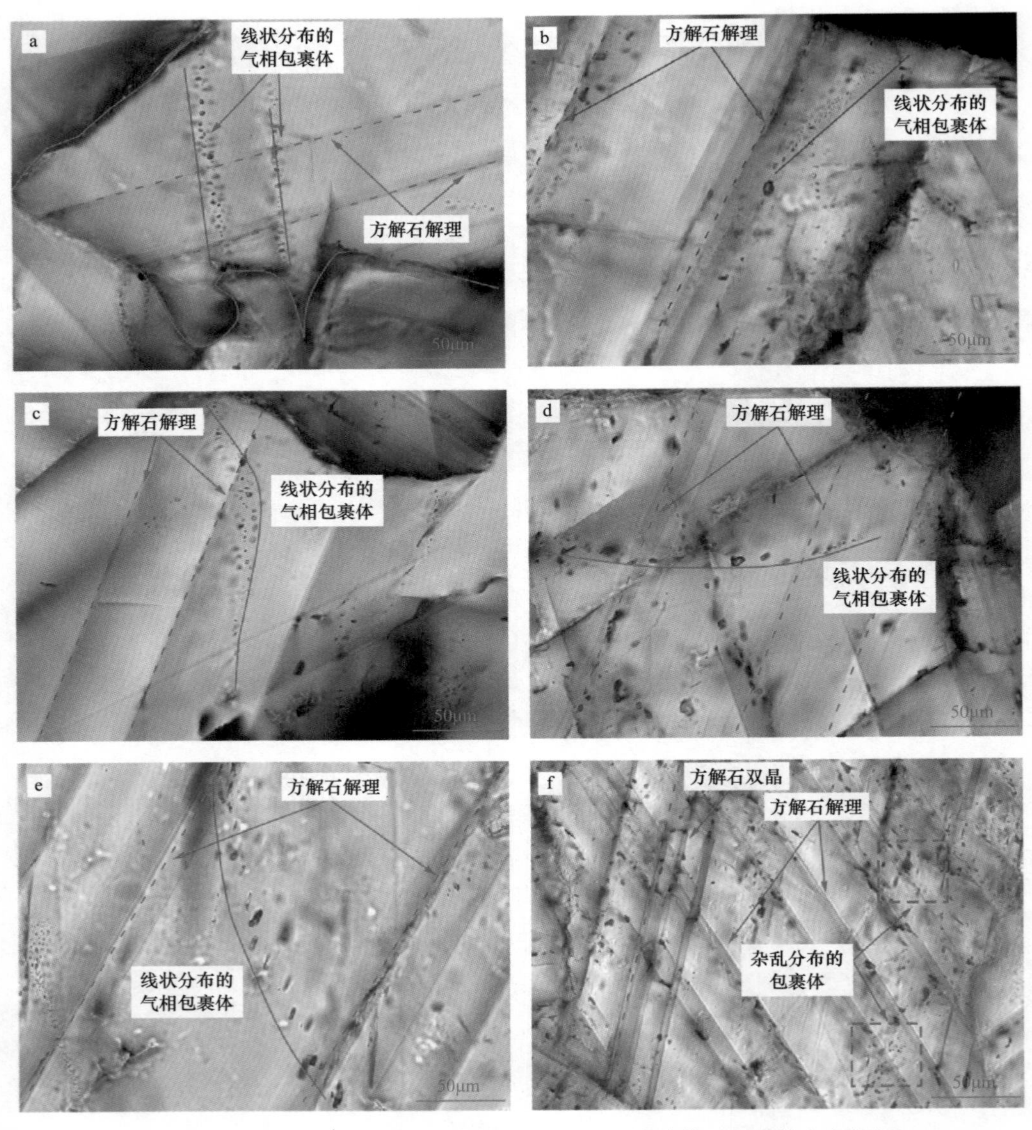

图 5–11　川南长宁地区龙马溪组页岩段裂缝充填脉体和包裹体发育特征
（宁 216 井 2322.6m）

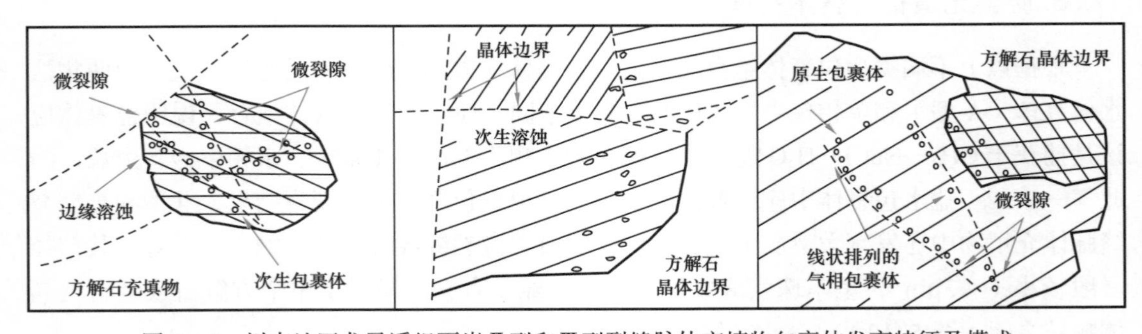

图 5–12　川南地区龙马溪组页岩Ⅱ型和Ⅲ型裂缝脉体充填物包裹体发育特征及模式

二、裂缝脉体包裹体成分特征

对于气相包裹体，采用激光拉曼法对气体成分进行分析。在实验室条件下（温度25℃），纯气相 CH_4 包裹体拉曼位移峰一般在 2910.94cm^{-1} 左右（图 5–13、图 5–14），为实验室条件下 CH_4 气体的典型位移峰特征，且拉曼峰位移呈现窄而尖锐的特征，表明 CH_4 气体纯度非常高，为纯 CH_4 气体。但在宁 216 井的Ⅱ型脉体充填物中所含有的包裹体除 CH_4 谱峰外，还有信号强度较弱的 CO_2 谱峰，表现为双峰特征，拉曼位移分别为 1282.44cm^{-1} 和 1384.69cm^{-1}（图 5–14），表明Ⅱ型裂缝脉体气体包裹体中还含有少量的 CO_2 气体（表 5–3）。

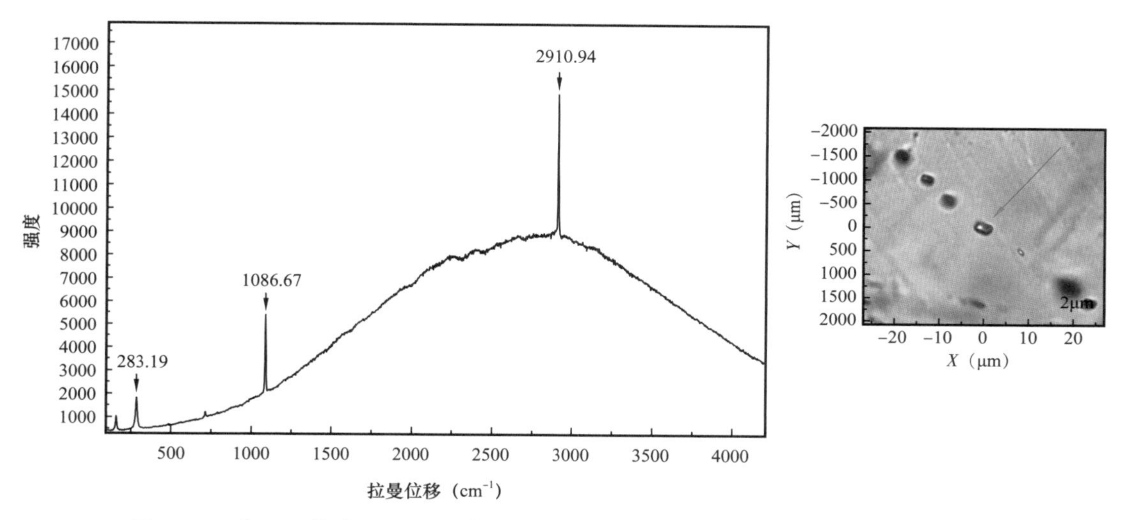

图 5–13　宁 215 井（2324.9m）龙马溪组裂缝脉体中气相包裹体激光拉曼光谱特征

右侧小图为激光拉曼探测位置，方解石脉体发育的线状分布包裹体

在地质历史时期，地层中的 CO_2 气体主要来源于以下四种地质作用过程：（1）碳酸盐矿物的受热分解作用，呈分散状的碳酸盐矿物或碳酸盐岩受到高温流体的加热作用而发生分解释放 CO_2 气体，形成无机壳源 CO_2；（2）深部幔源形成的 CO_2 气体，主要为岩浆在外界条件改变的情况下释放出的无机成因 CO_2 气体；（3）在成岩作用早期，有机质在温度较低情况下的热降解作用，即有机质生烃早期阶段有机质中脱羧反应产生 CO_2 气体，该情况下形成有机 CO_2 气体且 $\delta^{13}CO_2$ 值一般低于 −10‰；（4）热化学作用或微生物硫还原作用导致烃类氧化形成 CO_2 气体。长宁气田页岩气较高的 $\delta^{13}C_1$ 值和较高的 $C_1/(C_1+C_3)$ 比值，并且是Ⅱ型和Ⅲ型有机质热解成因气的混合。根据激光拉曼的谱峰强度可以粗略估计包裹体中 CO_2 的含量，CH_4 气体拉曼位移峰强度远高于 CO_2 气体拉曼谱峰强度，可以推断出 CH_4—CO_2 气相包裹体中 CO_2 气体含量极低。当处于未成熟阶段时，包裹体的主要成分是 CO_2 和 H_2O；而当处于高成熟阶段时，CO_2 则会消失。结合这一点，可以推测出包裹体中 CO_2 气体为有机成因，并且 CH_4—CO_2 气相包裹体可能是因为遭受后期改造作用由 CO_2—H_2O 气相包裹体演变而来。

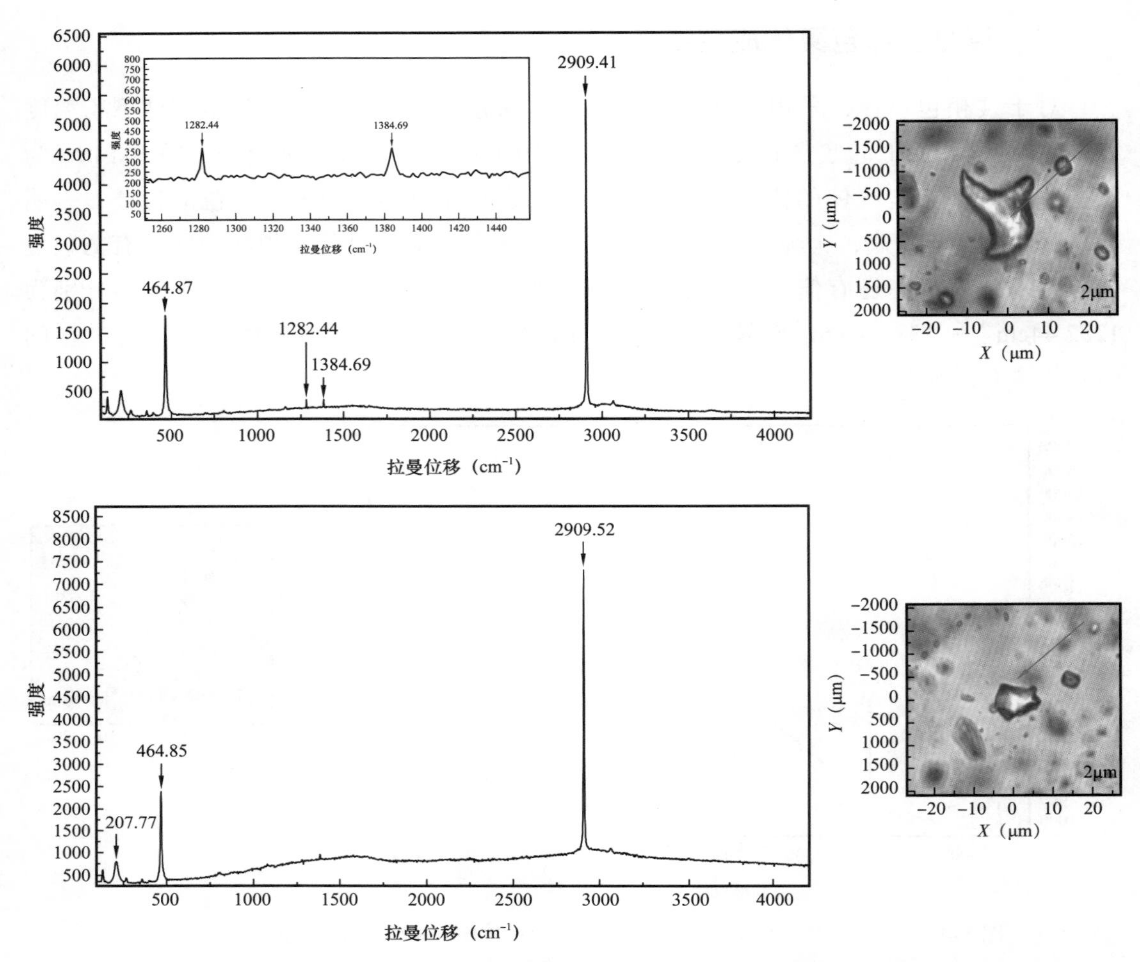

图 5-14　宁 216 井（2325.7m）龙马溪组裂缝脉体中气相包裹体激光拉曼光谱特征

右侧小图为激光拉曼探测位置，方解石脉体发育的线状分布包裹体

三、裂缝脉体包裹体显微测温特征

1. 长宁地区页岩方解石脉体包裹体均一温度特征

主要测试了长宁地区重点钻井（宁 213、宁 215 和宁 216 等）方解石脉体气—液两相盐水包裹体的均一温度。结果显示，不同期次方解石脉体中发育的包裹体均一化温度差异较大，分布范围较广，90～220℃均有分布，存在两个明显的均一温度分布段，前者为 90～130℃，后者为 160～220℃。后者主峰分布在 180℃和 200℃，可能对应两期的包裹体捕获（图 5-15）。均一温度较高的一期可能是在接近最大古埋深时捕获，而另一期温度较低可能为地层抬升时温度降低发生的流体捕获。

不同类型脉体充填物展现出不同的均一温度分布特征，对于代表较强构造运动的Ⅱ型裂缝，其包裹体均一温度具有一定的区分性，其中的脉体充填物包裹体表现出两期充填特征。因此，可以认为长宁地区存在两期脉体形成史。

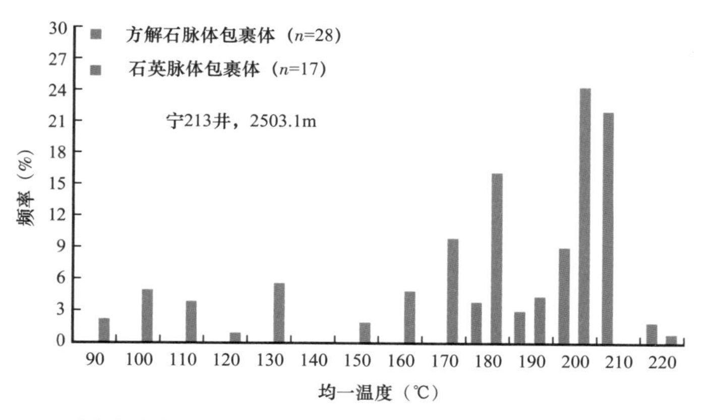

图 5-15　川南长宁气田龙马溪组页岩裂缝脉体包裹体均一化温度分布特征

此外，通过统计川南龙马溪组页岩脉体包裹体尺寸、形状与包裹体均一温度之间的关系，发现包裹体最大长度随包裹体均一温度增高而呈增大趋势，均一温度升高时相应包裹体形状趋向于变复杂（图 5-16）。

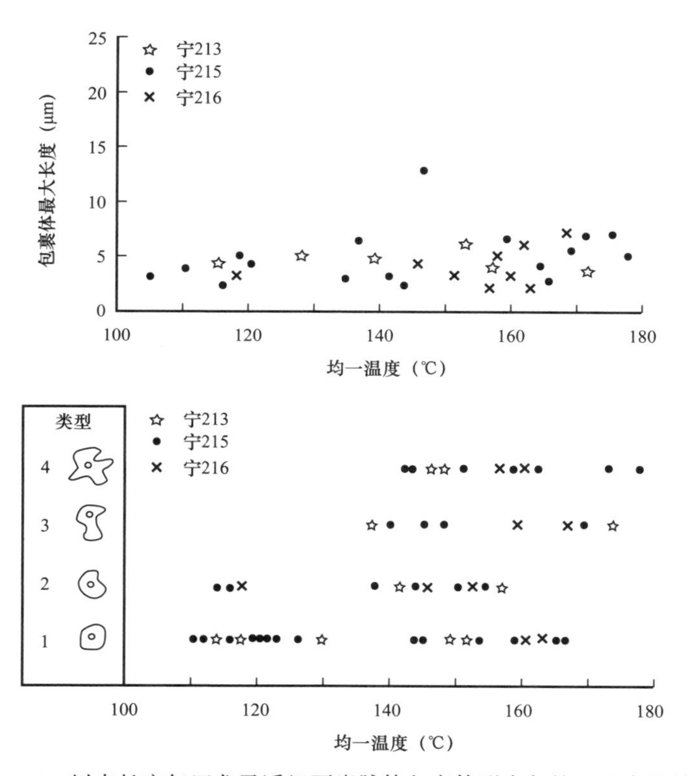

图 5-16　川南长宁气田龙马溪组页岩脉体包裹体形态与均一温度的关系

2. 威远地区页岩方解石脉体包裹体均一温度特征

威远气田龙马溪组页岩脉体包裹体以气相包裹体为主，可用于测温的盐水包裹体含量相对较少，且盐水包裹体主要分布在Ⅱ型裂缝脉体充填物中，Ⅰ型裂缝脉体充填物中包裹体仅少量为盐水包裹体，Ⅲ型裂缝脉体充填物中盐水包裹体含量最少（图 5-17、图 5-18）。

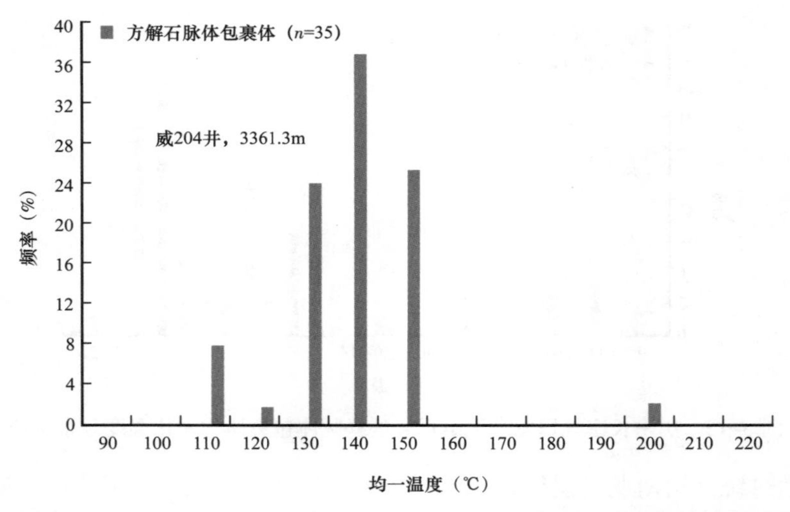

图 5–17　川南威远气田龙马溪组页岩裂缝脉体中包裹体均一化温度分布特征

威远气田龙马溪组页岩表现为底部呈现较高的均一温度，上部主要为气相包裹体，可能反映在较深地层埋深条件下气—液两相流体的捕获，且是在烃类大量裂解形成甲烷气体之后形成的气相包裹体（图 5–18）。上部的裂缝脉体主要为Ⅱ型裂缝，充填物主要为甲烷包裹体，其中脉体中还含有大量的固体沥青。

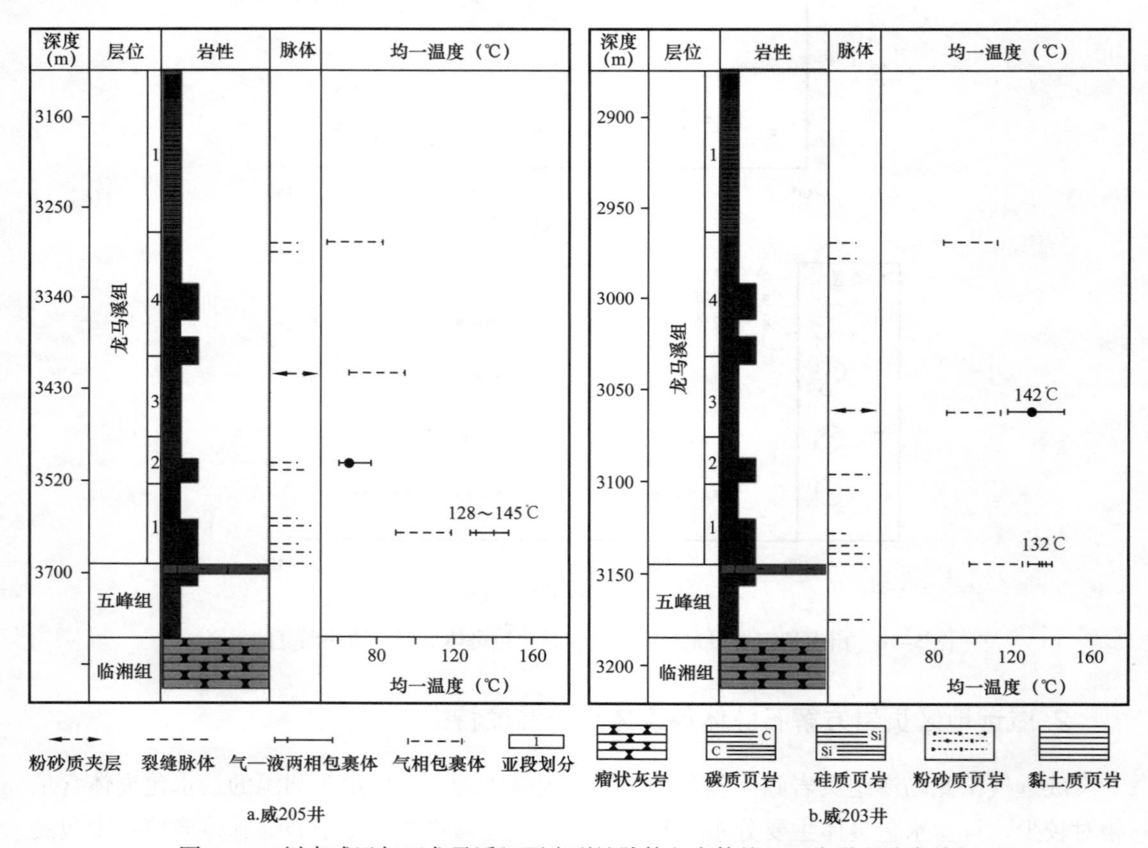

图 5–18　川南威远气田龙马溪组页岩裂缝脉体包裹体均一温度纵向分布特征

四、裂缝脉体包裹体古盐度特征

通过对包裹体盐度的统计分析，发现不同类型脉体充填物展现出不同的盐度分布特征（表 5–4）。对于代表较强构造运动的Ⅱ型和Ⅲ型裂缝，其中的脉体充填物包裹体表现出两期充填特征。一般认为长宁地区存在两期脉体，两期盐水包裹体展现出不同的盐度特征，如在宁 216 井区，Ⅱ型裂缝脉体充填物包裹体中表现出两期特征（图 5–19）。在威远地区，Ⅲ型裂缝脉体充填物包裹体盐度在 7.0%～12.2% 之间，表现出高盐度特征（图 5–20）。

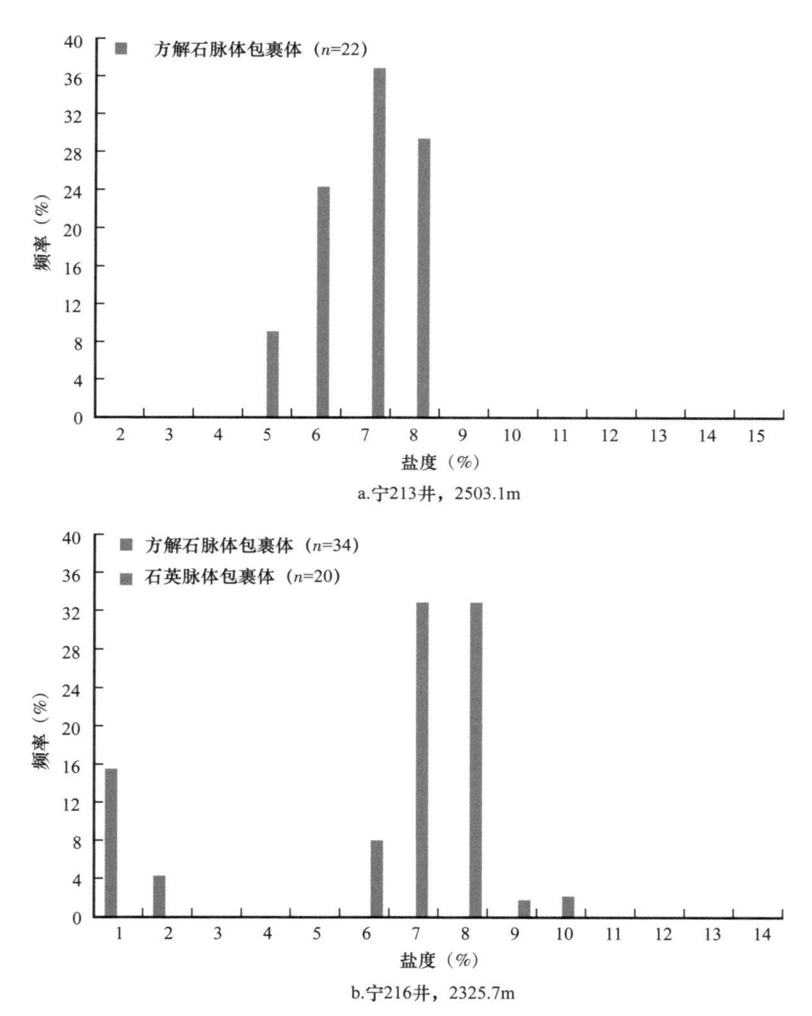

图 5–19　川南长宁气田龙马溪组页岩脉体包裹体盐度分布特征

长宁气田五峰组—龙马溪组页岩脉体充填物中气—液两相盐水包裹体的盐度基本上在 7.2% 以上。Ⅲ型裂缝石英脉体中气—液两相盐水包裹体均一温度高于方解石脉体中气—液两相盐水包裹体，而其盐度则比方解石脉体中气—液两相盐水包裹体低。方解石中高盐度包裹体主要来自高盐度的流体，结合包裹体的高温特征，反映高盐度水可能为外来流体。

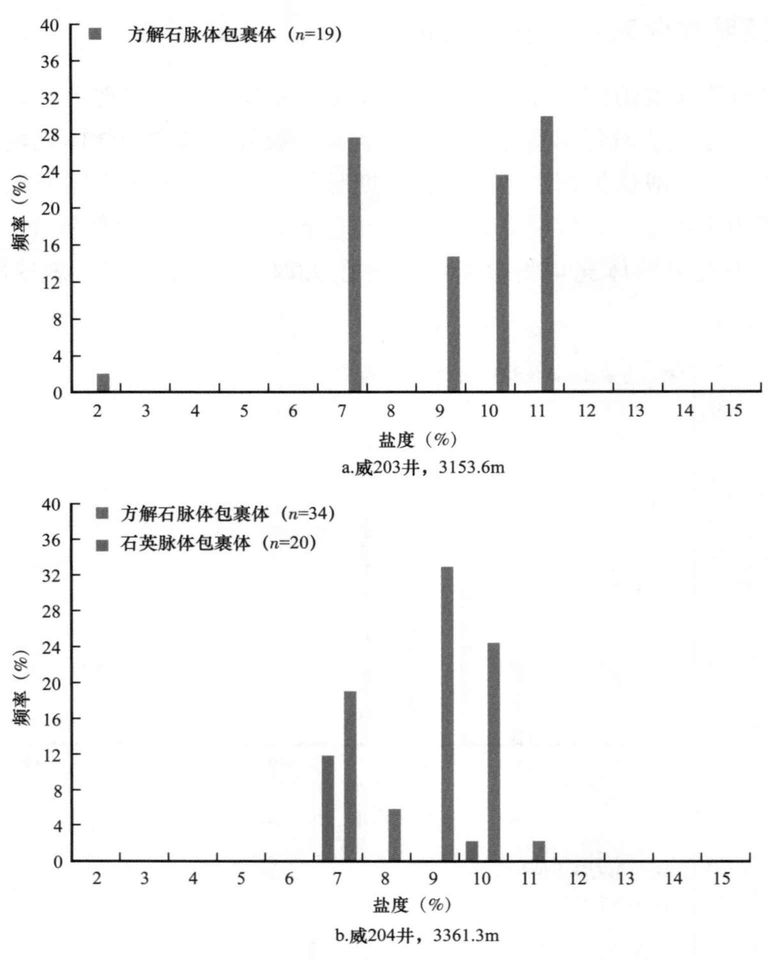

图 5-20　川南威远气田龙马溪组页岩脉体包裹体盐度分布特征

表 5-4　页岩裂缝脉体充填物显微测温数据统计表

裂缝脉体类型	测量值	均一温度（℃）	冰点温度（℃）	盐度（%，质量分数）
$Ⅱ_1$型裂缝充填物	最大值	210.7	−10.4	8.68
	最小值	179.5	−13.8	6.25
	平均值	180.3	−13.6	7.32
$Ⅱ_2$型裂缝充填物	最大值	152.4	−7.4	10.28
	最小值	133.6	−15.6	2.32
	平均值	142.5	−13.8	5.37
Ⅲ型裂缝充填物	最大值	155.7	−10.4	11.36
	最小值	110.8	−15.4	2.41
	平均值	127.3	−12.1	8.15

第三节 页岩地层古压力及其演化

一、页岩地层古压力确定

对于储层中捕获的含油气包裹体，一般通过包裹体压力模拟法来计算包裹体捕获流体的压力，但是该方法依赖于包裹体中单个烃类混合组分的准确比例。在实际测试中很难获取多组分包裹体中各个组分的比例，并且各组分之间的复杂相容性也给模拟结果带来了不确定性。

纯甲烷包裹体在含油气储层中较为常见，对于该类包裹体内压的确定，前人开展了大量的研究实验。通过不同压力条件下封存甲烷气体的一系列毛细玻璃管实验，测定每种压力条件下甲烷拉曼散射峰位移（v_p），探讨甲烷拉曼散射峰位移和甲烷密度、压力之间的关系（Fabre 等，1986；Seitz 等，1996；Thieu 等，2000；Hansen 等，2009）。根据实验结果模拟了甲烷拉曼散射峰位移与甲烷密度之间的关系（Lin 等，2007）：

$$\rho=-5.17331\times10^{-5}D^3+5.53081\times10^{-4}D^2-3.51387\times10^{-2}D \quad (5-1)$$

式中，拟合度相关性可达 R^2=0.9987；ρ 为甲烷密度，g/cm^3；$D=v_1-v_0$，v_1 是激光器校正后实测甲烷包裹体的甲烷拉曼散射峰位移，cm^{-1}；v_0 是近真空条件下甲烷包裹体的甲烷拉曼散射峰位移，cm^{-1}，主要受实验室条件影响。

本次研究中页岩脉体包裹体是在核工业北京地质研究所激光拉曼分析实验室中完成，采用的仪器为 LABHR-VIS LabRAM HR800 研究级显微激光拉曼光谱仪。实验过程中使用的激光器为 Yag 晶体倍频固体激光器，激光波长为 532nm，扫描范围为 100～4200cm^{-1}。激光拉曼分析时实验温度为 25°C，测试湿度为 50%。本研究采用的是核工业北京地质研究所激光拉曼分析实验中所标定的值（v_0=2017.11cm^{-1}），然后测定页岩脉体中纯甲烷包裹体的激光拉曼位移（图 5-21）。依据式（5-1），计算得到长宁气田龙马溪组页岩方解石脉中纯甲烷包裹体密度为 0.2080～0.2699g/cm^3（表 5-5）。在威远地区，威 203 井、威 204 井页岩段脉体甲烷包裹体密度与长宁地区相差不大，而在泸 202 井区发现的纯甲烷包裹体密度为 0.2080g/cm^3（表 5-5），要稍低于长宁地区页岩脉体包裹体中甲烷的密度。

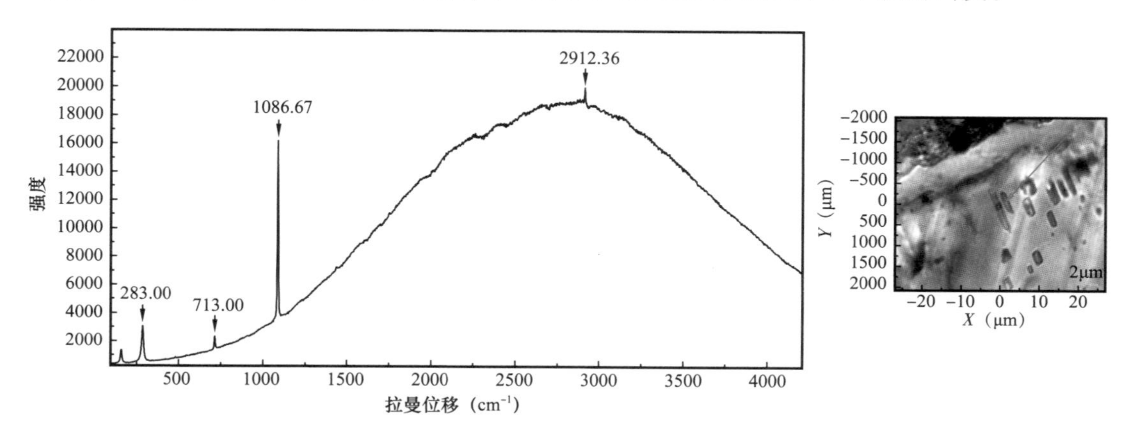

图 5-21 川南地区龙马溪组页岩层段裂缝脉体中气相包裹体激光拉曼位移特征

纯甲烷包裹体拉曼位移峰为 2912.36cm^{-1}

在确定了甲烷包裹体中甲烷气体密度之后，可利用式（5–2）计算高密度甲烷包裹体的捕获压力。在实际计算中考虑到公式中涉及参数较多，可以将大部分固定参数编入计算机程序中，计算时只需输入纯甲烷包裹体的密度和均一温度即可计算出包裹体捕获时的压力。

$$Z=\frac{pV}{RT}=\frac{p_{\mathrm{r}}V_{\mathrm{r}}}{T_{\mathrm{r}}}=1+\frac{B}{V_{\mathrm{r}}}+\frac{C}{V_{\mathrm{r}}^{2}}+\frac{D}{V_{\mathrm{r}}^{2}}+\frac{E}{V_{\mathrm{r}}^{2}}+\frac{F}{V_{\mathrm{r}}^{2}}\left(\beta+\frac{\gamma}{V_{\mathrm{r}}^{2}}\right)\exp\left(-\frac{\gamma}{V_{\mathrm{r}}^{2}}\right) \tag{5–2}$$

$$B=a_1+\frac{a_2}{T_{\mathrm{r}}^{2}}+\frac{a_3}{T_{\mathrm{r}}^{3}} \tag{5–3}$$

$$C=a_4+\frac{a_5}{T_{\mathrm{r}}^{2}}+\frac{a_6}{T_{\mathrm{r}}^{3}} \tag{5–4}$$

$$D=a_7+\frac{a_8}{T_{\mathrm{r}}^{2}}+\frac{a_9}{T_{\mathrm{r}}^{3}} \tag{5–5}$$

$$E=a_{10}+\frac{a_{11}}{T_{\mathrm{r}}^{2}}+\frac{a_{12}}{T_{\mathrm{r}}^{3}} \tag{5–6}$$

$$F=\frac{\alpha}{T_{\mathrm{r}}^{3}} \tag{5–7}$$

$$p_{\mathrm{r}}=\frac{p}{p_{\mathrm{c}}} \tag{5–8}$$

$$T_{\mathrm{r}}=\frac{T}{T_{\mathrm{c}}} \tag{5–9}$$

$$V_{\mathrm{r}}=\frac{V}{V_{\mathrm{c}}} \tag{5–10}$$

式中，p 为压力，0.1MPa；T 为温度，K；V_{r} 为相对体积，$10^{-4}\mathrm{m^3/mol}$；V_{c} 为临界体积，$10^{-4}\mathrm{m^3/mol}$；R 为气体常数，$R=0.08314467\times10^{-4}\mathrm{MPa\cdot m^3\cdot K^{-1}\cdot mol^{-1}}$；$V$ 为摩尔体积，$10^{-4}\mathrm{m^3/mol}$，可由甲烷包裹体的密度 ρ 及摩尔质量计算；Z 为压缩因子；p_{r} 和 T_{r} 分别为对比压力、对比温度，无量纲；p_{c} 和 T_{c} 分别为临界压力（4.6MPa）、临界温度（190.4K）；a_1=0.0872553928；a_2=−0.752599476；a_3=0.375419887；a_4=0.0107291342；a_5=0.0054962636；a_6=−0.0184772802；a_7=0.000318993183；a_8=0.000211079375；a_9=0.0000201682801；a_{10}=−0.0000165606189；a_{11}=0.000119614546；a_{12}=0.000108087289；α=0.044826229；β=0.75397；γ=0.077167。

表 5-5 川南地区龙马溪组页岩层段脉体中纯甲烷包裹体甲烷拉曼散射峰位移、密度、共生盐水包裹体均一温度测试数据

样品号	深度（m）	v_p（cm^{-1}）	D（cm^{-1}）	纯甲烷包裹体密度（g/cm^3）	共生盐水包裹体均一温度（℃）	捕获压力（MPa）
宁 216	2325.7	2910.53	−6.58	0.2699	142.5～160.5（155）	96.95
宁 216	2325.7	2910.53	−6.58	0.2699	160.7～180.6（180）	104.14
宁 213	2503.1	2910.53	−6.58	0.2699	210.6～220.3（215）	118.41
泸 202	4324.0	2911.84	−5.27	0.2080	160.7～180.6（160）	78.60
威 203	3153.6	2910.59	−6.52	0.2533	142.5～160.5（145）	56.20
威 204	3361.3	2910.53	−6.58	0.2680	132.5～150.5（140）	62.20

二、页岩流体压力演化特征

1. 压力模拟的基础参数

在获取了研究区龙马溪组现今流体压力和古流体压力数据的基础上，结合埋藏史埋深所对应的古静水压力，得到古压力系数和流体捕获年龄，为构建研究区五峰组—龙马溪组古流体压力的演化过程模型奠定基础。通过盆地模拟法，利用现今地层压力、古压力等其他参数为约束条件，对古压力演化进行模拟。利用 PetroMod 盆地模拟软件，建立生烃模型、压力演化模型，进行埋藏史、热史、生烃史、吸附和排烃过程、流体分析和油气运移等复杂过程模拟。

模拟中选取的参数如下。地质参数：（1）地层格架及年代，地层格架可依据地震剖面的解释成果而建立；（2）岩性及烃源岩百分比，依据单井岩性统计、地震相分布及相序规律来指定；（3）烃源岩属性，依据已有地球化学资料，根据不同沉积相统计研究区 TOC、氢指数、有机质类型等参数，模拟中选用的生烃动力学模型是 Burnham（1989）_T2 和 Burnham（1989）_T3（Burnham，1989）；（4）盆地边界条件，古热流、古地表温度和古水深；（5）地质事件，在模拟中应结合研究区构造演化史并将构造事件考虑在其中，如抬升构造剥蚀。

虽然川南地区页岩气产层均分布在龙马溪组底部，但对于不同地区龙马溪组页岩地质特征差异较大。在长宁地区页岩地层表现为厚度大、分布广、有机质丰度高的特点。页岩层段厚度一般为 200～300m，底部高丰度页岩段厚度在 40m 左右；TOC 含量为 1.8%～7.3%，平均为 4.6%；有机质类型好，为 Ⅰ 型或 $Ⅱ_1$ 型。页岩地层总孔隙度为 3.4%～8.2%，平均为 5.4%。地层普遍呈现高压特征，现今地层压力为 56～66MPa，地层压力系数为 1.4～2.8。页岩现场解析结果表明，储层含气量为 1.7～6.5m^3/t，平均为 4.1m^3/t，其中游离气占比可达 60%。

在川南地区，地层的抬升剥蚀作用一般开始于中—晚燕山期，共发生三期构造抬升，早期隆升速度较快，中期隆升速度平缓，晚期快速隆升。由于川南地区构造复杂，不同地区在隆升时被分割成相对独立的构造而对抬升作用表现出不同的反应。在燕山晚期，该地区表现为早期快速隆升，地层冷却速率为 0.5～0.9℃/Ma。四川盆地的抬升具有东南缘开始较早，而西北地区开始较晚的特征，盆地的隆升由盆地边缘向盆地内部传递。

2. 长宁地区流体压力演化特征

在页岩成岩演化过程中，由于地层持续埋深，刚性石英矿物粒度小，难以起到支撑作用以保护孔隙，压实减孔作用显著增强，无机孔隙逐渐减小。在页岩地层抬升过程中，孔隙回弹率较小，可忽略不计。在页岩成烃演化过程中，有机孔隙主要依赖页岩中赋存的有机质而存在，其数量的多少与有机质数量和质量有关。

根据前述饱和流体核磁共振测试区分有机孔隙和无机孔隙的方法，发现有机质成熟度在 2.6% 附近时有机孔隙最发育，结合埋藏史和实测数据，可以获得有机孔隙和无机孔隙的演化规律。早期由于地层沉降速率较大，泥岩欠压实，且受烃源岩生烃增压影响，压力增速明显。通过对长宁地区龙马溪组页岩脉体中纯甲烷包裹体均一温度、古压力计算发现，同期盐水包裹体均一温度为 180℃时，测得页岩脉体中包裹体压力为 104.14MPa，此时地层埋深为 5600m，孔隙流体静水压力为 56MPa，压力系数为 1.86。随后地层发生持续性抬升至今，地层压力持续下降到现今的地层压力状态（图 5–22）。由于晚期地层持续抬升，地层温度降低，页岩地层热裂解生气作用完全终止，页岩生气量达到最大值，此后地层中烃类含量依赖于气藏保存条件的好坏。因此晚期构造作用对于页岩气的破坏与调整有重要意义。

结合古压力模拟结果和长宁气田五峰组—龙马溪组页岩埋藏史图，可以得出长宁气田五峰组—龙马溪组页岩有机孔隙、无机孔隙、流体压力和地层温度演化规律。在地层埋藏初期（约 420Ma），地层压力逐渐增加至 25MPa，地层埋深约为 1500m，地层发育超压，压力系数为 1.67，超压可能为初期快速埋深时泥岩欠压实作用所致。而后构造活动使地层抬升，抬升幅度较小，地层孔隙流体压力稳定，在 12～15MPa 之间。随后海西运动末期—燕山运动晚期，长宁地区五峰组—龙马溪组页岩地层不断沉降，地层温度升高，孔隙流体压力增大。早三叠世早期进入生气窗（R_o=1.0%），晚三叠世进入大量生气期（R_o=1.6%），在 105 Ma 开始发生持续抬升作用，生烃作用终止（图 5–22）。

3. 威远地区流体压力演化特征

对于威远地区五峰组—龙马溪组页岩，采用同样的方法获取其孔隙演化史、地层温度演化史和流体压力演化史。相比于长宁气田，威远气田五峰组—龙马溪组表现出以下四个方面的特点：（1）页岩地层最大埋深较浅，为 5500m；（2）页岩地层发生持续抬升（中—晚燕山期抬升）时间为100Ma，稍晚于长宁气田五峰组—龙马溪组页岩地层抬升时间；（3）页岩地层处于干酪根生烃和原油裂解生气时间窗口较宽，威远气田页岩地层生烃窗开始于280Ma左右，早于长宁气田的260Ma；（4）威远地区中—晚燕山期至今抬升幅度和抬升速率较长宁地区减小。采用页岩地层方解石脉体中纯甲烷包裹体结合激光拉曼古压力分析方法，并运用其同期盐水包裹体均一温度进行计算，实测点古压力数据为62.2Ma，总体上威远地区最大埋深时的地层压力要低于同期长宁地区地层压力。

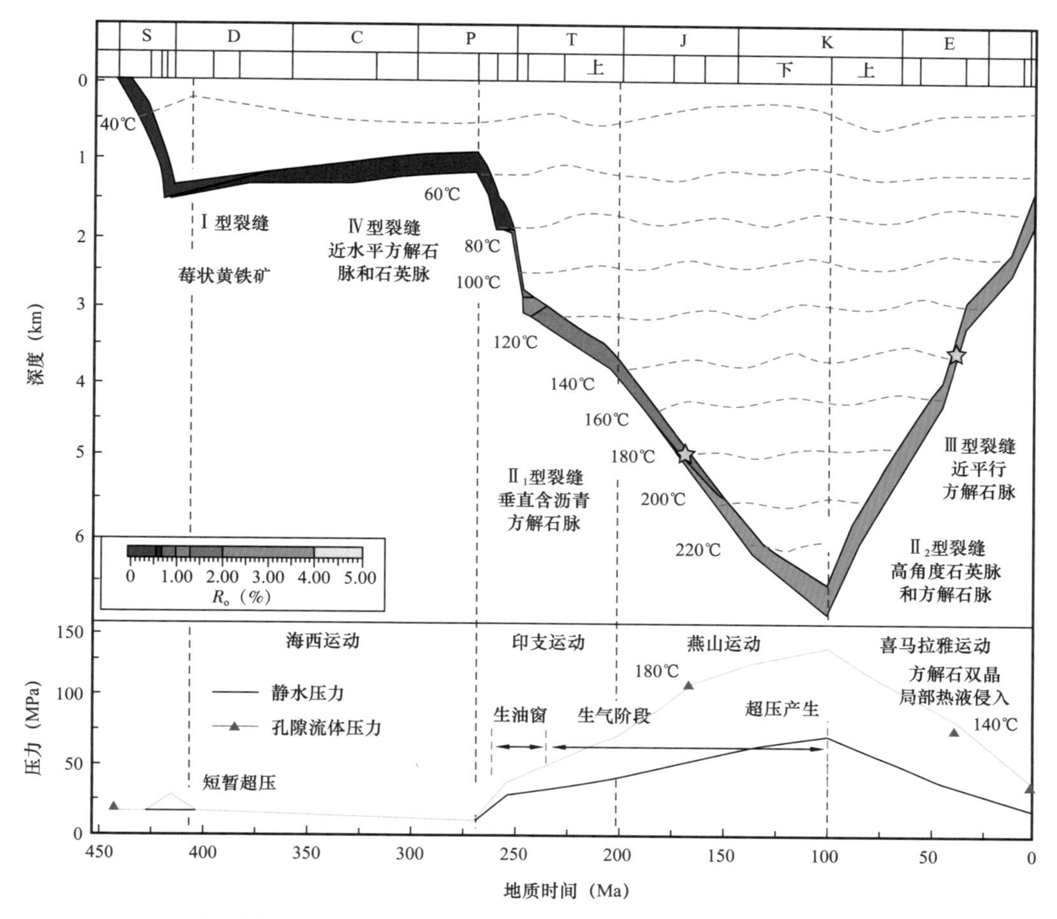

图5-22 川南长宁地区龙马溪组页岩地层压力演化特征

在威远地区龙马溪组页岩地层埋藏初期，地层压力变化不大，一般维持在12～20MPa之间，压力系数为1.18～1.67。在二叠纪末期，地层持续埋深，地层温度和地层流体压力也随之增大，最高温度可达200℃（图5-23）。页岩地层经历生气—高温裂解生气阶段，直至中—晚燕山期（100Ma）地层开始抬升，生气作用停止。在埋深处于最大时期，地层流体压力达到最大值102.2MPa，随后地层发生抬升作用，地层压力减小（图5-23）。威远地区页岩地层方解石脉体较少发育，规模较小，厚度多为厘米级，表明页岩地层完整性较好，构造活动较弱。

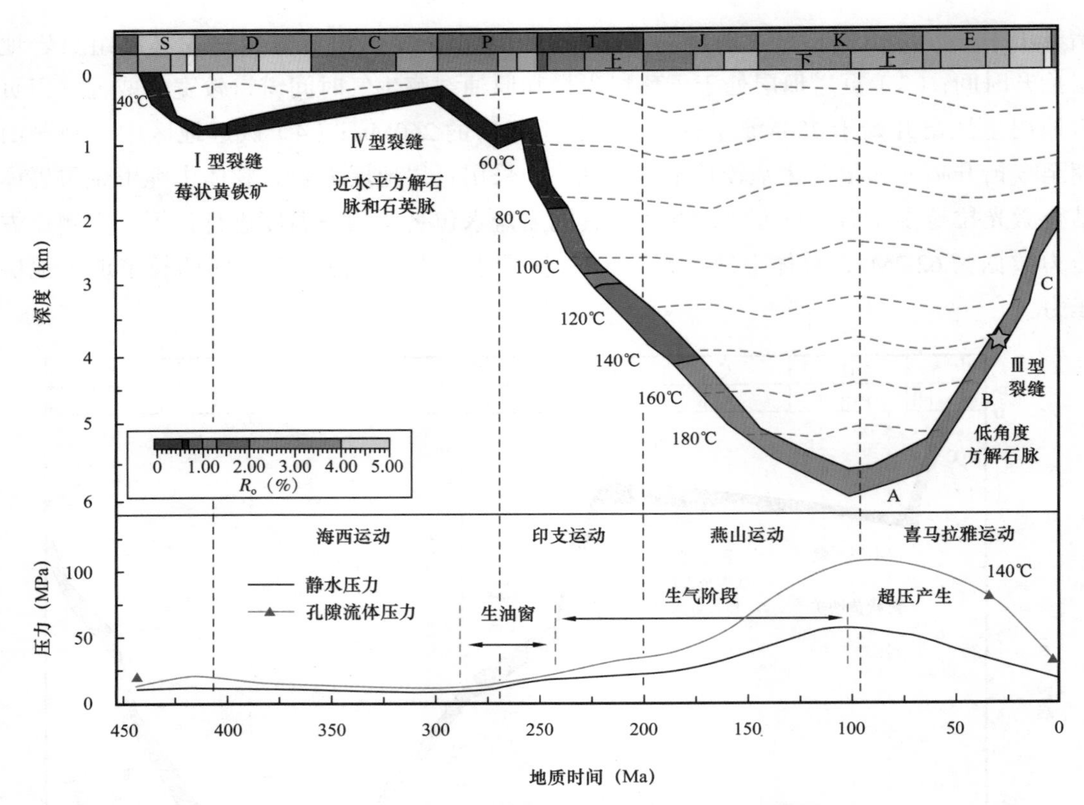

图 5-23　川南威远地区龙马溪组页岩地层压力演化特征

第六章　页岩气赋存状态定量评价

第一节　页岩气赋存状态的转化

一、埋藏过程中页岩气赋存状态的转化

页岩中天然气赋存状态主要包括游离态、吸附态、溶解态等。其中，页岩储层吸附气影响因素众多，主要包括页岩储层物质组成、地层水饱和度、温度、压力、页岩孔隙结构和润湿性等（Ross 和 Bustin，2009；Zhang 等，2012；Tian 等，2016；张雪芬等，2010；王飞宇等，2016a）。在研究中，通过页岩矿物组成和孔隙结构参数与 Langmuir 吸附体积相关性分析表明，有机碳含量（TOC）、温度、压力、含水率和有机孔隙度及体积的变化对吸附气含量有明显的影响，其中较高的有机孔隙度和 TOC 有利于页岩吸附甲烷气，而较高的温度和压力对页岩吸附不利。此外，较高的水分含量，很大程度上降低了页岩的吸附能力。综上分析，温度、压力、有机孔隙度和含水饱和度是控制页岩吸附气含量的关键因素。

二、埋藏过程中页岩气赋存状态主控因素的变化规律

在页岩地层埋藏过程中，经历了复杂的演化过程，包括生烃演化、成岩演化、孔隙演化、压力演化、地温演化等，不同演化过程相互影响。在地层快速埋藏和抬升过程中，控制页岩气赋存状态的关键因素会发生变化，导致页岩气赋存状态的转化。在埋藏阶段，生烃演化和孔隙演化起主导作用；在抬升过程中生烃作用停止并且由于页岩为细粒沉积物，以塑性矿物为主，地层抬升后孔隙回弹率很小，故认为抬升过程中孔隙体积基本保持不变，而温度和压力持续降低，此时二者的演化对页岩气赋存状态起主要控制作用（图 6-1）。

三、川南地区页岩气赋存状态转化的基本特征

川东南及周缘地区海相页岩地层埋藏史的差别主要表现在抬升剥蚀的时间和沉降—抬升的期次。燕山中期之前川东南及周缘地区海相页岩地层在海西期末发生小范围的抬升剥蚀，普遍接受了中三叠统至中—下侏罗统的陆相沉积。在中上扬子的沉积盆地范围内，现今缺失中三叠统至中—下侏罗统的地区多为晚期抬升剥蚀的结果，因此燕山中期以来的抬升剥蚀厚度及抬升—沉降的期次存在明显的地区差异。在燕山中期（J_3—K_1）和燕山晚期—喜马拉雅早期（K_2—E）盆地南部整体表现为隆升作用，其中靠近盆缘地区发生地层抬升作用较早，而向盆地内部则抬升时间变晚。

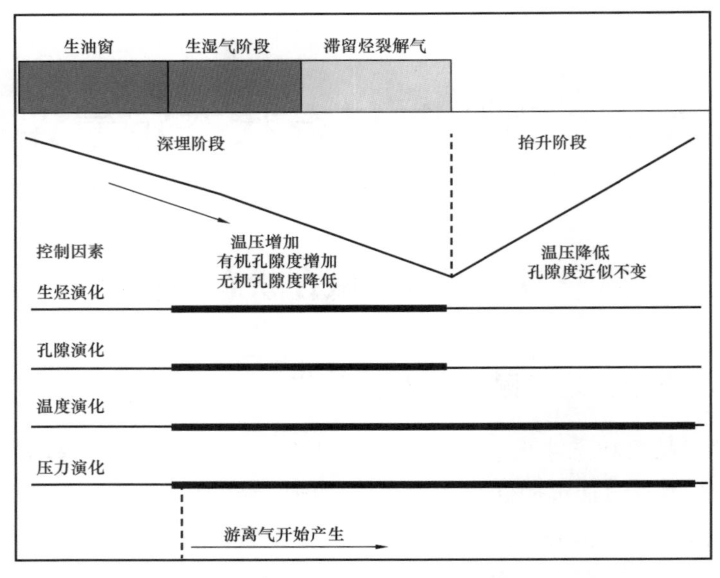

图 6-1　游离气赋存的控制因素模式图

粗黑线长度代表不同因素的影响时段

在浅埋藏阶段，页岩地层未开始大量生烃，仅产生少量的生物成因气，以吸附态为主。随着埋深增加，成熟度增加，页岩开始大量生烃，在生油窗范围内，吸附气含量继续增加，由于该阶段以生油为主，伴生的游离天然气多溶解于石油中，游离气尚未产生。进入生湿气阶段后，吸附气和游离气含量均缓慢增加，此时仍是吸附气占主导。

埋深继续增加，温度达到 150℃，液态烃开始大量裂解成天然气，游离气含量开始快速增加，由于有机质成熟度变大，有机孔大量产出，高温高压背景下的吸附气含量缓慢增加达到峰值，在温度和压力达到最大时，有机孔隙度达到最大，但吸附气含量略有下降。此时由于滞留液态烃的继续裂解，使得游离气含量缓慢增至峰值。

燕山期后（100 Ma）地层抬升剥蚀，早期构造活动较弱，地层缓慢抬升，温压递减速率慢，游离气含量缓慢降低；晚期地层迅速抬升，使得温压迅速递减，游离气转化为吸附气的转化速率增加。

第二节　赋存状态的定量评价

一、吸附气定量计算方法

页岩储层含有石英、长石、碳酸盐矿物、黏土矿物和有机质，其中有机质的吸附能力远远高于其他矿物，因此可作为页岩中甲烷气体的主要吸附载体（Ross 等，2009；张雪芬等，2010；武景淑等，2012；Yang 等，2019）。页岩中有机质相比矿物拥有更小的平均孔径，因此具有更强的吸附能力，研究表明页岩中矿物的吸附能力仅为有机质的 10% 左右（张寒等，2013）。页岩中含有大量的由有机质提供的纳米级孔隙，对页岩气的吸附具有重大贡献（Ambrose 等，2010）。页岩中分散在矿物中的有机质，包含了由纳米级孔隙和小于

100nm 的毛细管孔隙共同组成的气体赋存空间，并且其中相互关联的较大纳米孔隙对吸附气具有重要作用。从动态角度来讲，随着温度升高，有机质逐渐成熟其内部会形成更多的纳米孔隙，使得页岩比表面积大幅增加，吸附能力增强。

在实际的吸附气含量计算过程中多采用 Langmuir 甲烷吸附气模型，其中吸附气体积与压力采用式（4–3）进行计算。

在模型中需要确定其中 V_L（Langmuir 体积）和 p_L（Langmuir 压力）两个参数，分别对这两个参数的影响因素进行分析，筛选出影响最大吸附气量的关键因素，利用关键因素与 V_L 和 p_L 的拟合关系式进行参数定量计算，其中 V_L 与有机孔隙度有关，p_L 与温度 T 有关。

将川南地区五峰组—龙马溪组页岩孔隙度与 V_L 进行拟合，页岩总孔隙度与 V_L 相关性较差（图 6–2），表明总孔隙度不是 V_L 的主控因素。依据本书第三章所提出的页岩中有机孔隙和无机孔隙比例计算方法，计算出页岩有机孔隙度并将其与 V_L 进行拟合，二者相关性较好（图 6–2）。此外，TOC 与页岩吸附气量之间良好的线性关系（图 6–3），表明有机孔隙度对吸附气量存在明显控制作用。因此可以根据页岩有机孔隙度进行页岩 Langmuir 体积 V_L 的计算：

$$V_L=0.75\phi_{org}-0.49 \tag{6–1}$$

式中，ϕ_{org} 为页岩有机孔隙度，%。

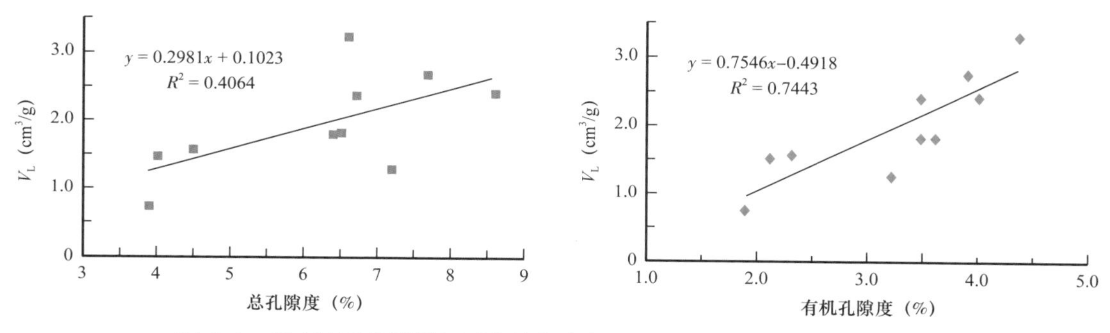

图 6–2　川南地区龙马溪组页岩总孔隙度、有机孔隙度与 V_L 之间的关系

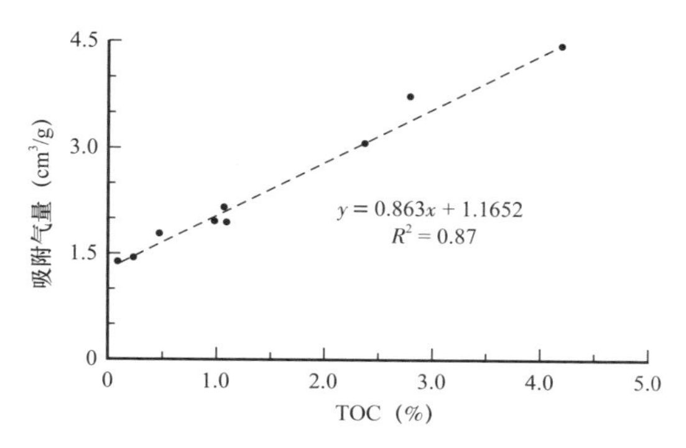

图 6–3　川南地区龙马溪组页岩 TOC 与吸附气量之间的关系（40℃、15MPa 条件下）

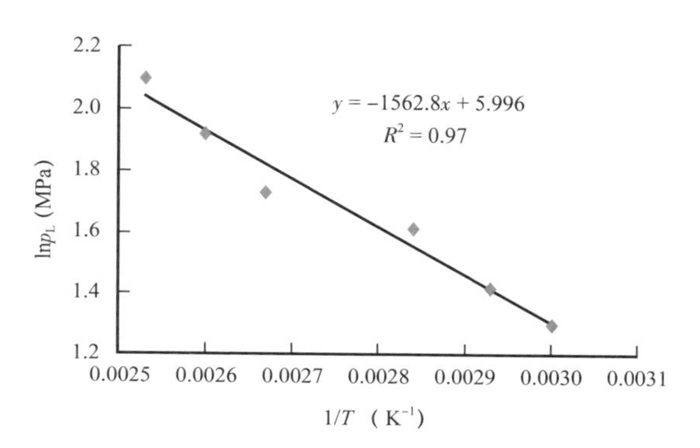

图 6–4　川南地区五峰组—龙马溪组页岩 $\ln p_L$ 与 $1/T$ 之间的关系

在 Langmuir 方程中还需确定另一参数 p_L，建立 $\ln p_L$ 与实测 $1/T$ 之间的关系（图 6–4），二者之间相关性良好，可进行拟合计算。

$$\ln p_L = -1562.8\left(1/T\right) + 5.996 \tag{6-2}$$

将式（6–1）、式（6–2）代入 Langmuir 甲烷气体吸附方程，得到式（6–3）：

$$V = \frac{\left(0.75\phi_{org} - 0.49\right)p}{e^{\left(\frac{-1562.8}{T+273.15}+5.996\right)} + p} \tag{6-3}$$

式中，V 为页岩吸附量，cm^3/g；p 为气体压力，MPa；ϕ_{org} 为页岩有机孔隙度，%；T 为地层温度，℃；其中地层温度 T、气体压力 p 已在前述章节中给出，可以直接代入进行计算。

因此，在吸附气计算模型所需要的三个参数温度 T、压力 p、有机孔隙度均已知可求的情况下，可以采用 Langmuir 甲烷吸附模型对吸附气含量进行计算。

二、游离气定量计算方法

游离气是页岩中有机质达到成熟发生排烃作用后，残留在页岩储层中的呈自由态赋存的甲烷气体。游离气一般赋存在页岩储层中较大的孔隙空间，如较大的矿物晶间孔、裂缝孔隙等。富有机质页岩的烃源岩生排烃量、排烃效率、孔隙类型、孔隙结构以及外部条件可影响页岩气的富集与成藏，其中孔隙空间（孔隙体积、孔隙度）和外部条件（温度、压力等）的变化会引起页岩储层中游离气与吸附气之间的动态转化。

在实际的页岩气开采实践中，游离气的聚集对天然气开发具有重要意义，影响页岩储层中游离气的因素较为单一，可依据简化的计算模型并结合气体状态方程计算页岩中游离气含量。

考虑到孔隙体积与含气量为游离气富集的重要影响因素，对于川南五峰组—龙马溪组页岩储层中游离气的预测，前人提出了多种不同的计算模型。

在一般条件下，页岩孔隙空间中游离气定量计算模型（宋涛涛等，2013）如下：

$$S_g = 1 - S_w \tag{6-4}$$

$$G_f = \frac{\phi \cdot S_g}{\rho \cdot B_g} \tag{6-5}$$

式中，G_f 为游离气含量，m^3/t；ϕ 为实测孔隙度，%；S_w 为实测含水饱和度，%；S_g 为含气饱和度，%；ρ 为页岩岩石密度，g/cm^3；B_g 为页岩气体积系数。

考虑到吸附过程中吸附气会占据一定的孔隙空间，提出了游离气计算模型（辜思曼等，2015）：

$$\phi_a = aM\frac{\rho}{\rho_s}G_a \tag{6-6}$$

$$G_f = \frac{\phi - \phi_a}{\rho \cdot B_g} \tag{6-7}$$

式中，ϕ_a 为吸附相孔隙度，%；ρ_s 为吸附相密度，g/cm^3；ρ 为页岩岩石密度，g/cm^3；M 为

气体分子摩尔质量，g/mol；G_a为吸附气量，cm^3/g；$a=4.654\times10^{-5}mol/cm^3$；$\phi$为页岩孔隙度，%；$B_g$为页岩气体积系数。

以上不同学者提出的用于计算游离气的模型总体上相近。计算模型中主要考虑了孔隙度、甲烷气体密度、甲烷气体偏差因子等因素，各模型适用条件略有不同。

第三节　不同地区五峰组—龙马溪组页岩气赋存状态演化模式

在地质历史演化进程中，川南地区五峰组—龙马溪组页岩储层中游离气量和吸附气量发生动态变化，本书基于页岩储层热演化阶段的划分，分别计算每一阶段吸附气量和游离气量。在计算时基于以下假设条件：

（1）页岩地层中甲烷气体供应量充足，地层完整，无明显断层发育。

（2）页岩进入生油窗以前，页岩地层中含气量较低。

（3）地层抬升之后，高温热裂解生气作用也随之停止，页岩地层TOC含量未发生明显变化；五峰组—龙马溪组页岩地层为古老地层，地层压实充分，认为在页岩地层抬升过程中不发生孔隙回弹作用，孔隙度基本保持不变。

（4）页岩地层含水饱和度较低，水主要赋存在无机孔隙中。对于游离气而言，水占据了游离气赋存的空间；对于吸附气而言，水占据了甲烷吸附位点，取50%作为折扣系数，可以近似得到实际地层条件下页岩地层的甲烷吸附量。

一、威远地区页岩气赋存状态演化特征

威远地区页岩地层具有早期快速埋藏晚期缓慢抬升的特点，本书将该类页岩地层埋藏特征定义为缓慢晚抬型（图6-5）。

在海西运动以前浅埋藏阶段（＜2000m），页岩成熟度低，页岩地层未开始生烃，天然气来源有限，可能有少量的生物成因气，同时该阶段孔隙中充满水，这些因素均不利于天然气的吸附，吸附气含量较低。印支运动以后随着页岩埋深不断加大，温度和成熟度增加，页岩生烃量逐渐加大，在生油窗范围内，生成的天然气量相对较少且大部分吸附于孔隙中或溶解于液态烃中，此时析出的游离气含量较低，吸附气含量略有上升。页岩地层继续埋深至有机质进入高成熟生湿气阶段，干酪根演化生成了大量天然气，温度升高、压力增大以及生气量的增加，使游离气含量缓慢升高，此时页岩有机孔数量不断增加，而无机孔体积由于压实作用继续降低，页岩中孔隙水含量减小，微孔体积增大，中孔和宏孔体积减小，导致吸附气量明显升高。但随着温度继续升高，吸附气含量也呈现降低的趋势。当页岩达到最大埋深，有机质和原油裂解产生大量干气，温度和压力均增加至最大，有机孔隙度也达到最大，中孔和宏孔增加比例明显较微孔高，这些因素导致该阶段的游离气含量达到最高，而吸附气由于温度和压力的增加，其含量降低。燕山期后伴随地层的抬升，温度和压力降低，有利于页岩吸附甲烷，部分游离气转换为吸附气，游离气含量降低（图6-5）。

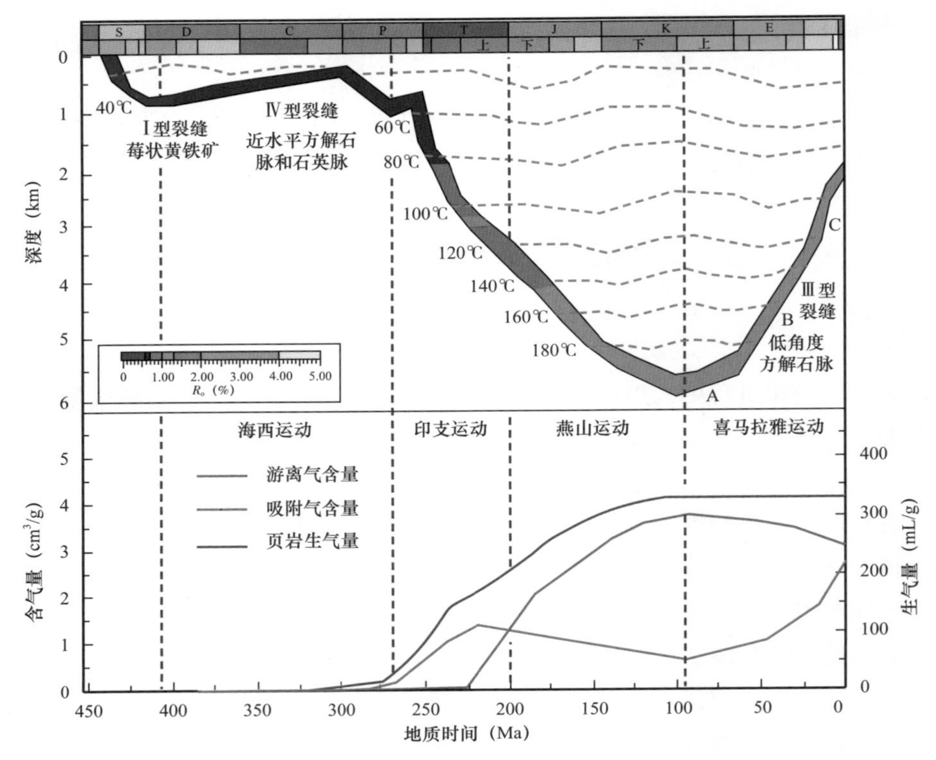

图 6-5　四川盆地威远气田龙马溪组页岩地质时期页岩气赋存状态定量评价图

由于威远地区后期抬升速率较低，构造相对平稳，游离气含量的降低速率和吸附气含量的增加速率较低，有利于游离气量的保存。

二、长宁地区页岩气赋存状态演化特征

在海西运动以前浅埋藏阶段（＜2000m），页岩地层未开始生烃，此时含有少量的生物成因气，以吸附态为主，含量小于 0.2cm³/g。随着埋深增加，成熟度增加，页岩开始大量生烃，在生油窗范围内，吸附气含量继续增加至 1.2cm³/g，由于该阶段以生油为主，伴生的天然气大部分溶解于石油中，游离气尚未产生。进入生湿气阶段后，吸附气和游离气含量均呈缓慢增加趋势，此时仍是吸附气占主导，含量可达 1.5cm³/g。随着埋深继续增加，温度达到 150℃，此时液态烃开始大量裂解成天然气，游离气含量开始快速增加，180℃和 105MPa 下可达 3.8cm³/g 左右，由于该阶段不断产生有机孔，在高温高压影响下吸附气含量缓慢降低，在页岩地层埋深达到最大时（240℃条件下），地层压力和温度均达到最大，吸附气含量降低至最小（0.9cm³/g），有机孔隙度达到最大，受高温影响吸附气含量略有下降。此时由于滞留液态烃的继续裂解，使得游离气含量增加至最大，但增速较为缓慢。燕山运动后期页岩地层开始抬升，温度压力均降低，部分游离气向吸附气转化，由于早期抬升速率较缓，对温度和压力影响小，使得游离气含量缓慢降低，吸附气含量增加速率也较缓慢。晚期的快速抬升导致温度和压力加速递减，使得游离气向吸附气转化速率增加，最终抬升至 2500m 左右时，温度降至 100℃左右，压力降至 50MPa 左右，

并始终保持着超压。此时的游离气含量降至 2.1cm³/g 左右，吸附气增加至 2.2cm³/g 左右（图 6–6）。以上结果也符合现今长宁地区页岩吸附气和游离气含量实测结果。

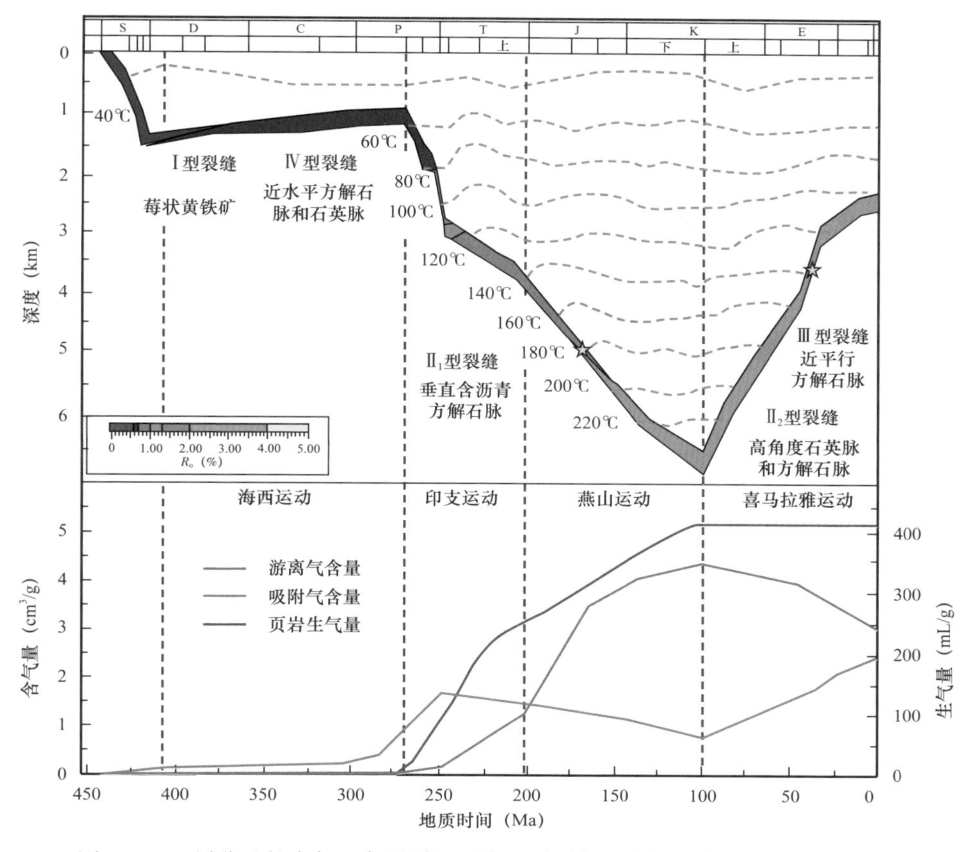

图 6–6　四川盆地长宁气田龙马溪组页岩地质时期页岩气赋存状态定量评价图

三、彭水地区页岩气赋存状态演化特征

彭水地区页岩地层孔隙流体压力也采用威远、长宁地区页岩孔隙流体压力计算方法进行计算，即采用 PetroMod 软件进行模拟并结合包裹体压力数据进行校正。但彭水地区在持续埋藏过程中具有较大的埋藏速率，在达到最大埋深后地层快速抬升，地层温度快速下降。在第一次地层抬升后，页岩地层发生持续埋深，温度持续升高，页岩迅速进入生油窗和生气阶段，页岩地层孔隙流体压力也随之增加。在页岩埋深最大时，页岩地层压力也达到最大值 106MPa。在中—晚燕山期，地层发生持续性抬升，抬升速率表现为阶段性，初期快速抬升、中期慢速抬升、晚期快速抬升，页岩地层孔隙压力随之降低。

根据彭页 1 井页岩地层埋藏史图分析，五峰组—龙马溪组页岩在加里东期—海西期经历了早期快速沉降，中晚期缓慢抬升，整体上埋深小于 2000m 且未达到成熟阶段；印支期—燕山期为快速且持续深埋阶段，最大埋深可达 7000m 左右，此时温度和压力均达到最大。由于在生烃门限之前页岩地层中含少量油气，此时处于吸附欠饱和状态，页岩中游离气和吸附气含量都保持在较低水平。进入生烃门限以后，页岩中游离气和吸附气含量均有所增加，游离气增加更快。受高温高压影响，吸附气增加较为缓慢并且在达到最大埋深之前达到最大值，随后含量降低。在达到最大埋深时，页岩游离气达到最大值。在燕山中期之后的抬升期，页岩地层抬升幅度较大，由 7000m 抬升至 2100m，平均抬升速率为 39.2m/Ma，明显高于长宁地区页岩地层抬升速率。在该时期页岩地层游离气一直处于下降趋势，而吸附气含量迅速增加（图 6–7）。

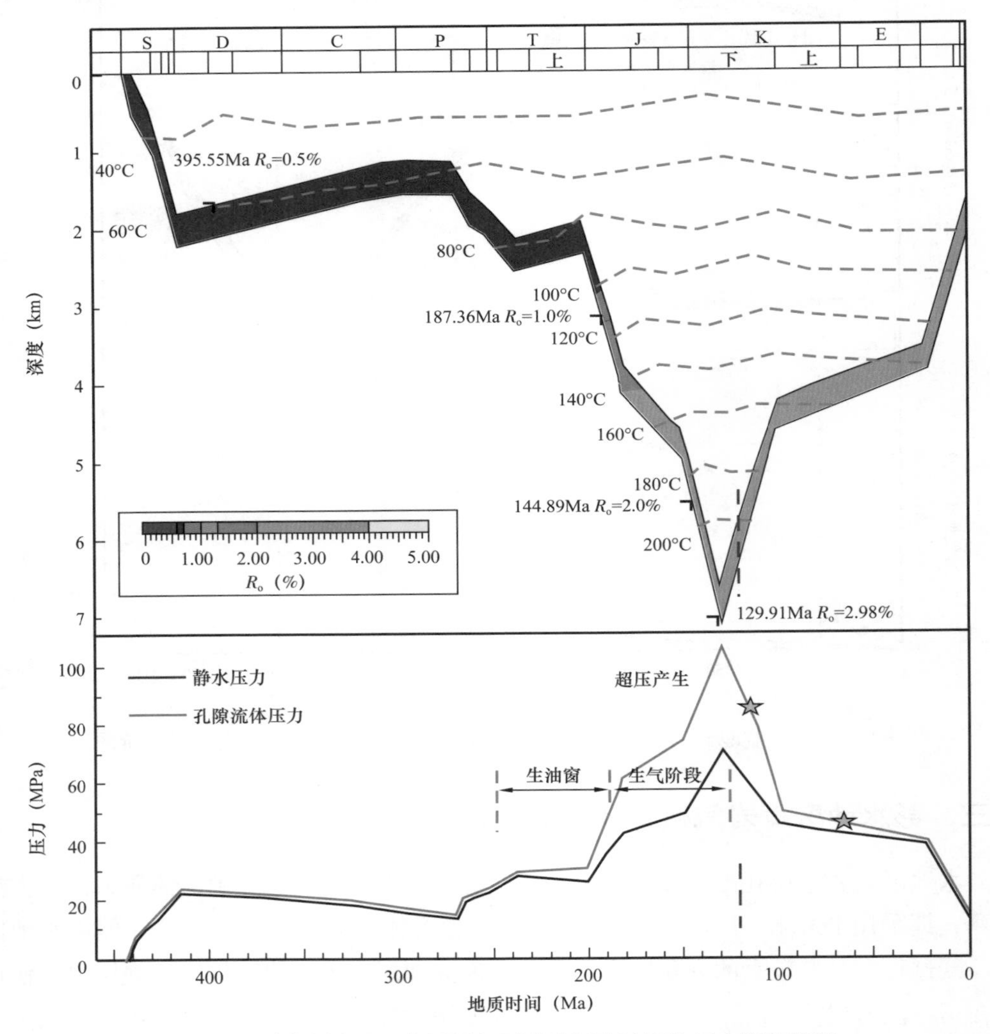

图 6–7　川南彭水地区龙马溪组页岩地层孔隙流体压力演化特征

四、川南页岩气赋存状态演化模式

综合不同地区构造埋藏史的差异性，认为川南长宁和威远地区龙马溪组页岩地层为缓慢晚抬型演化模式，彭水地区龙马溪组页岩地层为快速早抬型演化模式。

结合前文对孔隙演化、温度、压力演化的结果，分别建立孔隙演化模型、地层温度演化模型、压力演化模型，进而绘制川南威远和长宁地区缓慢晚抬型页岩气赋存状态演化模式图、彭水地区快速早抬型页岩气赋存状态演化模式图（图 6–8、图 6–9）。

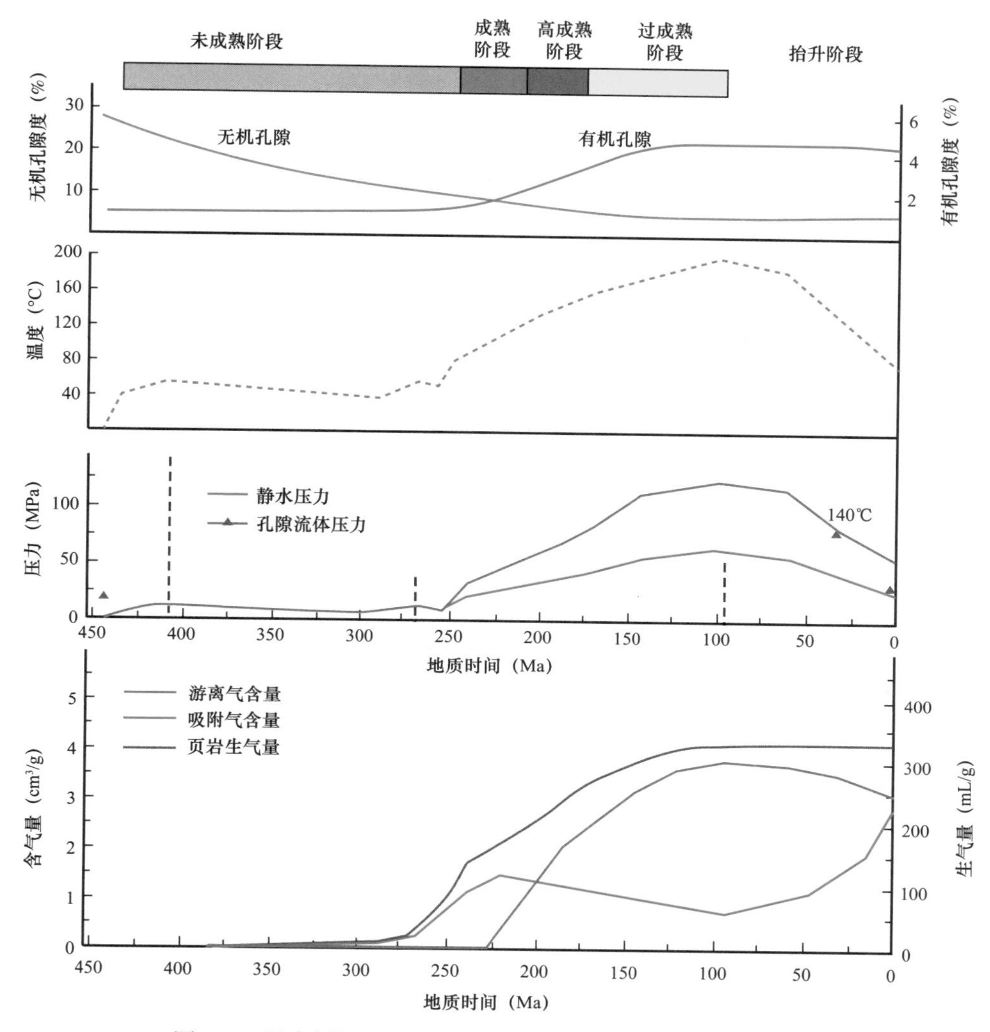

图 6-8　川南缓慢晚抬型龙马溪组页岩气赋存状态演化模式图

在埋藏演化过程中，页岩气赋存状态受成岩作用、生烃作用、孔隙演化和后期改造作用的影响，随着埋深增加，压实作用导致页岩无机孔隙大量减少，进入生烃门限以后页岩生烃量增加，有机孔增加，吸附气含量较游离气含量较快增长；随着埋深加大，地层温度升高、压力增大，有机质进入大量生烃阶段，游离气快速增加，吸附气量受高温高压条件影响，略有下降。白垩纪以来地层持续抬升，页岩停止生烃，地层温度降低压力减小，游离气向吸附气转化，总气量基本保持不变（图 6-10）。

缓慢晚抬模式对页岩气藏形成更为有利，表现为较为缓慢的埋深和抬升作用，具体为较长的生烃时窗和较缓慢的卸压速率，缓慢抬升过程中页岩中游离气量较高，同时，缓慢抬升页岩地层不易产生裂缝，有利于页岩气保存。

对于彭水地区快速早抬型构造埋藏史，表现为生烃时窗短，地层卸压迅速，温度和压力快速下降，地层抬升过程中，构造活动较为强烈，游离气含量发生明显降低，地层易产生裂缝，不利于页岩气的保存。

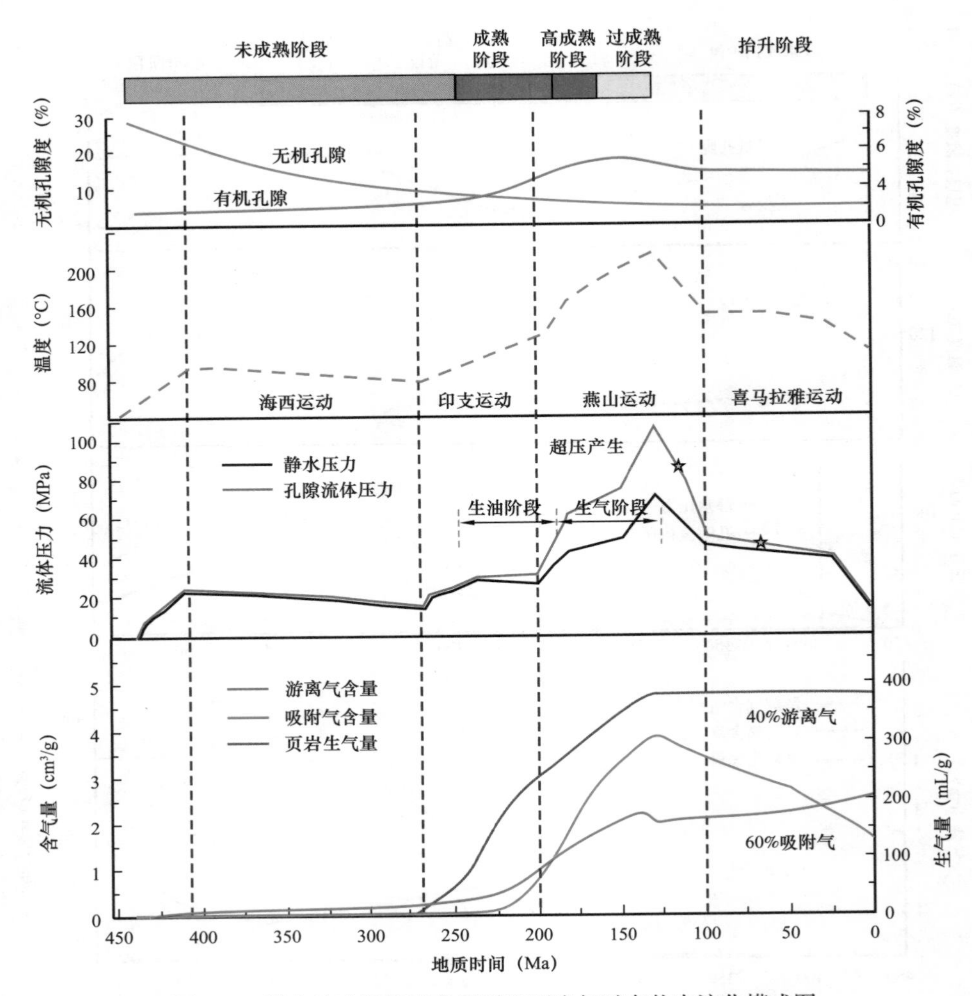

图 6-9　川南快速早抬型龙马溪组页岩气赋存状态演化模式图

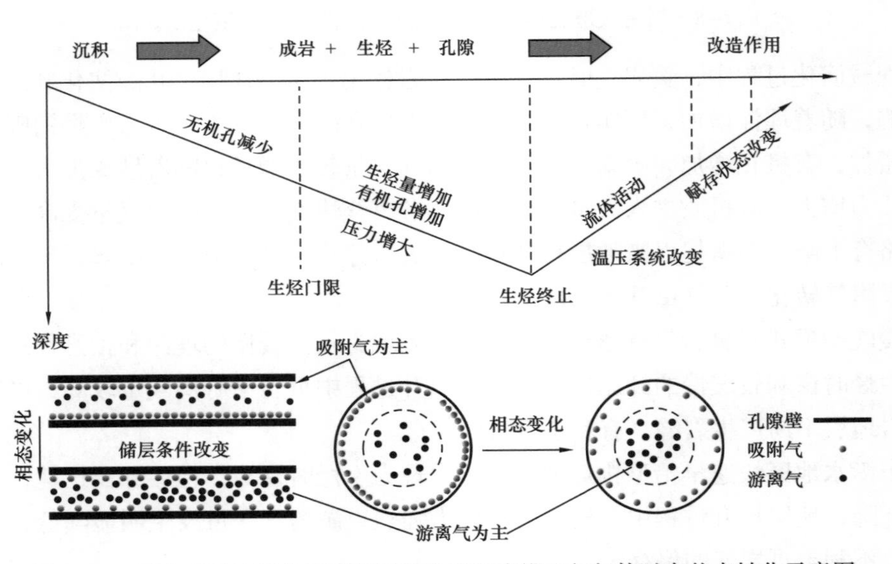

图 6-10　川南威远地区龙马溪组页岩孔隙吸附模型与气体赋存状态转化示意图

通过以上对页岩气赋存状态影响因素的研究，包括孔隙演化、压力演化、温度演化等方面，明确了页岩地层不同类型构造埋藏史条件下页岩储层中游离气和吸附气含量的变化规律，缓慢晚抬型构造埋藏特征有利于页岩储层中游离气的富集，对勘探开发较为有利；快速早抬型构造埋藏特征在实际勘探开发中效果较差。

参考文献

陈磊，姜振学，邢金艳，等 . 2014. 川西坳陷新页 Hf-1 井须五段泥页岩吸附气含量主控因素及其定量预测模型［J］. 现代地质，28（4）：824–831.

陈尚斌，朱炎铭，王红岩，等 . 2012. 川南龙马溪组页岩气储层纳米孔隙结构特征及其成藏意义［J］. 煤炭学报，37（3）：438–444.

陈尚斌，夏筱红，秦勇，等 .2013. 川南富集区龙马溪组页岩气储层孔隙结构分类［J］. 煤炭学报,38（5）：760–765.

陈旭，樊隽轩，王文卉，等 . 2017. 黔渝地区志留系龙马溪组黑色笔石页岩的阶段性渐进展布模式［J］. 中国科学：地球科学，47（6）：720–732.

陈燕燕，邹才能，Maria Mastalerz，等 . 2015. 页岩微观孔隙演化及分形特征研究［J］. 天然气地球科学，26（9）：1646–1656.

崔景伟，朱如凯，崔京钢 .2013. 页岩孔隙演化及其与残留烃量的关系：来自地质过程约束下模拟实验的证据［J］. 地质学报，87（5）：730–736.

董大忠，高世葵，黄金亮，等 . 2014. 论四川盆地页岩气资源勘探开发前景［J］. 天然气工业，34（12）：1–15.

范青云 . 2016. 页岩储层润湿性及孔隙结构对吸附特征的影响［J］. 重庆科技学院学报（自然科学版），18（5）：10–13.

付常青，朱炎铭，陈尚斌 . 2015. 成岩作用对滇东地区筇竹寺组页岩孔隙特征的控制机制［J］. 煤炭学报，40（S2）：439–448.

高之业，姜振学，胡钦红 . 2015. 利用自发渗吸法和高压压汞法定量评价页岩基质孔隙连通性［J］. 吉林大学学报（地球科学版），（S1）：880–881.

高之业，范毓鹏，胡钦红，等 .2020. 川南地区龙马溪组页岩有机质孔隙差异化发育特征及其对储集空间的影响［J］. 石油科学通报，5（1）：1–16.

管全中，董大忠，芦慧，等 . 2015. 异常高压对四川盆地龙马溪组页岩气藏的影响［J］. 新疆石油地质，36（1）：55–60.

郭为，熊伟，高树生，等 .2013. 温度对页岩等温吸附 / 解吸特征影响［J］. 石油勘探与开发，40（4）：481–485.

韩京，陈波，赵幸滨，等 . 2017. 下扬子地区二叠系页岩有机质孔隙发育特征及其影响因素［J］. 天然气工业，37（10）：17–26.

胡海燕 .2004. 超压的成因及其对油气成藏的影响［J］. 天然气地球科学，15（1）：99–102.

黄志诚，黄钟瑾，陈智娜 . 1991. 下扬子区五峰组火山碎屑岩与放射虫硅质岩［J］. 沉积学报，（2）: 1–15.

吉利明，邱军利，夏燕青，等 . 2012. 常见黏土矿物电镜扫描微孔隙特征与甲烷吸附性［J］. 石油学报，33（2）：249–256.

纪文明，宋岩，姜振学，等 . 2015. 地层温压条件下页岩储层的甲烷吸附能力［J］. 吉林大学学报（地球科学版），（S1）：867–868.

蒋裕强，董大忠，漆麟，等 . 2010. 页岩气储层的基本特征及其评价［J］. 天然气工业，30（10）：

7-12+113-114.

焦堃，姚素平，吴浩，等 . 2014. 页岩气储层孔隙系统表征方法研究进展［J］. 高校地质学报，20（1）：151-161.

李景明，刘飞，王红岩，等 . 2008. 煤储集层解吸特征及其影响因素［J］. 石油勘探与开发，35（1）：52-58.

李武广，杨胜来，徐晶，等 . 2012. 考虑地层温度和压力的页岩吸附气含量计算新模型［J］. 天然气地球科学，23（4）：791-796.

刘树根，王世玉，孙玮，等 . 2013. 四川盆地及其周缘五峰组龙马溪组黑色页岩特征［J］. 成都理工大学学报：自然科学版，40（ 6）：621-639.

栾国强，董春梅，马存飞，等 . 2016. 基于热模拟实验的富有机质泥页岩成岩作用及演化特征［J］. 沉积学报，34（6）：1208-1216.

马新华，谢军 . 2018. 川南地区页岩气勘探开发进展及发展前景［J］. 石油勘探与开发，45（1）：161-169.

牟传龙，王秀平，王启宇，等 . 2016. 川南及邻区下志留统龙马溪组下段沉积相与页岩气地质条件的关系［J］. 古地理学报，18（3）：457-472.

牟传龙，周恳恳，梁薇，等 . 2011. 中上扬子地区早古生代烃源岩沉积环境与油气勘探［J］. 地质学报，85（4）：526-532.

宋涛涛，毛小平 .2013. 页岩气资源评价中含气量计算方法初探［J］. 中国矿业，22（1）：34-36.

宋文海 .1987. 对四川盆地加里东期古隆起的新认识［J］. 天然气工业，（3）：14-19.

王飞宇，冯伟平，关晶，等 . 2016a. 含油气盆地流体包裹体分析的关键问题和意义［J］. 矿物岩石地球化学通报，37（3）：441-450.

王飞宇，冯伟平，关晶，等 .2016b. 湖相致密油资源地球化学评价技术和应用［J］. 吉林大学学报（地球科学版），46（2）：388-397.

王琪，许勇，李树同，等 . 2017. 鄂尔多斯盆地姬塬地区长 8 致密储层溶蚀作用模拟及其影响因素［J］. 地球科学与环境学报，39（2）：225-237.

王瑞飞，沈平平，赵良金 .2011. 深层储集层成岩作用及孔隙度演化定量模型——以东濮凹陷文东油田沙三段储集层为例［J］. 石油勘探与开发，38（5）：552-559.

王曦蒙，刘洛夫，汪洋，等 .2019a. 川南地区龙马溪组页岩岩相对页岩孔隙空间的控制［J］. 石油学报，40（10）：1192-1201.

王曦蒙，刘洛夫，汪洋，等 .2019b. 川南地区龙马溪组页岩高压甲烷等温吸附特征［J］. 天然气工业，39（12）：32-39.

王玉满，董大忠，李新景，等 . 2015. 四川盆地及其周缘下志留统龙马溪组层序与沉积特征［J］. 天然气工业，35（3）：12-21.

王玉满，董大忠，杨桦，等，2014. 川南下志留统龙马溪组页岩储集空间定量表征［J］. 中国科学：地球科学，44（6）：1348-1356.

王玉满，黄金亮，王淑芳，等 . 2016. 四川盆地长宁、焦石坝志留系龙马溪组页岩气刻度区精细解剖［J］. 天然气地球科学，27（3）：423-432.

吴松涛，朱如凯，崔京钢，等 . 2015. 鄂尔多斯盆地长 7 湖相泥页岩孔隙演化特征［J］. 石油勘探与开发，42（2）：167–176.

武景淑，于炳松，李玉喜 .2012. 渝东南渝页井页岩气吸附能力及其主控因素［J］. 西南石油大学学报自然科学版（自然科学版），34（4）：40–47.

谢晓永，唐洪明，王春华，等 . 2006. 氮气吸附法和压汞法在测试泥页岩孔径分布中的对比［J］. 天然气工业，26（12）：100–102.

熊健，刘向君，梁利喜 . 2016. 甲烷在蒙脱石狭缝孔中吸附行为的分子模拟［J］. 石油学报，37（8）：1021–1029.

杨峰，宁正福，张世栋，等 .2013. 基于氮气吸附实验的页岩孔隙结构表征［J］. 天然气工业，33（4）：135–140.

于炳松 .2013. 页岩气储层孔隙分类与表征［J］. 地学前缘，20（4）：211–220.

余和中，谢锦龙，王行信，等 . 2006. 有机黏土复合体与油气生成［J］. 地学前缘，13（4）：274–281.

张寒，朱炎铭，夏筱红，等 .2013. 页岩中有机质与黏土矿物对甲烷吸附能力的探讨［J］. 煤炭学报，38（5）：812–816.

张金川，金之钧，袁明生 . 2004. 页岩气成藏机理和分布［J］. 天然气工业，24（7）：15–18.

张廷山，何映颉，杨洋，等 . 2017. 有机质纳米孔隙吸附页岩气的分子模拟［J］. 天然气地球科学，28（1）：146–155.

张雪芬，陆现彩，张林晔，等 . 2010. 页岩气的赋存形式研究及其石油地质意义［J］. 地球科学进展，25（6）：597–604.

赵迪斐，郭英海，杨玉娟，等 . 2016. 渝东南下志留统龙马溪组页岩储集层成岩作用及其对孔隙发育的影响［J］. 古地理学报，18（5）：843–856.

赵军，刘凯，杨林，等 . 2019. 页岩超临界态吸附气量计算模型［J］. 西南石油大学学报（自然科学版），41（5）：127–133.

赵玉集，郭为，熊伟，等 . 2014. 页岩等温吸附 / 解吸影响因素研究［J］. 天然气地球科学，25（06）：940–946.

郑珊珊，刘洛夫，汪洋，等 .2019. 川南地区五峰组—龙马溪组页岩微观孔隙结构特征及主控因素［J］. 岩性油气藏，31（3）：55–65.

仲佳爱，陈国俊，吕成福，等 . 2015. 陆相页岩热演化与甲烷吸附性实验研究［J］. 天然气地球科学，26（7）：1414–1421.

周尚文，王红岩，薛华庆，等 . 2016. 页岩过剩吸附量与绝对吸附量的差异及页岩气储量计算新方法［J］. 天然气工业，36（11）：12–20.

邹才能，董大忠，王玉满，等 . 2016. 中国页岩气特征、挑战及前景（二）［J］. 石油勘探与开发，43（2）：166–178.

邹才能，董大忠，王社教，等 .2010. 中国页岩气形成机理、地质特征及资源潜力［J］. 石油勘探与开发，37（6）：641–13.

邹才能，陶士振，杨智，等 .2012. 中国非常规油气勘探与研究新进展［J］. 矿物岩石地球化学通报，31（4）：312–322.

左罗，熊伟，郭为，等.2014.页岩气赋存力学机制［J］.新疆石油地质，35（2）：158–162.

Ahmed Yassin Al–Dubai，Youssef Nasser，Mariette Awad，et al.2017. Recent advances in indoor localization：A survey on theoretical approaches and applications[J]. IEEE Communications Surveys and Tutorials，19(2).

Ambrose RJ，Hartman RC，Diaz–Campos，et al. 2010. New porescale considerations for shale gas in Place calculations［C］. SPE Unconventional Gas Conference，Pittsburgh Pennsylvania.

Bernard S，Wirth R，Schreiber A，et al. 2012.Formation of nanoporous purobitumen residues during maturation of the Barnett shale（Fort Worth Basin）［J］. International Journal of Coal Geology，103：3–11.

Borysenko A，Clenell B，et al. 2009. Experimental investigations of the wettability of clay and shales［J］. Journal of Geophysical Research 114（B7），B07202. doi：10.1029/2008JB005928.

Burnham Alan K，Sweeney Jerry J. 1989.A chemical kinetic model of vitrinite maturation and reflectance［J］. 53（10）：2649–2657.

Cai Yidong，Liu Dameng，Pan Zhejun，et al. 2013.Pore structure and its impact on CH_4 adsorption capacity and flow capability of bituminous and subbituminous coals from Northeast China［J］. Fuel，103：258–68.

Chalmers G R L，Bustin R M. 2007.The organic matter distribution and methane capacity of the Lower Cretaceous strata of Northeastern British Columbia，Canada［J］. International Journal of Coal Geology，70（1）：223–239.

Clarkson C R，FREEMAN M，He L，et al. 2012.Characterization of tight gas reservoir pore structure using USANS/SANS and gas adsorption analysis［J］. Fuel，95：371–385.

Clarkson C R，Solano N，Bustin R M，et al. 2013.Pore structure characterization of North American shale gas reservoirs using USANS/SANS，gas adsorption，and mercury intrusion［J］. Fuel，103：606–616.

Curtis J B. 2002.Fractured shale–gas systems［J］. AAPG Bulletin，86（11）：1921–1938.

Curtis M E，Ambrose R J，Sondergeld C H，et al. 2011.Investigation of the relationship between organic porosity and thermal maturity in the Marcellus Shale［R］. SPE 144370.

Curtis M E，Cardott B J，Sondergeld C H，et al. 2012.Development of organic porosity in the Woodford shale with increasing thermal maturity［J］. International Journal of Coal Geology，103：26–31.

Dai J X，Zou C N，Liao S B，et al. 2014.Geochemistry of the extremely high thermal maturity Longmaxi shale gas，southern Sichuan Basin［J］. Organic Geochemistry，74：3–12.

Elijah O Odusina，Carl H Sondergeld，Chandra Shekhar Rai.2011. An NMR study of shale wettability［C］. Canadian Unconventional Resources Conference，Alberta（Canada）：Society of Petroleum Engineers，SPE147371.

Fabre D，Couty R. 1986.Etude，par spectroscopie Raman，du méthane comprimé jusqu'à 3 kbar. Application à la mesure de pression dans les inclusions fluides contenues dans les minéraux［J］. Comptes rendus de l'Académie des sciences. Série 2，Mécanique，Physique，Chimie，Sciences de l'univers，Sciences de la Terre，303（14）：1305–1308.

Fishman N，Lowers H，Hill R，et al. 2012.Porosity in shales of the organic–rich Kimmeridge clay formation（Upper Jurassic），offshore United Kingdom［R］. Long Beach，California：AAPG Annual Convention and Exhibition.

Friesen W I，MIKULA R J. 1987.Fractal dimensions of coal particles［J］. Journal of Colloid and Interface Science，120（1）: 263–271.

Desbois G，Urai J L，Kukla P A. 2009.Morphology of the pore space in claystones – evidence from BIB/FIB ion beam sectioning and cryo–SEM observations［J］. eEarth，4（1）.

Gao Zhiye，Fan Yupeng，Hu Qinhong，et al. 2020.The effects of pore structure on wettability and methane adsorption capability of Longmaxi Formation shale from the southern Sichuan Basin in China［J］. AAPG Bulletin，104（6）: 1375–1399.

Gao Zhiye，Hu Qinhong. 2016b.Initial water saturation and imbibition fluid affect spontaneous imbibition into Barnett shale samples［J］. Journal of Natural Gas Science and Engineering，34: 541–551.

Gao Zhiye，Hu Qinhong，Liang Hecheng. 2013. Gas diffusivity in porous media : Determination by mercury intrusion porosimetry and correlation to porosity and permeability［J］. Journal of Porous Media，16（7）: 607–617.

Gao Zhiye，Fan Yupeng，Hu Qinhong. 2019a.A review of shale wettability characterization using spontaneous imbibition experiments［J］. Marine and Petroleum Geology，109: 330–338.

Gao Zhiye，Hu Qinhong. 2016a.Wettability of Mississippian Barnett Shale samples at different depths : Investigations from directional spontaneous imbibition［J］. AAPG Bulletin，100（1）: 101–114.

Gao Zhiye，Yang Xibing，Hu Chenhui，et al. 2019b.Characterizing the pore structure of low permeability Eocene Liushagang Formation reservoir rocks from Beibuwan Basin in northern South China Sea［J］. Marine and Petroleum Geology，99: 107–121.

Gasparik M，Bertier P，Gensterblum Y，et al. 2014.Geological controls on the methane storage capacity in organic–rich shales［J］. International Journal of Coal Geology，123: 34–51.

Gasparik M，Ghanizadeh A，Bertier P，et al. 2012.High–pressure methane sorption isotherms of black shales from the Netherlands［J］. Energy & Fuels，26（8）: 4995–5004.

Gregg S J，Sing K S W. 1982.Adsorption，surface area and porosity［M］. London : Academic Press，41–110.

Hansen S B，Berg R W. 2009.Raman spectroscopic studies of methane gas hydrates［J］. Applied Spectroscopy Reviews，44（2）: 168–179.

Hu Qinhong，Ewing R P，DULTZ Dultz S. 2012.Low pore connectivity in natural rock［J］. Journal of Contaminant Hydrology，133: 76–83.

Hu Qinhong，Ewing R P，ROWE Rowe H D. 2015.Low nanopore connectivity limits gas production in Barnett Formation［J］. Journal of Geophysical Research : Solid Earth，120（12）: 8073–8087.

Hu Qinhong，Liu Xianguo，Gao Zhiye，et al. 2015.Pore structure and tracer migration behavior of typical American and Chinese shales［J］. Petroleum Science，12（4）: 651–663.

Huizinga B J，Tannenbaum E，Kaplan I R. 1987.The role of minerals in the thermal alteration of organic matter—III. Generation of bitumen in laboratory experiments［J］. Organic Geochemistry，11（6）: 591–604.

Inan S，Al Badairy H，Inan T，et al. 2018.Formation and occurrence of organic matter–hosted porosity in shales［J］.

International Journal of Coal Geology, 199: 39–51.

IUPAC (International Union of Pure and Applied Chemistry) . 1994.Physical chemistry division commission on colloid and surface chemistry, subcommittee on characterization of porous solids. Recommendations for the characterization of porous solids (Technical Report) [J] .Pure and Applied Chemistry, 66 (8) : 1739–1758.

Calo JM, Hall PJ, Houtmann S, et al. 2002.Real time determination of porosity development in carbons : A combined SAXS/TGA approach [J] . 144: 59–66.

Jacob H. 1989.Classification, structure, genesis and practical importance of natural solid bitumen [J] . Int. J. Coal Geol, (11) : 65–79.

Jarvie D M, Hill R J, Ruble T E, et al. 2007.Unconventional shale–gas systems : The Mississippian Barnett shale of north–central Texas as one model for thermogenic shale–gas assessment[J]. AAPG Bulletin,91 (4): 475–499.

Jarvie D M, Jarvie B M, Weldon D, et al. 2012.Components and processes impacting production success from unconventional shale resource systems [R] . Manama, Bahrain : 10th Middle East Geosciences Conference and Exhibition.

Ji Liming, Zhang Tongwei, Milliken Kitty , et al. 2012.Experimental investigation of main controls to methane adsorption in clay–rich rocks [J] . Applied Geochemistry, 27 (12) : 2533–2545.

Ji Wenming, Song Yan, Jiang Zhenxue, et al. 2014.Geological controls and estimation algorithms of lacustrine shale gas adsorption capacity : A case study of the Triassic strata in the southeastern Ordos Basin,China [J] . International Journal of Coal Geology, 134–135.

Lan Qing, Xu Mingxia, Binazadeh Mojtaba, et al. 2015.A comparative investigation of shale wettability : the significance of pore connectivity [J] . Journal of Natural Gas Science and Engineering, 27: 1174–1188.

Langmuir I. 1916.The constitution and fundamental properties of solids and liquids. Part I. Solids [J] . Journal of the American Chemical Society, 38 (11) : 2221–2295.

Lewan M D. 1987.Petrographic study of primary petroleum migration in the Woodford Shale and related rock units [J] . Collection Colloques et Séminaires–Institut Français du Pétrole, 45: 113–130.

Liang Lixi, Xiong Jian, Liu Xiangjun. 2015.An investigation of the fractal characteristics of the Upper Ordovician Wufeng Formation shale using nitrogen adsorption analysis [J] . Journal of Natural Gas Science and Engineering, 27: 402–409.

Lin F, Bodnar R, Becker S. 2007.Experimental determination of the Raman CH_4 symmetric stretching ($\nu 1$) band position from 1–650bar and 0.3–22°C : Application to fluid inclusion studies [J] . Geochimica et Cosmochimica Acta, 71 (15) : 3746–3756.

Liu Wen, Qiu Nansheng, Xu Qiuchen, et al.2018. Precambrian temperature and pressure system of Gaoshiti–Moxi block in the central paleo–uplift of Sichuan Basin, southwest China [J] . Precambrian Research, 313: 91–108.

Löhr S C, Baruch E T, Hall P A, et al. 2015.Is organic pore development in gas shales influenced by the primary porosity and structure of thermally immature organic matter ? [J] . Organic Geochemistry, 87:

119–132.
Loucks R G, Reed R M, Ruppel S C, et al. 2009.Morphology, genesis, and distribution of nanometer-scale pores in siliceous mudstones of the Mississippian Barnett shale [J] . Journal of Sedimentary Research, 79 (12) : 848–861.
Loucks R G, Reed R M, Ruppel S C, et al. 2012.Spectrum of pore types and networks in mudrocks and a descriptive classification for matrix–related mudrock pores [J] . AAPG Bulletin, 96 (6) : 1071–1098.
Loucks R G, Ruppel S C. 2007.Mississippian Barnett shale : Lithofacies and depositional setting of a deep-water shale–gas succession in the Fort Worth Basin, Texas [J] . AAPG Bulletin, 91 (4) : 579–601.
Mahamud M M, Novo M F. 2008.The use of fractal analysis in the textural characterization of coals [J] . Fuel, 87: 222–31.
Mandelbrot B B, Passoja D E, Paullay D E. 1984.Fractal character of fracture surfaces in porous media [J] . Nature, 308: 721–722.
Martin Burkhard. 1996, Calcite twins, their geometry, appearance and significance as stress_strain marks and indicators of tectonic regime : A review [J] . Calcite twins, 351–368.
Marvor M. 2003.Barnett shale gas in–place volume including sorbed and free gas volume [C] . AAPG Southwest Section Meeting.
Mastalerz M, Schimmelmann A, Drobniak A, et al. 2013.Porosity of Devonian and Mississippian New Albany Shale across a maturation gradient : Insights from organic petrology, gas adsorption, and mercury intrusion [J] . AAPG bulletin, 97 (10) : 1621–1643.
Milliken K L, Esch W L, Reed R M, et al. 2012.Grain assemblages and strong diagenetic overprinting in siliceous mudrocks, Barnett shale (Mississippian), Fort Worth Basin, Texas [J] . AAPG Bulletin, 96 (8): 1553–1578.
Milliken K L, Rudnicki M, Awwiller D N, et al. 2013.Organic matter–hosted pore system, Marcellus Formation (Devonian), Pennsylvania [J] . AAPG Bulletin, 97 (2) : 177–200.
Mosher Keith, He Jiajun, Liu Yangyang, et al. 2013.Molecular simulation of methane adsorption in micro– and mesoporous carbons with applications to coal and gas shale systems [J] . International Journal of Coal Geology, 109–110: 36–44.
Mottaghy, Dariuse & Pechnig, Renate & Buik, Nick & Simmelink, HJ. 2010. 3–D Numerical Models for Temperature Prediction and Reservoir Simulation [C] . Proceedings World Geothermal Congress, 25–29.
Pan Lei, Xiao Xianming M, Tian Hui, et al. 2016.Geological models of gas in place of the Longmaxi shale in southeast Chongqing, south China [J] . Marine and Petroleum Geology, 73: 433–444.
Passey Q, Bohacs K, Esch W, et al. 2010. From oil–prone source rock to gas–producing shale reservoir–geologic and petrophysical characterization of unconventional shale–gas reservoirs [C] . International Oil and Gas Conference and Exhibition in China.
Peng Sheng, Xiao Xianghui. 2017.Investigation of multiphase fluid imbibition in shale through synchrotron-based dynamic micro–CT imaging [J] . Journal of Geophysical Research : Solid Earth, 122 (6) : 4475–4491.

Pommer M, Milliken K L. 2015. Pore types and pore-size distributions across thermal maturity, Eagle Ford Formation, southern Texas [J]. AAPG Bulletin, 99(9): 1713–1744.

Qi Hao, Ma Jian, Wong Po-zen. 2002.Adsorption isotherms of fractal surfaces [J]. Colloids and Surfaces A: Physicochemical and Engineering Aspects, 206(1-3): 401–407.

Ransom B, Kim D, Kastner M, et al. 1998.Organic matter preservation on continental slopes: importance of mineralogy and surface area [J]. Geochimica et Cosmochimica Acta, 62(8): 1329–1345.

Raut U, Famá M, Teolis B D, et al. 2007.Characterization of porosity in vapor-deposited amorphous solid water from methane adsorption [J].127(20): 204713.

Ross D J K, Marc Bustin R. 2009.The importance of shale composition and pore structure upon gas storage potential of shale gas reservoirs [J]. Marine and Petroleum Geology, 26(6): 916–927.

Ross DJK, RM Bustin.2007. Shale gas potential of the Lower Jurassic Gordondale Member, northeastern British Columbia, Canada [J]. Bulletin of Canadian petroleum geology, 55(1): 51–75.

Schieber J. 2010.Common themes in the formation and preservation of porosity in shales and mudstones-illustrated with examples across the Phanerozoic [R]. Pittsburgh, Pennsylvania: SPE Unconventional Gas Conference.

Seitz J C, Pasteris J D, CHOU Chou I-M. 1996. Raman spectroscopic characterization of gas mixtures; II, Quantitative composition and pressure determination of the CO_2–CH_4 system [J]. American Journal of Science, 296(6): 577–600.

Shi Jialin, Shen Guofei, Zhao Hongyu, et al. 2018.Porosity at the interface of organic matter and mineral components contribute significantly to gas adsorption on shales [J]. Journal of CO_2 Utilization, 28: 73–82.

Sing K S W. 1985.Reporting physisorption data for gas/solid systems with special reference to the determination of surface area and porosity (Recommendations 1984) [J]. Pure and applied chemistry, 57(4): 603–619.

Slatt R M, O' Brien N R. 2011.Pore types in the Barnett and Woodford gas shales: Contribution to understanding gas storage and migration pathways in fine-grained rocks [J]. AAPG Bulletin, 95(12): 2017–2030.

Sun Mengdi, Yu Bingsong, Hu Qinhong, et al. 2017.Pore characteristics of Longmaxi shale gas reservoir in the Northwest of Guizhou, China: Investigations using small-angle neutron scattering (SANS), helium pycnometry, and gas sorption isotherm [J]. International Journal of Coal Geology, 171: 61–68.

Tang Xianglu, Jiang Zhengxue, Huang Hexin, et al. 2016.Lithofacies characteristics and its effect on gas storage of the Silurian Longmaxi marine shale in the southeast Sichuan Basin, China [J]. Journal of Natural Gas Science and Engineering, 28: 338–346.

Tang Xianglu, Jiang Zhengxue, Li Zhuo, et al. 2015.The effect of the variation in material composition on the heterogeneous pore structure of high-maturity shale of the Silurian Longmaxi formation in the southeastern Sichuan Basin, China [J]. Journal of Natural Gas Science and Engineering, 23: 464–473.

Thieu V, SUBRAMANIAN Subramanian S, COLGATE Colgate S, et al. 2000. High-pressure optical cell for hydrate measurements using Raman spectroscopy [J]. Annals of the New York Academy of Sciences, 912(1):

983–992.

Thommes M. 2016.Physisorption of gases, with special reference to the evaluation of surface area and pore size distribution（IUPAC Technical Report）[J] . Chemistry International Newsmagazine for IUPAC, 38（1）: 25–25.

Tian Hua, Zhang Shuichang, Liu Shaobo, et al. 2016.The dual influence of shale composition and pore size on adsorption gas storage mechanism of organic–rich shale [J] . Natural Gas Geoscience, 27（3）: 494–502.

Topór T, Derkowski A, Ziemia ń ski P, et al. 2017.The effect of organic matter maturation and porosity evolution on methane storage potential in the Baltic Basin（Poland）shale–gas reservoir [J] . International Journal of Coal Geology, 180: 46–56.

Wang Fei, Cheng Yuanping, Lu Shouqing, et al. 2014.Influence of coalification on the pore characteristics of middleehigh rank coal [J] . Energy & Fuels, 28（9）: 5729–5736.

Wang Ximeng, Liu Luofu, Wang Yang, et al.2020. Comparison of the pore structures of Lower Silurian Longmaxi Formation shales with different lithofacies in the southern Sichuan Basin, China [J] . Journal of Natural Gas Science and Engineering, 81.

Wang Yang, Liu Luofu, Sheng Yue, et al. 2019b.Investigation of supercritical methane adsorption of overmature shale in Wufeng–Longmaxi Formation, southern Sichuan Basin, China [J] . Energy & Fuels, 33（3）: 2078–2089.

Wang Yang, Liu Luofu Liu, Zheng, Shanshan Zheng, et al.2019a. Full–scale pore structure and its controlling factors of the Wufeng–Longmaxi shale, southern Sichuan Basin, China : Implications for pore evolution of highly overmature marine shale [J] . Journal of Natural Gas Science and Engineering, 67: 134–146.

Wang Yang, Zhu Yanming, Liu Shimin, et al. 2016.Pore characterization and its impact on methane adsorption capacity for organic–rich marine shales [J] . Fuel, 181: 227–237.

Wang Yang, Liu Luofu .2020.Nanoscale pore network evolution of Xiamaling marine shale during organic matter maturation by hydrous pyrolysis [J] . Energy & Fuels, 34（2）: 1548–1563.

Washburn EW. 1921.The dynamics of capillary flow [J] . Phys Rev, 17（3）: 273.

Xiao Liang, Zou Changchun, Mao Zhiqiang, et al. 2016. A new technique for synthetizing capillary pressure（Pc）curves using NMR logs in tight gas sandstone reservoirs [J] .Petrol. Sci. Eng., 145: 493–501.

Xu Liangwei, Liu Luofu, Jiang Zhengxue, et al. 2018.Methane adsorption in the low–middle–matured Neoproterozoic Xiamaling marine shale in Zhangjiakou, Hebei [J] . Australian journal of earth sciences, 65（5）: 691–710.

Xu Liangwei, Wang Yang, Liu Luofu, et al.2019. Evolution characteristics and model of nanopore structure and adsorption capacity in organic–rich shale during artificial thermal maturation : A pyrolysis study of the Mesoproterozoic Xiamaling marine shale with type II kerogen from Zhangjiakou, Hebei, China [J] . Energy Exploration & Exploitation, 37（1）.

Xu M, Dehghanpour, H.2014 .Advances in understanding wettability of gas shales[C]. Energy Fuels 2014, 28, 7, 4362–43754th International Conference on Biorefinery–Toward Bioenergy.

Yang Feng, Ning Zhengfu, Liu Huiqing. 2014.Fractal characteristics of shales from a shale gas reservoir in the

Sichuan Basin, China [J] . Fuel, 115: 378–384.

Yang Wei, Song Yan, Jiang Zhengxue, et al. 2018. Whole–aperture characteristics and controlling factors of pore structure in the Chang 7th continental shale of the Upper Triassic Yanchang Formation in the southeastern Ordos Basin, China [J] . Interpretation, 6 (1) : T175–T190.

Yao Yanbin, Liu Dameng, Tang Dazhen, et al. 2008. Fractal characterization of adsorption–pores of coals from North China : An investigation on CH_4 adsorption capacity of coals [J] . International Journal of Coal Geology, 73 (1) : 27–42.

Zhang Tongwei , Ellis G S, Ruppel S C, et al. 2012. Effect of organic–matter type and thermal maturity on methane adsorption in shale–gas systems [J] . Organic Geochemistry, 47: 120–131.

Zhang Weiwei, Huang Zhilong, Guo Xiaobo, et al. 2020a. A study on pore systems of Silurian highly mature marine shale in Southern Sichuan Basin, China [J] . Journal of Natural Gas Science and Engineering, 76.

Zhang Weiwei, Huang Zhilong, Li Xin, et al. 2020b.Estimation of organic and inorganic porosity in shale by NMR method, insights from marine shales with different maturities [J] . Journal of Natural Gas Science and Engineering, 78.

Zhao Jianhua , Jin Zhijun, Jin Zhenkui , et al. 2017.Mineral types and organic matters of the Ordovician–Silurian Wufeng and Longmaxi shale in the Sichuan Basin, China : Implications for pore systems, diagenetic pathways, and reservoir quality in fine–grained sedimentary rocks [J] . Marine and Petroleum Geology, 86: 655–674.

Zou Caineng, Dong Dazhong, Wang Shejiao, et al. 2010. Geological characteristics and resource potential of shale gas in China. Petrol. Explor. Dev. 37: 641–653.